“十四五”职业教育国家规划教材辅助用书

信息技术学习指导——初步探索

主 编 乐 雨 李 静

武汉理工大学出版社
·武 汉·

图书在版编目(CIP)数据

信息技术学习指导 ：初步探索 / 乐雨，李静主编. -- 武汉 ：武汉理工大学出版社，2025. 7.
ISBN 978-7-5629-7544-1

Ⅰ. TP3

中国国家版本馆 CIP 数据核字第 20258B76V2 号

信息技术学习指导——初步探索

Xinxi Jishu Xuexi Zhidao——Chubu Tansuo

项目负责人:高　英　　**责任编辑**:高　英

责 任 校 对:张莉娟　　**排版设计**:正风图文

出 版 发 行:武汉理工大学出版社

社　　址:武汉市洪山区珞狮路 122 号　　**邮　　编**:430070

网　　址:http://www.wutp.com.cn

印　刷　者:荆州市精彩印刷有限公司

经　销　者:各地新华书店

开　　本:787×1092　1/16　　**印张**:15.25　　**字　　数**:380 千字

版　　次:2025 年 7 月第 1 版

印　　次:2025 年 7 月第 1 次印刷

定　　价:38.00 元

凡购本书,如有缺页、倒页、脱页等印装质量问题,请向出版社发行部调换。

本社购书热线电话:027-87391631　027-87523148

前　　言

本书是依据《中等职业学校信息技术课程标准》(2020 年版)和中等职业学校教学实际情况研发、编写的中等职业学校公共基础课程——“信息技术基础模块”的配套用书。

全书共分为 3 个单元，包括信息技术应用基础、网络应用和图文编辑。每个单元按照“课程标准要求”细化“核心素养目标”；单元下设小节，通过“目标导航”“知识图谱”“必备知识清单”“知识点＋典型例题”“综合提升训练”“综合实战”等栏目达成教学目标；配套单元综合实训完成教学考核。

本书的特色主要表现为通过“知识图谱”对所学内容进行梳理；根据必备知识清单有针对性地设置表单，简洁明了地呈现知识概要及教学重难点；综合实战题型的背景贴近学生生活、专业，融入课程思政，使学生“知行合一”，完成“三全育人”“五育并举”的现代教育教学目标。通过对信息技术基础知识与技能的进一步学习和巩固，增强学生的信息意识、发展计算思维；培养学生树立正确的信息社会价值观；培养学生符合时代要求的信息素养和适应职业发展需要的信息能力。

本书由天津市建筑工程学校计算机教研室组织编写，具体编写分工如下：乐雨负责全书的策划、统稿并编写第 2 章，李静编写 3.3 至 3.5 小节，高剑编写 1.5、1.6、3.1 和 3.2 小节，梁甜编写 1.1 至 1.4 小节。

本书在编写过程中参考了国内外很多著作，在此向相关作者表示感谢。虽然本书所述内容都经过反复的实践、验证与核实，并经过多次文字校对，但由于编者水平有限，书中难免存在不足，恳请广大教师、学生提出宝贵意见，以便修改。

读者也可登录武汉理工大学出版社网站(http://www.wutp.com.cn)或扫描书中二维码，下载资源。

编者

2025 月 3 日

目　　录

1　探索信息技术——信息技术应用基础

如今，从智能家居的无线组网到工业互联网的设备协同，从智慧城市的交通调度到远程医疗的数据传输，信息技术已深度融入人类活动的每个环节。在信息技术全面渗透生产和生活的数字化浪潮中，掌握信息技术核心能力已成为中职学生立足现代社会的关键基石，其学习价值不仅体现在职业竞争力层面，更深层次地推动着社会生产效率与生活质量的提高。随着5G、大数据、人工智能等技术的革新，信息技术应用场景持续拓展，面对技术迭代的加速度，唯有具备与时俱进的学习力，践行社会主义核心价值观，提升信息甄别与判断能力，提高解决问题的能力，才能在智慧工厂、数字乡村等新兴场景中成长为“技术＋应用”的复合型人才，真正实现从设备操作者向数字化转型推动者的角色跃迁。作为新时代的青年，应志存高远、忠于祖国、勤奋学习，勇于奋斗、敢于担当。让我们借助移动智能技术，依托互联网的数字化资源，成为实现中国梦的参与者、书写着和缔造者。

内容要求

(1) 认识信息技术与信息社会

了解信息技术的概念及其发展历程，能描述信息技术在当今社会的典型应用，以及对人类社会生产、生活方式的影响；

了解信息社会的特征和相应的文化、道德和法律常识，在信息活动中自觉践行社会主义核心价值观；

了解信息社会的发展趋势和智慧社会的前景。

(2) 认识信息系统

了解信息系统组成；

了解二进制、十进制及十六进制的转换方法；

了解信息编码的常见形式和存储单位的概念，会进行存储单位的换算。

(3) 选用和连接信息技术设备

能识别常见的信息技术设备，了解设备的类型和特点；

能描述常见信息技术设备主要性能指标的含义，能根据需求选用合适的设备；

能正确连接计算机、移动终端和常用外围设备，并将信息技术设备接入互联网；

了解对计算机和移动终端等常见信息技术设备进行基本设置的操作方法，会进行常见信息技术设备的设置。

(4) 使用操作系统

能描述操作系统的功能，能列举主流操作系统的类型和特点；

了解主流操作系统用户界面的类型、基本元素(对象)和功能；

能进行图形用户界面操作；

能安装、卸载应用程序和驱动程序；

了解常用中英文输入方法，能熟练运用一种中文输入法进行文本和常用符号输入，会使用语音识别、光学识别等工具输入文本；

了解操作系统自带的常用程序的功能和使用方法。

(5) 管理信息资源

能描述文件和文件夹的概念与作用，会运用文件和文件夹等对信息资源进行操作管理；

能辨识常见信息资源类型，会检索和调用信息资源；

会对信息资源进行压缩、加密和备份。

(6) 维护系统

能对计算机和移动终端等信息技术设备进行简单的安全设置，会进行用户管理及权限设置；

会使用工具软件进行系统测试与维护；

会运用“帮助”等工具解决信息技术设备及系统使用过程中遇到的问题。

学习提示

在学习过程中，我们可借助数字化的教学资源搭建感知和体验信息技术的应用环境，结合生产、生活中的信息技术应用实例，增强对信息技术类课程的学习兴趣。通过实用性的项目案例，创建做与学一体化的任务情境，掌握常见信息技术设备和操作系统的使用技能，在实践过程中积累知识与技能。

在“走进信息时代”内容的学习中，通过感知、思考、讨论等方式，充分了解信息技术的发展历程和应用前景，理解信息社会的特征，认识信息技术与人类社会生产、生活深度融合所产生的巨大影响；理解合理运用信息技术解决生产、生活和学习问题的重要意义，在信息活动中自觉践行社会主义核心价值观，履行信息社会责任。

在“认识信息系统”内容的学习中，通过通俗易懂的真实案例(如校园“一卡通”系统、超市收银系统)、形象化的数字化教学资源(如动画演示信息系统的硬件、软件、数据、用户“四要素”关系)解读信息系统的组成结构；掌握二进制、十进制、十六进制等常用数制的换算方法，会借助计算器等工具进行数制换算；了解数值、字符等信息编码的形式，以及数据存储单位的概念，掌握存储单位的换算方法。

在“选配信息设备”内容的学习中，通过社会实践、应用体验等方式(如参观电脑城、开展“智能设备调研”活动，记录不同品牌手机、笔记本电脑的配置参数及价格)，综合了解计算机、移动终端(智能手机、平板电脑、可穿戴智能设备等)和常用外围设备[打印机、扫描仪、摄像头、音(视)频设备、数码相机和摄像机等]的功能和特点。结合自己的专业方向，设计有针对性的任务，根据生产、生活需要提出恰当的设备配置方案，并完成与互联网及其他设备的连接和基本设置。

在“使用操作系统”“管理信息资源”“维护信息系统”等内容的学习中，通过体验、任务操作等形式，进一步了解不同类型的桌面及移动终端操作系统的特点，会搭建虚拟机环境，会安装、使用和维护其中一种或几种操作系统，能熟练进行图形用户界面操作。在软件应用方面，掌握不同设备及操作系统环境中的功能程序安装和卸载，能进行中英文文本和常用符号的输入。在信息资源管理环节，结合云存储平台和本地文件系统，了解文件分类、命名规范、权限设置，能根据实际业务要求熟练进行信息资源的操作管理；通过压缩软件（WinRAR、7-Zip）、加密工具（VeraCrypt）、备份软件（Windows 备份与还原）及操作系统自带功能（如用户账户控制），掌握信息资源压缩、加密、备份及用户权限设置等保护方法。在系统维护部分，使用系统性能测试工具、故障诊断工具，通过模拟系统卡顿、驱动异常、软件冲突等故障场景，掌握故障排查与修复流程。学会主动运用“帮助”等工具解决信息技术设备及系统使用过程中遇到的问题，培养借助数字化学习工具进行自主学习的能力。

核心素养目标

学科核心素养是学科育人价值的集中体现，是通过学科学习与运用而逐步形成的正确价值观、必备品格和关键能力。本章将在信息意识、计算思维与问题解决能力、数字化学习与创新、信息社会责任四个方面（表 1.1）落实核心素养目标。

表 1.1　信息技术应用基础的四大核心素养目标

核心素养目标	具体内容
信息意识	（1）能感知信息技术的价值与影响，理解信息技术在推动社会生产、生活方式变革中的核心作用，主动关注智慧社会的发展趋势。 （2）具备信息资源的敏感性和规范性意识，能辨识信息社会中的文化、道德与法律问题，在信息活动中践行社会主义核心价值观。 （3）理解信息系统的社会属性，能在使用和管理信息资源时遵循安全、合法、伦理原则
计算思维与问题解决能力	（1）掌握信息系统的组成原理，理解二进制、十六进制与十进制的转换逻辑，并能进行存储单位的换算。 （2）通过信息编码、文件压缩、加密等操作，形成对数据抽象化处理的逻辑思维，理解算法在信息管理中的意义。 （3）能运用系统化思维分析信息技术设备的性能指标，根据需求设计合理的设备连接与系统维护方案
数字化学习与创新	（1）熟练操作计算机、移动终端及常用外围设备，能根据需求安装、配置操作系统及应用程序，解决设备连接与网络接入问题。 （2）掌握信息资源的高效管理方法（如文件分类、检索、压缩、备份），熟练使用输入工具（中文输入法、语音识别、OCR 等）及系统工具提高学习与工作效率。 （3）通过系统测试、维护与故障排查实践，形成技术迁移能力，能利用数字化工具探索创新应用场景

续表1.1

核心素养目标	具体内容
信息社会责任	(1) 理解信息社会的特征与风险,能在信息技术应用中主动防范安全隐患(如设置权限、加密数据),保护个人与公共信息安全。 (2) 遵守信息活动中的道德规范与法律法规,尊重知识产权,拒绝传播虚假或有害信息。 (3) 关注信息技术对社会公平、可持续发展的影响,形成推动智慧社会建设的责任感

落实立德树人的根本任务,通过理论知识学习、基础技能训练与综合应用实践的有机融合,构建"素养导向、能力为本"的课程体系,全面培养中职学生适应信息社会发展需求的信息素养与职业核心能力。

1.1 走进信息时代

当你拿起手机时,指尖触碰的不仅是屏幕,更是人类智慧的结晶;当我们惊叹自动驾驶穿梭在亚运村时,可曾想到这背后是几代中国科研工作者"十年磨一剑"的坚守?从神舟飞船在400千米高空精准对接,到北京冬奥会机械臂调酒师行云流水的动作,这些"中国智造"的奇迹正在向世界证明:信息技术革命不仅是代码与电路的狂欢,更是一个民族在新时代的觉醒与攀登!

今天,让我们以"数字中国"建设者的身份重新认识这些科技突破:当AI医生在华山医院分析CT影像时,彰显的是"人民至上"的科技伦理;当杭州无人驾驶接驳车穿梭于城市时,承载的是"双碳战略"的绿色担当。从华为突破芯片封锁,到"天工"大模型实现自主创新,每一次技术突破都在诠释科技自立自强的时代命题。1946年的埃尼阿克计算机占地170平方米,而今天我们的手机芯片算力是它的百万倍——这不仅是物理空间的压缩,更是中国人"敢教日月换新天"的精神延展!

现在请大家开启思维雷达:当我们在享受科技便利时,该如何传承"两弹一星"精神,续写信息时代的中国方案?让我们带着这份思考,共同解码技术背后的中国智慧,探寻属于新时代青年的科技使命!

1.1.1 目标导航

(1) 了解信息技术的概念和发展历程;
(2) 了解信息技术在当今社会的典型应用,探讨其对人类社会生产、生活方式的影响;
(3) 了解信息社会的特征和相应的文化、道德和法律常识;
(4) 了解信息社会的发展趋势和智慧社会的前景。

1.1.2 知识图谱

具体如图1.1所示。

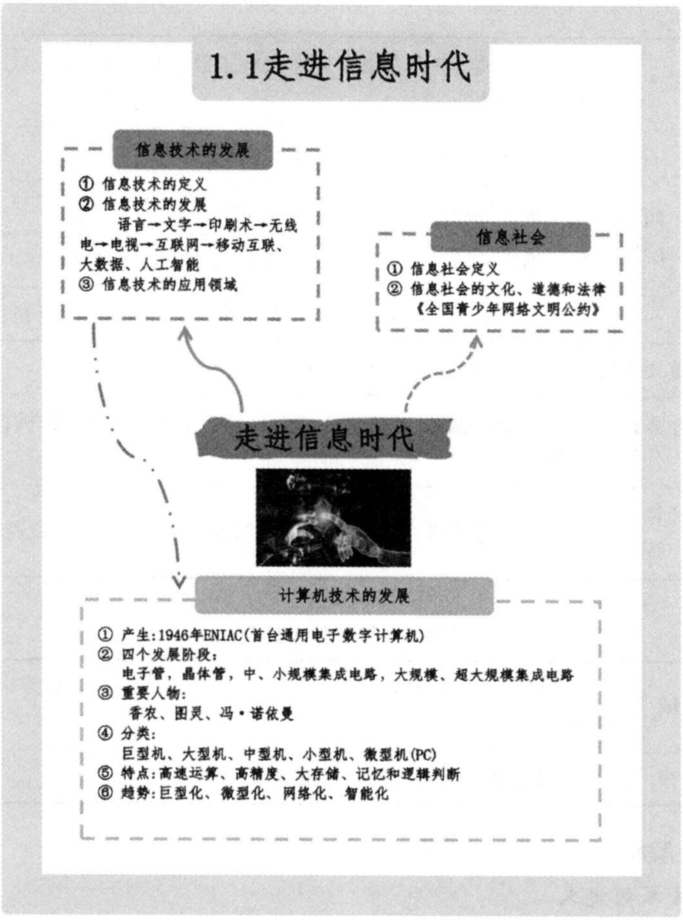

图 1.1 知识图谱——走进信息时代

1.1.3 了解信息技术的发展与应用

1.1.3.1 必备知识清单

具体见表 1.2 和表 1.3。

表 1.2 信息技术的发展

信息技术的定义	是指一切与信息的获取、加工、表达、交流、管理和评价等有关的技术
信息技术的四大基本技术	主要包括传感技术、计算机与智能技术(信息处理的核心)、通信技术和控制技术
信息技术发展的主要标志	(1)语言的出现:信息可以分享。 (2)文字的出现:信息可以记录。 (3)印刷术的发明:信息可以跨时空传播。 (4)无线电的应用:信息可以远距离实时传播。 (5)电视的发明:信息可以远距离以多媒体方式实时传播。 (6)互联网的普及:信息传输实现远距离、实时、多媒体传播和双向交互。 (7)移动互联、大数据、人工智能等的发展和应用:新一代信息技术改变着人类社会的生产、生活方式

续表1.2

计算机技术的发展	产生	1946 年,世界上第一台通用电子数字计算机(ENIAC)在美国宾夕法尼亚大学诞生
	四个阶段	第一阶段(1946—1958 年):电子管
		第二阶段(1959—1964 年):晶体管
		第三阶段(1965—1970 年):中、小规模集成电路
		第四阶段(1971 年至今):大规模、超大规模集成电路
	重要人物	香农、图灵、冯·诺依曼
	计算机的分类	巨型计算机(超级计算机);大型计算机;中型计算机;小型计算机、微型计算机
	计算机的特点	运算速度快;计算精度高;存储容量大;具有记忆和逻辑判断功能

表 1.3　信息技术的应用

信息技术的应用领域	(1)科学计算;(2)信息处理;(3)辅助设计;(4)智能制造;(5)娱乐游戏;(6)辅助教学
计算机未来发展趋势	巨型化、微型化、网络化、智能化

1.1.3.2　要点解析

要点 1:信息技术的定义

信息技术(Information Technology,简称 IT)是管理和处理信息所采用的各种技术的总称。它主要应用计算机科学和通信技术来设计、开发、安装和实施信息系统及应用软件。信息技术的定义可以从广义、中义和狭义三个层面来理解。

广义定义:信息技术是指能充分利用与扩展人类信息器官功能的各种方法、工具与技能的总和。这一定义从哲学角度阐述了信息技术与人的本质关系。

中义定义:信息技术是指对信息进行采集、传输、存储、加工、表达的各种技术之和。这一定义强调了人们对信息技术功能与过程的一般理解。

狭义定义:现代的信息技术是指利用计算机、通信网络、广播电视等硬件设备、软件工具及科学方法,对数、文、图、声、像等各种信息进行获取、加工、存储、传输与使用的技术之和。这一定义强调了信息技术的现代化与高科技含量。

【典型例题】

【例 1.1】(　　)属于狭义信息技术的范畴。

A.蒸汽机改良　　B.活字印刷术　　C.光纤通信技术　　D.水力发电技术

【答案】C

【解析】狭义信息技术强调“利用计算机、通信网络、广播电视等硬件设备、软件工具及科学方法”。光纤通信属于现代通信技术,是狭义信息技术的关键组成部分。蒸汽机、印刷术和水力发电分别属于工业革命、传统信息传播和能源技术,不属于狭义信息技术的范畴。

【知识强化】

以下哪一项不属于信息技术的范畴？(　　)

A.信息的采集　　B.信息的加工　　C.信息的物理传播　　D.信息的表达

要点 2：计算机的产生

1946 年，在美国宾夕法尼亚大学诞生了世界上第一台电子计算机。它是一个庞然大物，用了 18000 多个电子管，占地 170 平方米，重达 30 吨，功率约 150 千瓦，每秒钟可以进行 5000 次加法运算。

【典型例题】

【例 1.2】判断题：ENIAC 是第一台具备存储程序功能的计算机。(　　)

【答案】错误

【解析】ENIAC 采用插拔式编程（物理接线改变计算任务）；而存储程序这一概念由冯·诺依曼在 EDVAC(1949 年)中首次实现。

【知识强化】

(1) 以下哪一项不是 ENIAC 的特点？(　　)

A.使用了 18000 多个电子管　　B.具备存储程序功能

C.重达 30 吨　　D.每秒钟可进行 5000 次加法运算

(2) 世界上第一台通用电子数字计算机是(　　)。

A.EDVAC　　B.ENIAC　　C.UNIVAC　　D.IBM 701

要点 3：计算机的发展历程(表 1.4)

表 1.4　现代计算机的四个发展阶段

发展阶段	电子器件（逻辑元件）	主存储器	辅存储器	运算速度（单位：次加法/秒）	软件	主要应用领域
第一阶段（1946—1958 年）	电子管	磁芯、磁鼓	磁鼓、磁带	几千～几万	机器语言、汇编语言	军事和科研
第二阶段（1959—1964 年）	晶体管	磁芯、磁鼓	磁鼓、磁带、磁盘	几万～几十万	高级语言、操作系统	数据处理和事务处理
第三阶段（1965—1970 年）	中、小规模集成电路	半导体存储器	磁鼓、磁带、磁盘	几十万～几百万	多种高级语言、完善的操作系统	科学计算、数据处理及过程控制
第四阶段（1971 年至今）	大规模、超大规模集成电路	半导体存储器	磁鼓、磁带、磁盘	几千万～几万亿	数据库管理系统、网络操作系统、各种应用软件及系统	人工智能、数据通信及社会各领域

1971 年，Intel 公司的霍夫成功研制出世界上第一块 4 位微处理器芯片 Intel 4004，标志着第一代微处理器问世，微处理器和微机时代从此开始。

【典型例题】

【例 1.3】以微处理器为核心组成的微型计算机属于(　　)计算机。

A.第一代　　B.第二代　　C.第三代　　D.第四代

【答案】D

【解析】第四代计算机(1971 年至今)以大规模、超大规模集成电路为核心,微处理器(CPU 芯片)正是该技术的产物(如 Intel 4004)。第一代计算机的体积庞大(如 ENIAC);第二代计算机的体积缩小(如 IBM 7090);第三代计算机开始出现操作系统(如 IBM System/360);第四代计算机中以微处理器推动的微型计算机普及(如个人电脑)。

【例 1.4】当前计算机主要使用的电子元器件是(　　)。

A.电子管　　B.晶体管

C.集成电路　　D.大规模或超大规模集成电路

【答案】D

【解析】当前计算机(第四代)使用大规模集成电路(LSI)和超大规模集成电路(VLSI),单个芯片可集成数百万个至数十亿个晶体管(如现代 CPU、GPU)。各代元器件对比:第一代,电子管(功耗高、易损坏);第二代,晶体管(体积小、稳定性提升);第三代,中小规模集成电路(集成数百个元器件);第四代,LSI/VLSI(集成度呈指数级增长,推动计算机微型化)。

【知识强化】

(1) 计算机的发展阶段通常是按照计算机所采用的(　　)来划分的。

A.内存容量　　B.电子器件　　C.程序设计语言　　D.操作系统

(2) 在计算机发展的第二个阶段,采用的核心电子元器件是________。

要点 4:计算机技术发展过程中的重要人物

香农:现代信息论的创始人,他提出了信息论方法,对传播学具有深远的影响。

图灵:计算机逻辑的奠基者,提出了"图灵机""图灵测试"等概念,被誉为计算机科学之父、人工智能之父。

冯·诺依曼:被誉为"现代电子计算机之父",提出了冯·诺依曼体系结构。他认为计算机有两个基本能力:一是能够存储程序;二是能够自动执行程序。他提出抛弃十进制,采用二进制作为计算机的基础数制,所有指令和数据均以二进制形式表示。

【典型例题】

【例 1.5】在计算机使用二进制数形式来表示各种数据的科学家是(　　)。

A.香农　　B.图灵　　C.莱布尼兹　　D.冯·诺依曼

【答案】D

【解析】冯·诺依曼在 1945 年提出存储程序原理(冯·诺依曼架构),明确要求计算机使用二进制统一表示指令和数据,这一设计成为现代计算机的基础。其他科学家的贡献:莱布尼兹,17 世纪提出二进制数学体系,但未与计算机结合;香农,1938 年将布尔代数应用于电路设计(奠定数字电路基础),但未直接关联数据二进制表示;图灵,提出图灵机模型(计算理论),但未涉及具体数据编码方式。

【知识强化】

(　　)不是冯·诺依曼的贡献。

A.提出存储程序原理　　B.采用二进制作为计算机的基础数制

C.提出图灵机模型　　D.设计现代计算机体系结构

要点5:计算机的分类

(1) 按计算机的性能(处理规模)

巨型计算机(超级计算机)、大型计算机、中型计算机、小型计算机、微型计算机。

(2) 按计算机的功能

专用计算机和通用计算机。专用计算机功能单一,可靠性高但适应性差,在特定用途下效率高、速度快,例如用于军事系统、银行系统等。

【典型例题】

【例1.6】2009年10月面世的国产计算机"天河一号"属于(　　)计算机。

A.微型　　B.小型　　C.大型　　D.巨型

【答案】D

【解析】"天河一号"是我国首台千万亿次超级计算机,其运算速度(563.1万亿次/秒)远超大型机标准,主要用于国家高精度科研计算(如核能开发、气候模拟)。巨型机的核心特征是拥有超大规模并行计算能力,而微型机(个人电脑)、小型机(企业服务器)、大型机(金融核心系统)在运算速度和用途上均无法与之匹配。

【知识强化】

(1) 判断题:微型计算机就是很小的计算机。(　　)

(2) 判断题:银行ATM机属于通用计算机,因为它可以运行多种应用程序。(　　)

要点6:计算机的特点

运算速度快。采用高速的电子器件和线路,具有很快的运算速度。

计算精度高。计算机是用数字方式来处理数据的,计算精度极高。

存储容量大。计算机的存储器能够存储大量信息。

具有记忆和逻辑判断功能。计算机能够进行逻辑判断,并且根据判断结果自动进行下一步工作。

具有自动执行功能。计算机能够在程序的控制下自动运行,不需要人为参与。

【典型例题】

【例1.7】计算机能够进行复杂的天气预测,主要依赖于(　　)的特点。

A.存储容量大　　B.运算速度快　　C.自动执行功能　　D.计算精度高

【答案】B

【解析】天气预测需要处理海量数据并进行复杂运算,计算机的高速电子器件(CPU)使其能在短时间内完成万亿次计算,这是实时预测的核心保障。

【知识强化】

计算机能够长期保存大量文档和程序,主要依赖于以下哪个特点?(　　)

A.运算速度快　　B.存储容量大　　C.自动执行功能　　D.计算精度高

要点 7：计算机的应用领域（表 1.5）

表 1.5　计算机的应用领域

应用领域	具体表现
科学计算（数值计算、数值处理）	天气预报、轨道计算等
信息处理（数据处理）	办公自动化（OA）、信息管理系统（MIS）、决策支持系统（DDS）
计算机辅助系统	辅助制造 CAM、辅助设计 CAD、辅助教学 CAI、辅助测试 CAT 等
过程控制（实时自动控制）	数控车床、实时控制高炉炼铁过程、计算机控制汽车生产过程、人造卫星、宇宙飞船
人工智能	AI、机器人、专家系统、图形识别和语音识别
网络通信	电子商务（EC）、交通订票系统、银行服务系统等

【典型例题】

【例 1.8】我国建造的世界上最大的 500 米口径球面射电望远镜（FAST），可以接收来自太空深处微弱的射电信号，通过复杂的分析和计算来观测和探索宇宙的奥秘。这属于信息技术（　　）方面的应用。

A.科学计算　　B.数据处理　　C.过程控制　　D.人工智能

【答案】A

【解析】FAST 接收来自太空的射电信号并进行复杂的分析和计算，这属于科学计算领域。科学计算是计算机最早的应用领域，主要用于解决科学研究和工程技术中的复杂计算问题，如天文观测数据处理、气象预报、核爆炸模拟等。

【例 1.9】计算机辅助测试的英文缩写是（　　）。

A.CAI　　B.CAT　　C.CAD　　D.CAM

【答案】B

【解析】计算机辅助测试的英文缩写为 CAT（Computer-Aided Testing）。本例中 A 选项是计算机辅助教学（如在线课程系统），C 选项是计算机辅助设计（如 AutoCAD 软件），D 选项是计算机辅助制造（如数控机床编程）。

【知识强化】

（1）情报检索是电子计算机在________方面的应用。

（2）CAD 的中文全称是（　　）

A.计算机辅助分析　　B.计算机辅助制造

C.计算机辅助设计　　D.计算机辅助工程

要点 8：计算机的未来发展趋势

目前，计算机正朝着巨型化、微型化、网络化、智能化方向发展。

巨型化：如天文、军事等专业领域需要高速、大量的计算，这就需要研制功能更强的巨型计算机。

微型化：在日常办公和家用时，需要体积小、自重轻的微型机，这就要求计算机向微型化发展。

网络化：计算机通过互相连接组成计算机网络，实现各种资源的共享。

智能化：能够使计算机更加智能地服务于人类。

未来新型计算机：光子计算机、生物计算机、量子计算机。

【典型例题】

【例 1.10】计算机未来发展的四个主要方向不包括以下哪一项？（　　）

A.巨型化　　B.微型化　　C.数字化　　D.智能化

【答案】C

【解析】计算机的未来发展趋势是巨型化（超高性能计算）、微型化（便携设备）、网络化（资源共享）和智能化（人工智能）。数字化是信息技术的基础特征，并非发展方向。

【知识强化】

(1) 判断题：可穿戴设备（如智能手表）的发展主要体现了计算机“巨型化”的趋势。（　　）

(2) 下列哪项技术最能体现计算机“智能化”的发展趋势？（　　）

A.云计算平台实现数据存储　　B.自动驾驶汽车识别行人并避障

C.5G 网络提升传输速度　　D.超级计算机模拟核反应

【扩展延伸】我国巨型计算机的发展历程

我国在 1983 年研制出了第一台超级计算机“银河一号”，后又成功研发了“银河二号”“银河三号”“银河四号”等银河系列超级计算机。我国于 1993 年成功研制“曙光一号”超级计算机，2002 年成功研发深腾 1800 型超级计算机。2010 年 8 月，“天河一号”超级计算机二期系统升级完成，这是中国首台千万亿次超级计算机。“天河一号”超级计算机中使用的是我国自行研发的“飞腾”芯片。“星云”超级计算机是我国第一台具有自主知识产权的实测性能超千万亿次的超级计算机。

【典型例题】

【例 1.11】中国首台千万亿次超级计算机是（　　）？

A.银河一号　　B.曙光一号　　C.天河一号　　D.星云

【答案】C

【解析】“天河一号”是中国首台千万亿次超级计算机（2010 年）。1983 年研制出的“银河一号”为我国第一台超级计算机。“星云”是首台实测超千万亿次的自主产权机型。

1.1.3.3　综合实战

任务描述：随着信息技术的发展，“互联网＋”、云计算、大数据、虚拟现实与增强现实、区块链、3D 打印、量子计算等新名词不断涌现。请同学们说一说你知道的信息技术新名词，上网查询其含义，并举例说明信息技术在不同领域是如何应用的，如何影响了我们的生产、生活方式。请同学们将查询到的信息填写在表 1.6 中，并对我国在这些领域取得的成就进行交流。

表 1.6　需查询的信息

名词	含义	信息技术的应用举例	对生产、生活方式的影响
“互联网＋”			
云计算			

续表1.6

名词	含义	信息技术的应用举例	对生产、生活方式的影响
大数据			
虚拟现实与增强现实			
区块链			
3D打印			
量子计算			

【解析】

我国在信息技术领域的核心成就主要有：

(1) 云计算：阿里云在全球市场份额中位列第三，支持“双11”亿级流量高峰。

(2) 量子计算：“九章”和“祖冲之”量子计算机多次刷新世界纪录。

(3) 区块链：央行数字货币(DCEP)试点推进，成为全球首个法定数字货币体系。

(4) 5G技术：华为5G专利数量全球第一，支撑智慧城市、工业互联网建设。

(5) 人工智能：百度“文心一言”、科大讯飞语音识别技术领跑全球。

通过查询所得的最终信息见表1.7。

表1.7　查询所得信息表

名词	含义	信息技术的应用举例	对生产、生活方式的影响
“互联网＋”	互联网与传统产业深度融合，通过信息技术优化升级传统行业，形成新业态。例如“互联网＋政务”“互联网＋教育”等	浙江“最多跑一次”政务平台：整合数据，实现“一网通办”，减少群众跑腿次数	提升政务服务效率，推动传统行业数字化转型；个人生活更便捷(如在线缴费、远程办公)
云计算	基于互联网提供动态可扩展的计算资源(如存储、服务器)，按需分配，具有高灵活性和低成本。包括IaaS、PaaS、SaaS三种服务模式	贵州FAST天文大数据中心：利用云计算处理海量天文数据，加速宇宙探索进程	企业降低IT成本，实现弹性资源管理；个人享受云存储、在线协作等便利服务
大数据	指海量、高速、多样化的数据集合，需通过分布式计算等技术处理，挖掘价值信息。核心特征为4V(Volume、Velocity、Variety、Value)	在线视频：分析用户观看行为、偏好等，为用户提供个性化视频推荐和广告投放	优化资源配置(如交通调度、医疗资源分配)；个性化推荐(电商、内容平台)提升消费体验
虚拟现实与增强现实	虚拟现实(VR)模拟三维沉浸式环境；增强现实(AR)将虚拟信息叠加到现实世界	北京冬奥会虚拟场馆导览：观众通过AR技术远程体验场馆细节	优化娱乐(VR游戏)、教育(虚拟实验室)、医疗(手术模拟培训)等领域体验

1.1.4 了解信息社会

1.1.4.1 必备知识清单

具体见表 1.8 和表 1.9。

表 1.8 信息社会

信息社会的定义	信息社会也称信息化社会，是指以信息技术为基础，以信息产业为支柱，以信息价值的生产为中心，以信息产品为标志的新型社会形态。 农业社会⟹工业社会⟹信息社会
信息社会的四个基本特征	信息经济、网络社会（最典型）、数字生活、在线政务

表 1.9 信息社会的文化、道德和法律

<table>
<tr><td>文化</td><td colspan="2">数字化、开放性、包容性</td></tr>
<tr><td rowspan="2">道德</td><td colspan="2">在现实和网络空间中应遵循相同的道德准则；
不损害国家利益、公共利益和他人利益</td></tr>
<tr><td>日常信息活动的原则</td><td>诚信友善、包容共享、尊重隐私，传播正能量、弘扬主旋律、保护知识产权</td></tr>
<tr><td rowspan="3">法律</td><td>网络群主的责任</td><td>遵守《互联网群组信息服务管理规定》，履行管理责任，及时制止群内违法违规行为</td></tr>
<tr><td colspan="2">《全国青少年网络文明公约》</td></tr>
<tr><td colspan="2">《中华人民共和国网络安全法》《中华人民共和国电子商务法》《中华人民共和国密码法》《计算机软件保护条例》</td></tr>
</table>

1.1.4.2 要点解析

要点 1：信息社会的主要特征

四个基本特征：信息经济、网络社会、数字生活、在线政务。

信息经济：以信息与知识的生产、分配、拥有和使用为主要特征，以创新为主要驱动力的经济形态。

网络社会：信息社会最典型的社会特征，主要表现在信息服务的可获得性和社会发展的全面性两个方面。

数字生活：生活工具数字化、生活方式数字化、生活内容数字化。

在线政务：充分利用信息技术实现社会管理和公共服务。

【典型例题】

【例 1.12】信息社会最典型的社会特征是（　　）。

A.网络化　　B.娱乐化　　C.智能化　　D.和谐化

【答案】A

【解析】在信息社会中，网络无处不在，将人们、各种设备和组织紧密连接在一起，实现了信息的快速传递和共享。网络化是其最典型的社会特征。娱乐化不是信息社会的典型特征；智能化是信息社会的重要特征之一，但网络化更为基础和典型；和谐化是社会发展的目标，并非信息社会的典型特征。

【知识强化】

信息社会的发展趋势中，不包括（　　）。

A.信息技术的进步　　B.社会治理模式的复杂化

C.新型社会生产方式的出现　　D.数字化工具的普及

要点 2：网络道德规范“六不”

不侵犯他人隐私：不得非法搜集、发布他人的个人信息，如姓名、身份证号、家庭住址、手机号码等。这种行为不仅侵犯了公民个人信息，还可能构成刑法中的侵犯公民个人信息罪。

不进行网络暴力：不得通过网络对他人进行侮辱、谩骂、造谣诋毁等行为。网络暴力不仅违反道德，还可能构成诽谤罪、侮辱罪、寻衅滋事罪等。

不传播违法信息：不得发布或传播违法信息，包括但不限于淫秽、暴力、恐怖等内容。平台有责任监管和删除违法信息。

不参与人肉搜索：不得组织或参与“人肉搜索”，违法收集并向不特定多数人发布公民个人信息。

不利用网络进行违法犯罪活动：不得利用网络进行诈骗、敲诈勒索等违法犯罪行为。

不违反法律法规：不得违反国家法律法规，包括知识产权法、广告法等相关法律法规。

这些规范旨在维护网络空间的健康和秩序，保护用户的合法权益，促进网络文明的发展。

要点 3：《全国青少年网络文明公约》

要善于网上学习，不浏览不良信息；
要诚实友好交流，不侮辱欺诈他人；
要增强自护意识，不随意约会网友；
要维护网络安全，不破坏网络秩序；
要有益身心健康，不沉溺虚拟时空。

【典型例题】

【例 1.13】下列行为中，违反了《全国青少年网络文明公约》的是（　　）。

A.通过网络和同学聊天　　B.在网络上公开用言语攻击他人

C.从网络上下载学习资料　　D.在自己家里偶尔玩玩网络游戏

【答案】B

【解析】在网络上公开用言语攻击他人，违背了网络道德和文明规范，违反了《全国青少年网络文明公约》。通过网络和同学聊天、从网络上下载学习资料、在自己家里偶尔玩玩网络游戏，都是正常的网络活动，只要不违反法律法规和道德规范，都是被允许的。

【知识强化】

判断题：下载破解版软件并分享给他人，符合信息社会道德规范。（　　）

1.1.4.3　综合实战

任务描述：判断表 1.10 中所示案例的相关行为是否符合信息社会道德规范。如果不符合，正确的做法应该是什么？同学们也可自行收集案例并进行判断分析。

表 1.10　判断相关行为是否符合信息社会道德规范

案例	是否符合信息社会道德规范	同学们认为正确的做法
某同学在线上公开课时，私自截取老师咳嗽、打喷嚏的尴尬画面，配上调侃文字制作成表情包在班级群传播	是□　否□	
班级微信群因某同学迟交作业而引发争执，有人将其三年前在运动会上的摔倒视频配上嘲讽字幕转发到社交平台，获得大量点赞	是□　否□	
有同学利用爬虫技术抓取校园论坛私密版块的匿名发言，通过数据分析推测发帖人真实身份并在朋友圈公布对应关系表	是□　否□	
某同学发现网上有不良信息，及时在“中央网信办违法和不良信息举报中心”网站上进行举报	是□　否□	
某同学将付费购买的课程论文稍作修改后，以原创作品名义投稿至校园科技创新大赛	是□　否□	
班级群流传“某食品含致癌物”的短视频，有同学未经核实就转发到社区业主群，引发居民恐慌性退货	是□　否□	

【解析】参考答案见表 1.11。

表 1.11　对相关行为的判断及正确的做法

案例	是否符合信息社会道德规范	同学们认为正确的做法
某同学在线上公开课时，私自截取老师咳嗽、打喷嚏的尴尬画面，配上调侃文字制作成表情包在班级群传播	是□　否☑	① 立即撤回已发送的表情包，并向老师道歉； ② 在群内说明“娱乐应有底线，尊重他人隐私”； ③ 主动学习《民法典》第 1032 条关于肖像权保护的内容

续表1.11

案例	是否符合信息社会道德规范	同学们认为正确的做法
班级微信群因某同学迟交作业而引发争执，有人将其三年前在运动会上的摔倒视频配上嘲讽字幕转发到社交平台，获得大量点赞	是□　否☑	① 拒绝参与传播，私信提醒发布者删除内容； ② 向平台举报该视频的欺凌性质； ③ 在群内分享《全国青少年网络文明公约》相关条款
有同学利用爬虫技术抓取校园论坛私密版块的匿名发言，通过数据分析推测发帖人真实身份并在朋友圈公布对应关系表	是□　否☑	① 删除非法获取的数据并向受影响的同学致歉； ② 在技术社团开展“伦理黑客”主题研讨会； ③ 向学校建议开设“信息安全与伦理”选修课
某同学发现网上有不良信息，及时在“中央网信办违法和不良信息举报中心”网站上进行举报	是☑　否□	①可以继续保持对网络信息的关注，积极发现并举报不良信息； ② 向身边的人宣传网络安全和道德知识，提高大家的防范意识
某同学将付费购买的课程论文稍作修改后，以原创作品名义投稿至校园科技创新大赛	是□　否☑	① 主动向组委会说明情况并退赛； ② 整理学术规范资料，并在班级公众号发布； ③ 组织“知识产权保护”主题辩论赛
班级群流传“某食品含致癌物”的短视频，有同学未经核实就转发到社区业主群，引发居民恐慌性退货	是□　否☑	① 在原群发布官方检测报告进行辟谣； ② 添加“未经证实，请谨慎转发”的警示语； ③ 制作“谣言鉴别指南”信息图在社区宣传

1.2　认识信息系统

同学们，当我们扫码乘车时，信息系统正以秒级速度完成身份核验与支付结算；当我们使用政务平台“一网通办”时，背后是数据库与业务系统的高效协同。这个数字化时代的“神经中枢”，不仅是信息技术演进的产物，更折射出深刻的社会价值：它如同精密的城市大脑，通过数据流转实现公共资源的优化配置;以权限管理筑起数字时代的责任边界;用互联互通诠释共建共享的发展理念;从纸质档案到云存储的跨越,更彰显出“让数据多跑路,让群众少跑腿”的服务宗旨。理解信息系统原理,正如同系统架构需追求安全与便捷的统一一样,新时代青年既要掌握信息技术的钥匙,更要培养“数字惠民”的使命感——在数据浪潮中锚定人文坐标,让信息化建设真正成为推动社会进步的数字引擎!

1.2.1 目标导航

(1) 了解信息系统的组成;
(2) 了解二进制数、十进制数及十六进制数的相互转换方法;
(3) 了解信息编码的常见形式,理解存储单位的概念,掌握换算方法。

1.2.2 知识图谱

具体如图 1.2 所示。

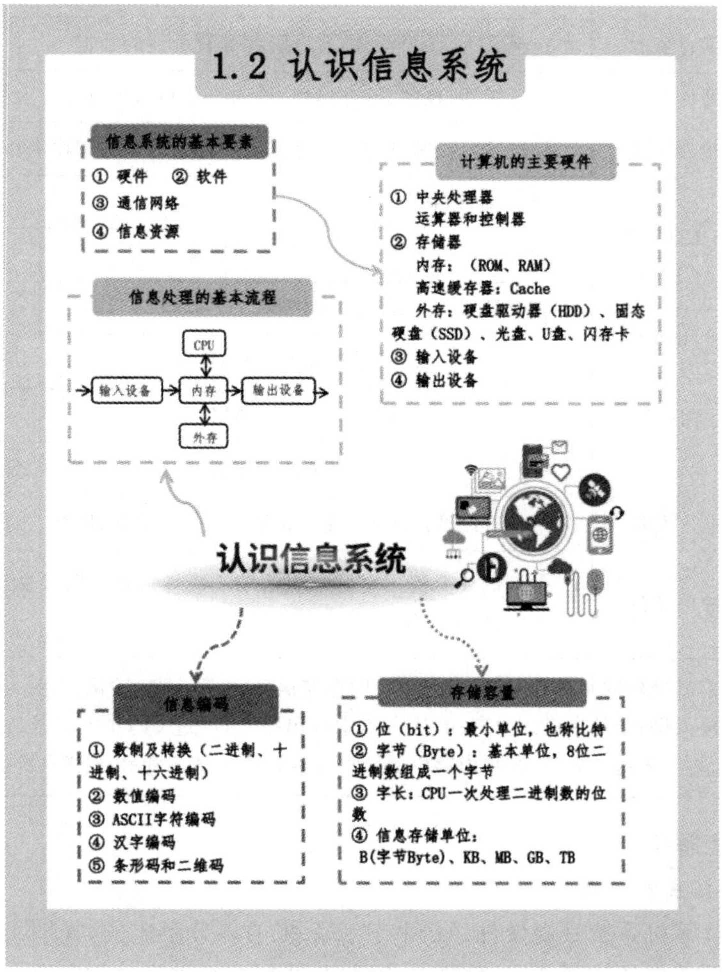

图 1.2 知识图谱——认识信息系统

1.2.3　认识信息系统的组成

1.2.3.1　必备知识清单

具体见表 1.12。

表 1.12　信息系统的基本要素

<table>
<tr><td>信息系统的定义</td><td colspan="3">信息系统是用于信息的输入、存储、处理、输出和控制的系统</td></tr>
<tr><td rowspan="5">信息系统的基本要素</td><td>硬件</td><td colspan="2">包括计算机、移动终端、信息输入/输出设备及网络通信设备等</td></tr>
<tr><td rowspan="2">软件</td><td colspan="2">系统软件</td></tr>
<tr><td colspan="2">应用软件</td></tr>
<tr><td>通信网络</td><td colspan="2">将地理位置不同的各个独立信息设备进行物理连接，实现信息交换的链路</td></tr>
<tr><td>信息资源</td><td colspan="2">包括文本、图形图像、音(视)频等有价值的数据</td></tr>
<tr><td rowspan="2">计算机系统</td><td>硬件系统</td><td colspan="2">由运算器、控制器、存储器、输入设备和输出设备五大部件组成</td></tr>
<tr><td>软件系统</td><td colspan="2">管理、运行、维护和应用计算机所开发的各种程序和相关文档的集合</td></tr>
<tr><td rowspan="8">计算机的主要硬件</td><td rowspan="3">中央处理器(CPU)</td><td colspan="2">CPU 是硬件系统的核心</td></tr>
<tr><td>运算器</td><td>完成算术和逻辑运算</td></tr>
<tr><td>控制器</td><td>进行控制协调</td></tr>
<tr><td rowspan="3">存储器</td><td rowspan="2">内存</td><td>只读存储器(ROM)</td></tr>
<tr><td>随机存储器(RAM)</td></tr>
<tr><td>外存</td><td>也称为辅助存储器，如硬盘、光盘、U 盘等</td></tr>
<tr><td>输入设备</td><td colspan="2">用于向计算机输入信息，常用的设备有键盘、鼠标、扫描仪等</td></tr>
<tr><td>输出设备</td><td colspan="2">用于把计算机工作的中间结果或最终结果打印或显示出来，如显示器、打印机、绘图仪等设备</td></tr>
<tr><td>信息处理的基本流程</td><td colspan="3">信息处理的基本流程分为收集信息、存储信息、处理信息、输出信息。即①程序和数据通过输入设备/外存送入内存；②从内存中取出指令，经过 CPU(控制器和运算器)分析和运算，将结果送往内存；③将内存中的结果传输到输出设备显示，或送往外存存储起来</td></tr>
</table>

1.2.3.2　要点解析

要点 1：计算机系统组成

一个完整的计算机系统是由硬件系统和软件系统两部分组成的，如图 1.3 所示。计算机硬件是指计算机系统中的物理装置；软件是指程序、数据和相关文档的集合。硬件系统和软件系统组成完整的计算机系统，两者缺一不可。

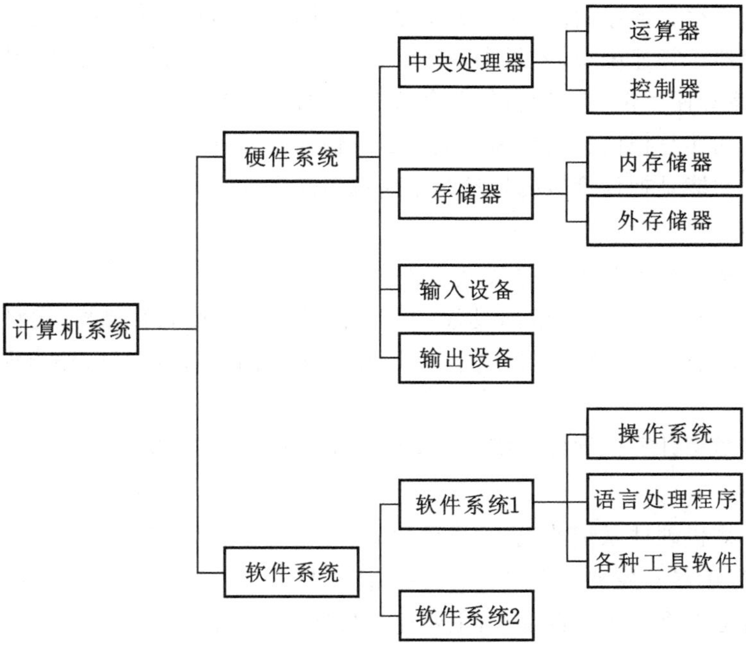

图 1.3　计算机系统组成

【典型例题】

【例 1.14】一个完整的计算机系统包括(　　)。

A.主机和外部设备　　B.系统软件和应用软件

C.主机、键盘和显示器　　D.硬件系统和软件系统

【答案】D

【解析】硬件系统是计算机的物理基础,包括主机、外部设备等硬件设备,它们为计算机的运行提供了物质基础。软件系统则包括系统软件和应用软件。系统软件负责管理和控制计算机的硬件资源,为应用软件提供运行环境;应用软件则是为了满足用户的各种具体需求而开发的程序。硬件系统和软件系统相互配合,缺一不可,共同构成了完整的计算机系统。

【知识强化】

下列关于计算机硬件系统和软件系统的表述,错误的是(　　)。

A.操作系统属于软件系统,它能管理计算机硬件资源和软件资源

B.硬件系统的性能决定了计算机的基本运算和处理能力,而软件系统赋予了计算机丰富的功能

C.打印机属于硬件系统,它必须配合相应的驱动软件才能正常工作

D.计算机软件系统可以脱离硬件系统独立运行,因为软件是程序、数据和文档的集合

要点 2:计算机硬件系统的组成

计算机硬件系统由运算器、控制器、存储器、输入设备和输出设备五大部件组成。

运算器和控制器组合称为中央处理器(Central Processing Unit,简称 CPU)。CPU 是硬件系统的核心,能完成各种算术运算、逻辑运算,执行控制功能。运算器由加法器和寄存器组成,主要完成算术运算和逻辑运算;控制器是对计算机进行控制协调的装置,完成从主存储器中读取指令并进行分析,向有关部件发出控制指令,指挥协调完成指令这一步骤。

存储器是用来存放数据、程序和计算结果的部件，包括内存储器（也称主存储器）和外存储器两类。内存储器运算速度快、容量小，一般用来存放计算机运行时所需的程序、数据和中间结果；外存储器运算速度慢、容量大，用于存放需长期保存的信息。

输入设备的功能是把信息转换为二进制形式输入计算机。

输出设备的功能是把计算机的处理结果显现出来供人识读。

【典型例题】

【例 1.15】组成微型计算机硬件系统的是（　　）。

A.CPU、存储器、输入设备、输出设备　　B.运算器、控制器、存储器、键盘、鼠标

C.CPU、硬盘、软盘、显示器、打印机　　D.CPU、外存、输入设备、输出设备

【答案】A

【解析】组成微型计算机硬件系统的是 CPU、存储器、输入设备、输出设备。

【知识强化】

下列关于计算机硬件系统的说法，错误的是（　　）。

A.CPU 由运算器和控制器组成，是硬件系统的核心

B.内存储器运算速度快但容量小，主要存放长期保存的信息

C.输入设备可将信息转换为二进制形式输入计算机

D.输出设备能把计算机处理结果显现出来供人识读

要点 3：计算机软件系统组成

软件系统包括系统软件和应用软件两部分。计算机软件是指为管理、运行、维护和应用计算机所开发的各种程序和相关文档的集合。软件是依托硬件运行的，而没有软件的计算机称为“裸机”，不能执行任何我们需要的操作。

系统软件是面向计算机系统开发的一组管理、运行和维护计算机的软件集合，主要包括操作系统、语言处理程序（编译程序、解释程序）和各种工具软件等。

应用软件是为解决具体问题所编写的软件，是面向应用的软件。例如，用 C 语言编写的自动售票程序就是应用软件。

【典型例题】

【例 1.16】软件系统主要分为__________和__________两大类。

【答案】系统软件　　应用软件

【解析】软件主要分为系统软件和应用软件两大类。系统软件负责计算机的基本功能和资源管理；而应用软件则专注于满足用户的特定需求。这两类软件共同构成了计算机系统的核心部分，为用户提供了稳定、高效、丰富的使用体验。

【知识强化】

(1) 以下哪个选项不属于常见的系统软件？（　　）

A.Windows　　B.Linux　　C.macOS　　D.Microsoft Word

(2) 计算机系统必不可少的软件是（　　）。

A.CPU　　B.操作系统　　C.应用软件　　D.互联网

要点 4：微型计算机的硬件组成

微型计算机又称微机 PC 机，其硬件系统主要由 CPU、存储器、输入设备与输出设备组成

(图 1.4),各部分之间通过总线实现连接。从微机的装配角度来说,通常把微机分为主机和外部设备两部分。

主机指 CPU、系统板(主板)、内存储器(RAM、ROM)。

外部设备简称外设,通常指的是外存储设备(软盘存储系统、硬盘存储系统、光盘存储器系统)、输入设备(键盘、鼠标、扫描仪、数字相机)、输出设备(显示器、打印机、可写入的磁盘等)。

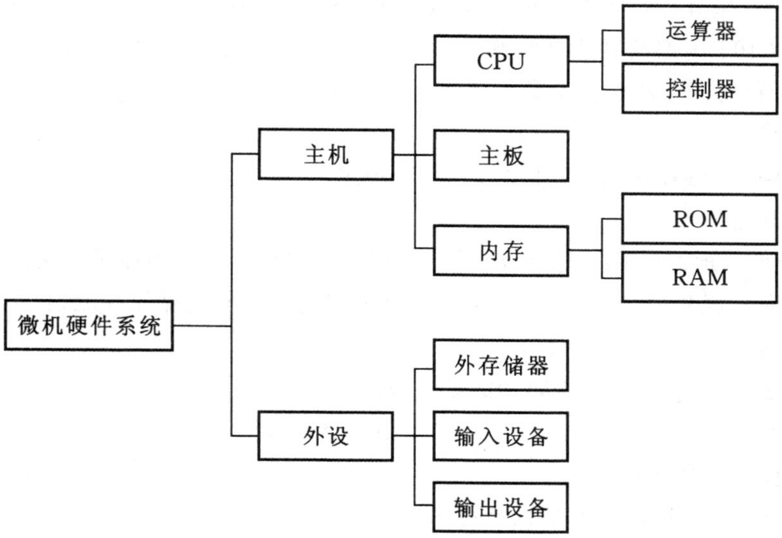

图 1.4 微型计算机的硬件系统

【典型例题】

【例 1.17】以下关于微型计算机硬件系统的说法,错误的是(　　)。

A.微机硬件系统主要由 CPU、存储器、输入设备与输出设备组成,各部分通过总线连接

B.主机包括 CPU、系统板、内存储器,内存储器包含 RAM 和 ROM

C.外部设备仅指外存储设备,如软盘存储系统、硬盘存储系统、光盘存储器系统

D.键盘、鼠标、显示器、打印机都属于微机的外部设备

【答案】C

【解析】微机的硬件系统主要由 CPU、存储器、输入设备与输出设备组成,各部分之间通过总线实现连接。外部设备不仅指外存储设备,还包括输入设备(如键盘、鼠标、扫描仪、数码相机等)和输出设备(如显示器、打印机、可写入的磁盘等)

【知识强化】

下列关于微型计算机硬件系统的描述,正确的是(　　)。

A.硬盘属于主机的一部分,因为它用于存储数据,与内存储器功能类似

B.CPU 直接与外部设备进行数据交互,无须通过其他部件中转

C.系统板上集成了多种接口,用于连接不同的外部设备,如 USB 接口、VGA 接口等

D.ROM 中的数据在微机断电后会丢失,而 RAM 中的数据则不会丢失

要点 5:中央处理器

中央处理器(CPU):又称中央处理单元,也是计算机系统的核心部件,也是进行数据运算和控制的电子元件。CPU 就像计算机的大脑一样,它指挥着计算机的各个部件协同工作,执

行程序指令，处理数据。

CPU 由以下部分组成：

控制单元(CU)是 CPU 的指挥中心，负责控制和协调 CPU 的各个部件工作。它从存储器中读取指令，译码指令，并向各个部件发出控制信号，指挥它们完成相应的操作。

算术逻辑单元(ALU)是 CPU 的运算核心，负责执行各种算术运算和逻辑运算。它接收来自控制单元的操作数和操作指令，进行运算或逻辑操作，并将结果输出给控制单元或其他部件。

寄存器是 CPU 内部的高速存储器，用于临时存储指令、数据和状态信息。寄存器可以分为通用寄存器、专用寄存器和状态寄存器等。

【典型例题】

【例 1.18】中央处理器由运算器和________构成。

【答案】控制器

【解析】中央处理器(CPU)是计算机的核心部件，它由运算器和控制器两部分组成。运算器负责执行算术运算和逻辑运算；而控制器则负责控制计算机的操作和流程。

【知识强化】

(1) 在计算机中，运算器的主要功能是完成(　　)。

A.逻辑运算　　B.算术运算

C.算术运算和代数运算　　D.算术运算和逻辑运算

(2) 微机中协调各部件工作的设备称为(　　)。

A.控制器　　B.寄存器　　C.运算器　　D.加法器

扩展延伸：我国自主研发的 CPU

我国自主研发的处理器包括申威、龙芯、飞腾、鲲鹏、海光、兆芯等，在服务器、桌面、嵌入式计算等领域有不同程度的应用和生态建设。

申威处理器采用自主指令集，是具有完全自主知识产权的处理器系列。

2025 年 6 月 26 日，龙芯 3C 6000 在北京发布，通过设计优化实现了性能的成倍提升，无须依赖任何国外授权技术，也不依赖任何境外的供应链。龙芯坚持自主研发，芯片中的所有功能模块，包括 CPU 核心等在内的所有源代码均实现自主设计，所有定制模块也均为自主研发。

要点 6：存储器

微机的存储器分为内存储器(内存、主存)和外存储器(外存)。

主存储器分为随机存取存储器(RAM)和只读存储器(ROM)。

ROM 中存放着计算机运行必要的引导程序，关机后数据不会丢失。ROM 是一种只读存储器，其中的数据不能被常规方式修改或写入。它包含了固定的数据，例如启动程序、固件等。常见的 BIOS 芯片就属于 ROM，用于存储开机引导的固件。ROM 存储的数据在断电的时候不会丢失，也被称为非易失性存储器。

RAM 提供系统程序和用户程序的运行空间，关机后存放内容会消失。RAM 是一种临时存储器，用于存储计算机正在运行的程序和数据。RAM 可直接与 CPU 进行数据交换，具有快速的读写速度和随机访问的特点，断电的时候数据会丢失，也称为易失性存储器。目前，DDR4 和 DDR5 已经成为主流内存。

辅助存储器(外存)：容量大、价格低、存取速度慢，用于存放暂时不用的数据，可作为主存储器的“后援”存储器，能够长期存储信息。常见的外存设备包括硬盘驱动器(HDD)、固态硬盘(SSD)、光盘、U 盘、存储卡、磁带、网络附加存储和云存储。

【典型例题】

【例 1.19】在计算机中,RAM 的中文含义是(　　)。

A.随机存储器　　B.只读存储器　　C.高速缓冲存储器　　D.可编程控制器

【答案】A

【解析】 RAM(Random Access Memory)的中文含义是“随机存储器”。它是一种计算机内存储器,可以随机读写数据,即在任何时刻都可以读出或写入信息。RAM 的特点是存取速度快、存储容量相对较大,但其存储的数据在断电后会丢失,因此主要用于存储计算机运行时需要的程序和数据。

【例 1.20】如果计算机在工作时突然断电,下列存储器中,信息全部丢失的是(　　)。

A.ROM　　B.RAM　　C.硬盘　　D.软盘

【答案】B

【解析】计算机断电时,存储设备的数据保留能力取决于其存储原理:

RAM 属于易失性存储器,需要持续供电来维持数据,断电后所有信息立即丢失。RAM 用于临时存储正在运行的程序和数据(如操作系统、应用程序等)。

ROM 为非易失性存储器,数据永久保存,断电后数据也不丢失。

硬盘:通过磁性或闪存技术存储数据,属于非易失性存储器,断电后数据仍保留。

软盘:同样属于磁性存储,断电后信息仍存在(尽管已逐渐被淘汰)。

【知识强化】

(1) 闪存卡属于(　　)。

A.内存　　B.外存　　C.输入设备　　D.输出设备

(2) 下列对于内存的描述错误的是(　　)。

A.内存由超大规模集成电路制作而成　　B.内存存取速度快

C.ROM 断电后信息丢失　　D.RAM 断电后信息丢失

要点 7:主板

计算机是一个由各种部件组合起来的整体。主板(Main Board)就是整个计算机的基础,它负责将计算机的各部件连接起来,构成一个完整的硬件系统。一个计算机系统的稳定性,是由许多因素决定的,主板是其中最重要的因素之一。主板的主要部件有控制芯片组、扩展槽、内存插槽。

控制芯片组:主板的控制芯片组与 CPU 协同工作,将直接决定计算机整体性能的优劣。

扩展槽:主板通过插槽和总线(分为数据总线、地址总线和控制总线)连接中央处理器(CPU)、存储器等多个部件,并为这些部件提供各种接口和控制功能。主板中的扩展槽用于插入各种用途的功能板卡,如显卡、声卡等。现在的主板上一般包括 PCI、AGP 两种扩展槽。

内存插槽:用来安装内存的插槽。

【典型例题】

【例 1.21】关于主板,下列说法错误的是(　　)。

A.主板是计算机各部件连接的基础,对计算机系统的稳定性至关重要

B.控制芯片组不影响计算机整体性能,计算机整体性能主要由 CPU 决定

C.扩展槽可插入显卡、声卡等功能板卡,常见的扩展槽有 PCI、AGP 两种

D.内存插槽的作用是安装内存

【答案】B

【解析】主板的控制芯片组与 CPU 协同工作,将直接决定计算机整体性能的优劣,并非不影响计算机的整体性能。

【知识强化】

以下关于主板的描述,正确的是(　　)。

A.主板上的扩展槽只能插入一种类型的板卡

B.内存插槽的数量和规格不会影响计算机可使用的内存容量和类型

C.控制芯片组主要负责主板的供电,与数据传输无关

D.不同型号的主板可能在扩展槽种类、数量以及内存插槽数量等方面存在差异

要点 8:输入/输出设备

输入设备用于向计算机输入信息,常用的设备有键盘、鼠标、扫描仪等。

输出设备用于把计算机工作的中间结果或最终结果打印或显示出来,如显示器、打印机、绘图仪等设备。

【典型例题】

【例 1.22】以下设备中,既能作为输入设备又能作为输出设备的是(　　)。

A.键盘　　B.显示器　　C.移动硬盘　　D.打印机

【答案】C

【解析】移动硬盘可以将计算机中的数据存储到自身(输出),也可以将自身存储的数据传输到计算机(输入)。

【知识强化】

下列关于输入输出设备的说法,错误的是(　　)。

A.扫描仪只能将纸质文档中的图像信息输入计算机,不能输入文字信息

B.绘图仪作为输出设备,能根据计算机指令绘制出各种图形

C.麦克风是一种输入设备,用于将声音信号转换为电信号输入计算机

D.投影仪属于输出设备,可将计算机中的图像或视频投射到大屏幕上显示

要点 9:信息处理的基本流程

信息(程序和原始数据等)通过输入设备送入存储器,然后从存储器中取出指令送到控制器和运算器去识别、分析和执行;控制器根据指令的含义发出相应的命令,任务完成后将所得结果送往输出设备显示输出,或送往存储器存储起来供以后的指令调用。图 1.5 所示为计算机信息处理的基本工作过程。

【典型例题】

【例 1.23】下列关于计算机信息处理基本工作过程的描述,错误的是(　　)。

A.输入设备负责将信息(程序和原始数据等)送入存储器

B.运算器和控制器共同识别、分析、执行从存储器取出的指令

C.输出设备不仅能将结果显示输出,还能进行存储

D.控制器根据指令的含义发出相应命令来协调各部件工作

【答案】C

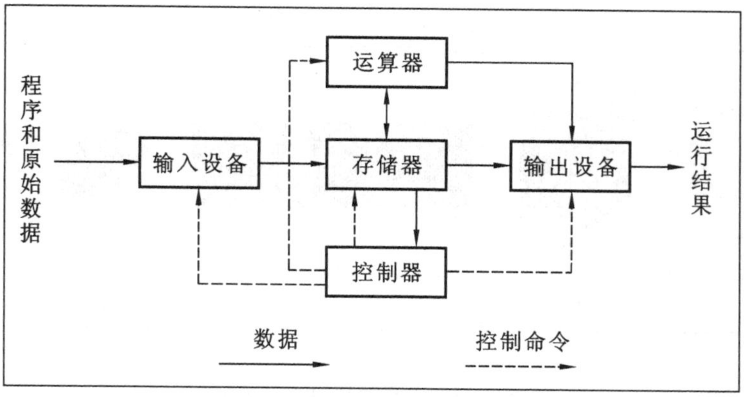

图 1.5　计算机信息处理的基本工作过程

【解析】输出设备仅将结果显示输出，不能进行存储。

【知识强化】

在计算机信息处理的基本工作过程中，以下说法正确的是(　　)。

A.存储器只能存储程序和原始数据，运算结果不能存储在其中

B.输入设备输入的信息只能是数字和字母，不能是图像、声音等多媒体信息

C.运算器仅负责执行控制器发出的算术运算命令，不处理逻辑运算

D.计算机各部件之间通过数据和控制命令进行协调工作，以完成信息处理任务

1.2.3.3　综合实战

任务：观察计算机等信息技术设备的硬件组成。图 1.6 所示为台式计算机主机箱的照片。

图 1.6　台式计算机主机箱

任务描述：请根据图片观察台式计算机、笔记本电脑等信息技术设备的内外结构。将表 1.13、表 1.14 及图 1.7 中的字母序号填在表 1.15 的相应位置。

表 1.13　台式计算机外部结构

图片			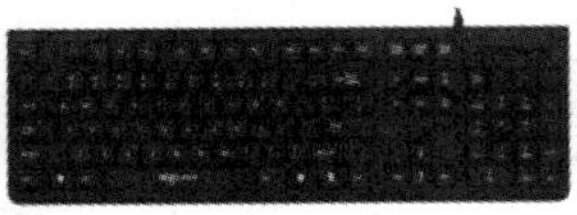		
序号	A1	A2	A3	A4	A5

表 1.14　台式计算机内部结构

图片				
序号	B1	B2	B3	B4
图片				
序号	B5	B6	B7	

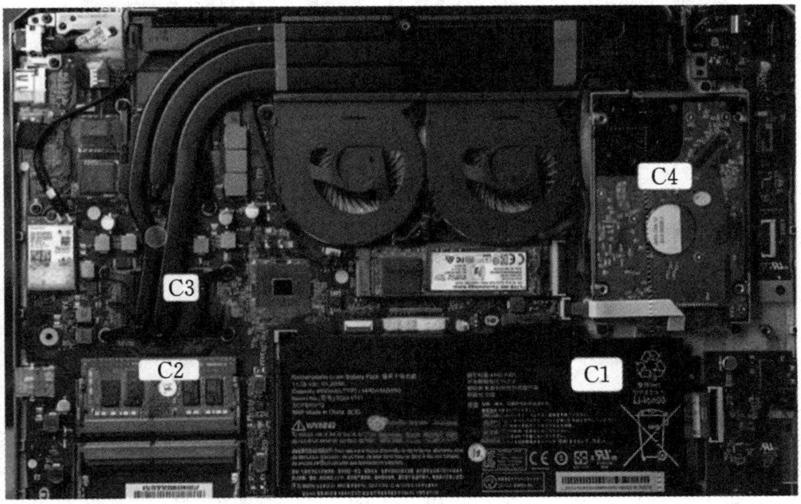

图 1.7　笔记本电脑

表 1.15 硬件所对应的图示编号

设备名称	硬件名称	对应图示编号
台式计算机	主机	
	显示器	
	键盘	
	鼠标	
	打印机	
台式计算机主机	主板	
	CPU	
	内存条	
	显卡	
	硬盘	
	光驱	
	电源	
笔记本电脑	CPU	
	内存条	
	硬盘	
	电池	

【解析】

观察台式计算机、笔记本电脑等信息技术设备的内外结构,填入对应图示编号,最终结果见表 1.16。

表 1.16 最终对应结果

设备名称	硬件名称	对应图示编号
台式计算机	主机	A2
	显示器	A1
	键盘	A3
	鼠标	A4
	打印机	A5

续表1.16

设备名称	硬件名称	对应图示编号
台式计算机主机	主板	B4
	CPU	B2
	内存条	B7
	显卡	B5
	硬盘	B1
	光驱	B6
	电源	B3
笔记本电脑	CPU	C3
	内存条	C2
	硬盘	C4
	电池	C1

1.2.4　解读信息的编码与存储

1.2.4.1　必备知识清单

具体见表 1.17 至表 1.19。

表 1.17　数制及转换

数制的定义	数制也称计数制，是用一组固定的符号和统一的规则来表示数值的方法，以累计和进位的方式进行计数	
十进制	以 0～9 表示数据，进位规则是“逢十进一”	
二进制	以 0 和 1 表示数据，进位规则是“逢二进一”	
八进制	以 0～7 表示数据，进位规则是“逢八进一”	
十六进制	以 0～9 和 A～F 表示数据，进位规则是“逢十六进一”	
信息系统的数制	二进制代码的形式	处理和传输不易出错，运算规则相对简单，便于高速运算，有更高的可靠性
数制的转换	十进制转二进制	“除 2 取余，逆序排列”法
	二进制转十进制	“按权展开再相加”法
	十六进制转二进制	1 位十六进制数对应 4 位二进制数
	二进制转十六进制	“取四合一”法

表 1.18 信息的编码

<table>
<tr><td>数值编码</td><td colspan="2">数值编码是用二进制数表示数值的编码方式</td></tr>
<tr><td>ASCII 字符编码</td><td colspan="2">是国际通用的信息交换标准代码，主要用于信息技术设备中以表示英文、数字等字符</td></tr>
<tr><td>汉字编码</td><td colspan="2">为了让计算机处理汉字，需要对汉字进行编码</td></tr>
<tr><td rowspan="3">条形码和二维码</td><td colspan="2">条形码与二维码是按照一定的编码规则排列、用以传递信息的图形符号</td></tr>
<tr><td>条形码</td><td>通过光电扫描器识读，包含的信息量有限，多用于物品的信息标记</td></tr>
<tr><td>二维码</td><td>黑白相间的图形符号按一定规律在平面(二维方向)上分布，用来记录信息</td></tr>
</table>

表 1.19 数据存储单位

位(bit)	计算机系统中数据的最小单位，也称比特，表示二进制数中的 0 和 1
字节(Byte)	8 位二进制数组成一个字节，字节是衡量信息存储容量的基本单位
信息存储单位之间的关系	千字节(KB)：1KB＝1024B； 兆字节(MB)：1MB＝1024KB； 吉字节(GB)：1GB＝1024MB
字(word)	是一个存储单元所存储的内容
字长	一个存储单元(或一个字)所包含的二进制数，是衡量计算机精度和运算速度的主要技术指标。现代计算机的字长通常为 32 位和 64 位

1.2.4.2 要点解析

要点 1：进位计数制

进制：进位计数制是一种科学的计数方法，如果采用 R 个符号，则称为 R 进制。

基数：R 称为该数制的基数。如十进制有 0、1、2、3、4、5、6、7、8、9 共 10 个符号，则基数为 10。而二进制只有 0 和 1 这 2 个符号，则基数为 2。

位权：每种数制都采用“位权”表示法，即处于不同位置的数字代表的数值与权值有关，权值是基数的某次幂，任何一种进位计数制的数都可以写成按位权展开的多项式之和。例如，十进制数 2860.2 可以表示为 $2860.2=2\times10^3+8\times10^2+6\times10^1+0\times10^0+2\times10^{-1}$。二进制数 110111 可以表示为 $(110111)_2=1\times2^5+1\times2^4+0\times2^3+1\times2^2+1\times2^1+1\times2^0$。计算机中常用的几种进位计数制见表 1.20。

表 1.20 常用的进位计数制

数制	后缀英文字母	数码	进位方法	基数	位权
十进制	D	0～9	逢十进一	10	10^i
二进制	B	0，1	逢二进一	2	2^i

续表1.20

数制	后缀英文字母	数码	进位方法	基数	位权
八进制	Q或O	0～7	逢八进一	8	8^i
十六进制	H	0～9,A,B,C,D,E,F	逢十六进一	16	16^i

【典型例题】

【例 1.24】二进制的基数为________。

【答案】2

【解析】二进制是一种数制，它的基数是 2，表示只有 0 和 1 两个数码。在二进制中，每一位的权值是 2 的 n 次幂（n 从 0 开始），因此二进制数可以表示很大的数值范围。

【例 1.25】计算机中的数据，包括文字、数字、声音、图形图像、视频及动画等，在计算机中都是用（　　）进制形式表示和存储的。

A.二　　B.十　　C.八　　D.十六

【答案】A

【解析】计算机中的数据，包括文字、数字、声音、图形图像、视频及动画等，在计算机中都是用二进制形式表示和存储的。

【知识强化】

二进制使用__________和__________两个数码表示。

要点 2：数制之间的相互转换

数制之间的转换是我们学习计算机科学时应掌握的基本技能。以下是常见的转换方法：

（1）二进制与十进制的相互转换

① 二进制转十进制（方法：按权展开再相加法）

示例：将二进制数转换为十进制，可写成按权展开的多项式，然后求和。

$(1011)_2=(1\times2^3+0\times2^2+1\times2^1+1\times2^0)_{10}=(11)_{10}$

② 十进制转二进制（方法：除 2 取余，逆序排列法）

示例：将十进制数 11 转换为二进制，计算过程如图 1.8 所示，$(11)_{10}=(1011)_2$

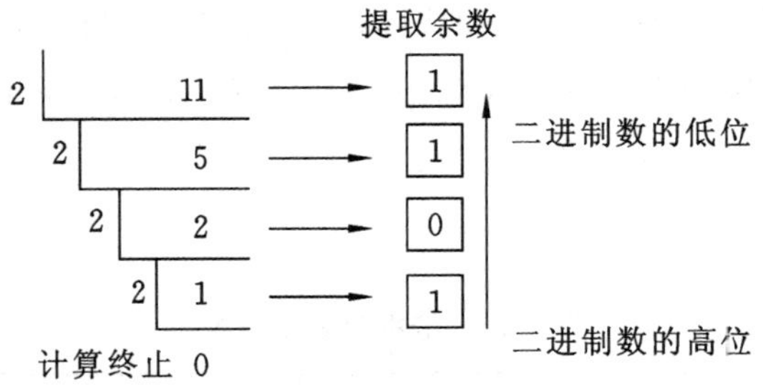

图 1.8　十进制数 11 转二进制

（2）十六进制与二进制的相互转换

① 二进制转十六进制（方法："取四合一"法，即每 4 位二进制数组成 1 组，对应 1 位十六

进制数，若高位端不够 4 位，用 0 补齐）

示例：将二进制数 101101 转换为十六进制数。

$(101101)_2=(00101101)_2=(2D)_{16}$

② 十六进制转二进制（方法：每 1 位十六进制数对应 4 位二进制数）

示例：将十六进制数 2D 转换为二进制数。

转换：2→0010，D→1101

【典型例题】

【例 1.26】将十进制数 10 转换为二进制数。

【答案】1010

【解析】计算过程如图 1.9 所示，将记录的余数从下到上依次排列，得到二进制数 1010。

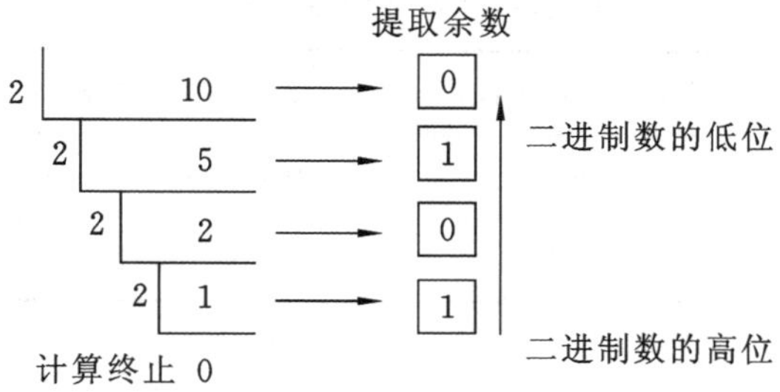

图 1.9 十进制数 10 转二进制

【知识强化】

(1) 将十进制数 23 转换为二进制数。

(2) 将二进制数 111 转换为十进制数。

要点 3：ASCII 字符编码

ASCII(American Standard Code for Information Interchange)是一种基于拉丁字母的字符编码标准，主要用于表示英文字符和常用符号。字符集包括大小写英文字母、数字、标点符号和控制字符（如换行、回车等）。编码长度：使用 7 位或 8 位二进制数表示一个字符，共 128 个字符（0～127）。

【典型例题】

【例 1.27】ASCII 字符编码是一种用（　　）位二进制数表示 1 个字符的编码形式。

A.2　　B.4　　C.6　　D.8

【答案】D

【解析】 ASCII 码是一种用于表示字符的编码标准，全称是美国信息交换标准代码。它用

7 位或 8 位二进制数表示 128 种或 256 种可能的字符，包括字母、数字、标点符号等。

要点 4：常见的汉字编码

汉字编码是将汉字转换为计算机可识别的二进制代码的过程。由于汉字数量庞大、结构复杂，必须通过编码才能在计算机中存储和处理。为了让计算机处理汉字，需要对汉字进行编码。在汉字编码和处理过程中不同阶段的表现形式分为：

(1) 外码(输入码)：用于将汉字输入计算机。

(2) 交换码(国标码)：用于不同计算机系统之间交换汉字信息的标准编码。

(3) 机内码(内码)：是计算机内部存储和处理汉字时使用的编码。

(4) 字形码(输出码)：用于显示或打印汉字的编码，描述汉字的图形表现形式。

"中""国"二字的汉字编码见表 1.21。

表 1.21　"中""国"的汉字编码

汉字字符	汉字输入码(拼音)	汉字信息交换码	汉字机内码
中	zhong	0101011001010000	1101011011010000
国	guo	0011100101111010	1011100111111010

【典型例题】

【例 1.28】在下列计算机的编码中，不是汉字编码的是(　　)。

A.ASCII 码　　B.输入码　　C.字形码　　D.内码

【答案】A

【解析】汉字编码是一个复杂的系统，包括输入码、信息交换码、机内码和字形码等，它们共同构成了汉字在计算机世界中的"身份证"，使得汉字能够在计算机系统中被有效地输入、存储、处理和输出。

要点 5：存储容量

存储容量是指存储设备能够保存数据的总量，是衡量存储设备性能的重要指标之一。在计算机系统中，存储容量通常使用表 1.22 中的单位表示。

表 1.22　计算机内部的存储单位

位(bit)：最小的存储单位，表示 0 或 1
字节(Byte)：基本存储单位，1Byte＝8bit
千字节(kB)：1KB＝1024Byte
兆字节(MB)：1MB＝1024KB
吉字节(GB)：1GB＝1024MB
太字节(TB)：1TB＝1024GB
拍字节(PB)：1PB＝1024TB

文件存储计算：单个文件的大小，可查看文件属性；多个文件的大小，则可以计算总和。

例如：100 个平均 5MB 的照片，其存储容量为 100×5＝500MB

【典型例题】

【例 1.29】1 个字节的容量可以存储________二进制数。

【答案】8 位

【解析】在计算机中，一个字节(B)的容量可以存储 8 位二进制数。字节是计算机中常用的存储单位之一，它用于表示字符、数字等信息。

【例 1.30】某个文档的大小为 4KB，这表示此文档占用的存储空间为(　　)。

A.4096Byte　　B.4000Byte　　C.4100Byte　　D.4960Byte

【答案】A

【解析】千字节向字节的转换，1KB＝1024B。所以，4KB＝4×1024B＝4096B。

【知识强化】

(1) 存储容量的基本单位是(　　)。

A.Byte　　B.bit　　C.字　　D.字长

(2) 下列等式中，正确的是(　　)。

A.1MB＝1024B　　B.1GB＝1024KB

C.1KB＝1024MB　　D.1TB＝1024GB

1.2.4.3　综合实战

任务一：使用“计算机”程序进行数值的转换

任务描述：

使用“计算机”程序进行数值的转换：①打开计算器；②切换到程序员模式；③进行数值转换，即整数与二进制、八进制、十六进制之间的转换。

【解析】

数值的转换具体步骤如下：

① 打开计算器：可以通过点击任务栏上的“开始”按钮，然后在搜索框中输入“计算器”来找到并打开它。也可以直接按“Win＋R”键打开运行窗口，输入“calc”并按回车键来启动计算器，即可打开“计算机”程序。

② 切换到程序员模式：默认情况下，计算器可能处于标准模式。为了进行数值转换，需要切换到程序员模式。在计算器窗口中，点击左上角的菜单按钮(通常是一个三条横线的图标)，然后选择“程序员”，如图 1.10 所示。

③ 进行数值转换：整数与二进制、八进制、十六进制之间的转换。在程序员模式下，你会看到一个包含多个数值显示区域的界面。在“Dec”(十进制)区域输入你想要转换的整数(十进制)，你会看到该数值自动转换为二进制(Bin)、八进制(Oct)和十六进制(Hex)并显示在相应的区域。如果你想从其他进制转换到十进制，只需在相应的区域输入数值，然后查看“Dec”区域的结果即可，如图 1.11 所示。

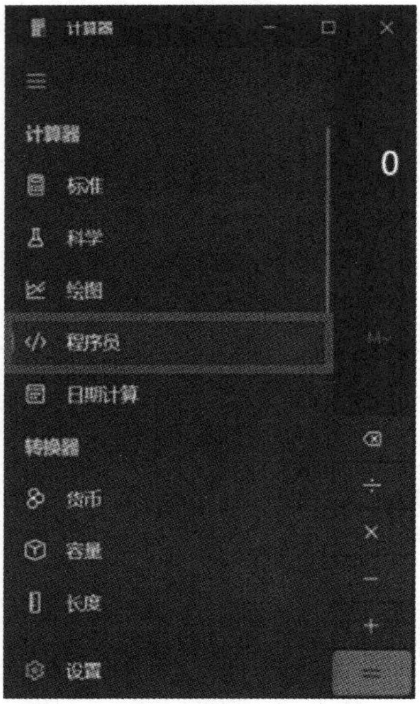

图 1.10　“程序员”模式

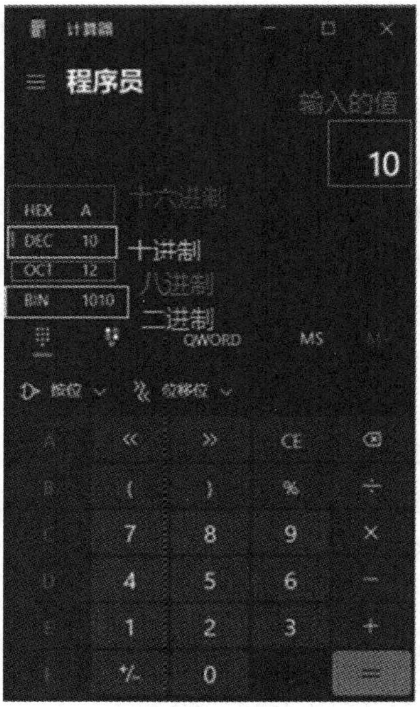

图 1.11　进制转换

1.3　选配信息设备

同学们是否注意到神舟十八号航天员在太空使用的高性能计算机？在失重、辐射等极端环境下，这些设备必须经过严格的选配和优化——从处理器的稳定性到内存的容错能力，从散热设计到电源管理，每一个细节都关乎任务的成败。

其实，计算机选配的智慧不仅存在于航天领域，更与我们的日常生活息息相关。无论是电竞玩家追求的高帧率体验，还是设计师需要的图形渲染性能，甚至是企业服务器的稳定运行，背后都离不开合理的硬件搭配与性能调优。

今天，我们就从计算机选配的基础知识出发，探索如何像航天工程师一样，科学搭配CPU、内存、硬盘、显卡等核心部件，让每一台计算机都能发挥其最佳性能。未来，无论是打造国产高性能计算设备，还是优化AI训练平台，这些技能都将成为数字时代的核心竞争力！

现在，让我们从分析航天计算机的选配逻辑开始，掌握如何根据自己的需求“定制”一台最合适的计算机！

1.3.1　目标导航

(1) 了解常见信息技术设备的类型和特点；

(2) 理解信息技术设备主要性能指标的含义，能根据需要选用合适的设备；

(3) 掌握正确连接计算机、移动终端和常用外围设备，以及将信息技术设备接入互联网的方法；

(4) 了解计算机和移动终端等常见的信息技术设备基本设置的操作方法，会进行系统、设备、语言(输入法)等的配置。

1.3.2 知识图谱

具体如图 1.12 所示。

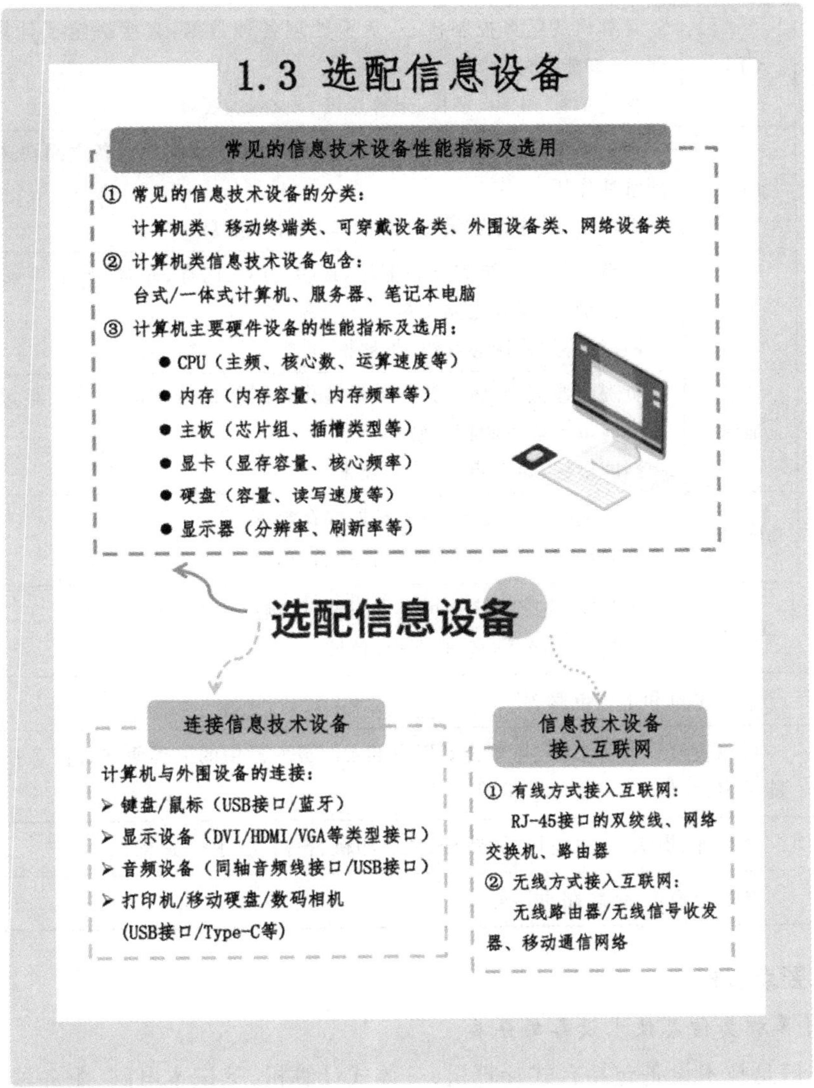

图 1.12 知识图谱——选配信息设备

1.3.3 选用信息技术设备

1.3.3.1 必备知识清单

具体见表 1.23。

表 1.23　常见的信息技术设备性能指标及选用

计算机类	分类	台式计算机、一体式计算机、服务器、笔记本电脑等
	微型计算机的性能主要由其主要构成部件 CPU、内存、主板、硬盘、显卡、显示器等的性能指标决定	
	CPU	计算机的运算控制核心，负责处理各种数据，直接决定了计算机功能的强弱、运算能力的大小 性能指标：主频、字长、运算速度、核心数、缓存
	内存	计算机临时存储数据的部件，负责在 CPU 和其他设备之间快速交换数据，起到缓冲作用 性能指标：内存容量、内存频率、内存条数量
	主板	计算机硬件系统的核心枢纽，连接 CPU、内存、硬盘、显卡等硬件，为各部件提供插槽、接口与电路支持 性能指标：控制芯片组、扩展槽
	显卡	负责图像渲染，将计算机数据转化为图像信号输出到显示器，是游戏、设计、视频剪辑等场景的核心硬件 性能指标：显存容量、核心频率
	硬盘	计算机的存储设备，用于长期保存数据 性能指标：硬盘类型、硬盘容量、转速
	显示器	将图像、文字等信息可视化呈现，影响用户视觉体验 性能指标：分辨率、刷新率、色域
移动终端类	智能手机和平板电脑等	
可穿戴设备类	可以直接穿在身上，或是整合到用户的衣服或配件中的一类便携式信息技术设备，如智能手表、智能手环、智能眼镜等	
外围设备类	触摸屏、摄像头、麦克风、游戏杆、数码相机、扫描仪、手绘板等	
网络设备类	网络交换机、无线路由器等	

1.3.3.2　要点解析

要点 1：计算机类信息技术设备的分类

计算机类信息技术设备包括台式计算机、一体式计算机、笔记本电脑、服务器等。

台式机：由显示器、主机、键盘、鼠标等组成的桌面电脑。硬件(硬盘/内存/显卡等)模块化设计，性能强，支持硬件升级。

一体机：将显示器和主机合并在一起的电脑设备，类似于一个大尺寸的显示器。硬件固定，性能中等，扩展性差，不可升级。

笔记本电脑：性能中等，适合个人日常办公或娱乐，可外出携带使用。

服务器：高处理能力、大内存、高存储容量，支持多用户并发数据处理，适用于较专业的信息处理与计算服务。服务器提供了强大的处理能力和存储容量，为电脑提供了丰富的资源和服务。

【典型例题】

【例 1.31】一体机与台式机相比，以下哪项是其主要优势？（　　）

A.更强的硬件性能　　B.更高的升级扩展性

C.更节省空间　　D.支持更多外设

【答案】C

【解析】一体机集成显示器与主机所占用的空间小，而台式机扩展性更强但需更多空间。

【例 1.32】服务器与普通电脑的核心区别在于（　　）。

A.服务器必须连接网络　　B.服务器具备更高的处理能力和存储容量

C.普通电脑无法运行操作系统　　D.服务器不支持用户交互

【答案】B

【解析】服务器专为多用户服务设计，硬件配置更高，需处理大量数据，与普通电脑的核心区别在于性能和用途。

【知识强化】

若需频繁升级显卡，应选择（　　）。

A.一体机　　B.服务器　　C.台式机　　D.笔记本电脑

要点 2：中央处理器（CPU）的性能指标

CPU：全称为中央处理器，是电脑核心硬件，包括控制器与运算器。CPU 是计算机系统的运算和控制核心，负责指令解释与数据处理。CPU 如同计算机的大脑一样，决定了电脑运算速度、影响数据处理能力。

主频：CPU 的时钟频率，是指计算机 CPU 在单位时间内发出的脉冲数，它在很大程度上决定了计算机的运算速度。一般来说，主频越高，一个时钟周期内完成的指令数也越多，CPU 的处理能力也就越强。主频的基本单位是赫兹（Hz），目前使用的主要单位是 GHz。

字长：CPU 在同一时间内处理的一组二进制数的位数。字长越大，则运算速度越快、运算精度越高，功能就越强。早期的 CPU 字长有 8 位、16 位和 32 位，目前的 CPU 大多为 64 位。

运算速度：每秒钟所能执行的指令条数，一般用“百万条指令/秒”来描述。

【典型例题】

【例 1.33】若一台计算机的字长为 2 个字节，这意味着它（　　）。

A.能处理的数值最大为 2 位十进制数

B.在 CPU 中作为一个整体同时加以传送和处理的数据是 16 位的二进制代码串

C.能处理的字符串最多由 2 个英文字母组成

D.在 CPU 中运行的结果最大为 2 的 16 次幂

【答案】B

【解析】字长为 2 个字节，则作为一个整体同时加以传送和处理的数据是 16 位的二进制代码串。

【例 1.34】Intel(R)Core(TN)i7-2620MCP@ 2.70GHz 中的“2.70GHz”指的是（　　）。

A.内存容量　　B.CPU 主频　　C.硬盘容量　　D.显示器刷新频率

【答案】B

【解析】这里的 2.70GHz 是指主频，即 CPU 的时钟频率。

【知识强化】

计算机的运行速度主要由(　　)指标决定。

A.CPU 主频　　B.显示器分辨率　　C.硬盘容量　　D.显卡芯片型号

要点 3：内存的性能指标

内存：计算机中暂时存储运算数据的重要部件，是外存与 CPU 之间沟通的桥梁，其性能影响着计算机整体运行速度。

内存的容量：内存条的存储容量。内存容量越大，能同时运行的程序就越多。在运行程序时，程序会占用一定的内存容量，若内存容量占用率太高，就会导致电脑卡顿甚至死机。

内存频率：单位时间内 CPU 和内存之间交换数据的次数，内存频率越高，CPU 和内存的数据交换速度越快。

内存条数量(双通道)：双通道比单通道效率更高、速度更快。CPU 可以通过两条道路和内存进行数据交换，内存带宽提升了 1 倍，相当于数据存取速度也提升了 1 倍。

【典型例题】

【例 1.35】内存的________决定了 CPU 与内存之间的数据交换速度。

【答案】频率

【解析】内存频率单位为 MHz，反映了 CPU 与内存每秒交换数据的次数，频率越高，速度越快。

【知识强化】

某用户需进行 4K 视频剪辑，以下哪种内存配置最合理？(　　)

A.单通道 8GB DDR4-2400　　B.双通道 16GB DDR4-3200

C.单通道 32GB DDR4-3200　　D.双通道 32GB DDR5-6000

要点 4：主板的性能指标

主板(Main Board)：是整个计算机的基础，它负责将计算机的各部件(CPU、内存、硬盘、显卡等硬件)连接起来，为各部件提供插槽、接口与电路支持，构成一个完整的硬件系统。

控制芯片组(Chipset)简称芯片组，其性能的优劣决定了主板性能的好坏与级别的高低。芯片组能否与 CPU 良好地协同工作，将直接决定计算机整体性能的优劣。

主板通过插槽和总线(分为数据总线、地址总线和控制总线)连接中央处理器(CPU)、存储器等多个部件，并为这些部件提供各种接口和控制功能。板中的扩展槽用于各种用途的功能板卡，如显卡、声卡等。现在的主板上一般包括 PCI、ACP 两种扩展槽。

【典型例题】

【例 1.36】主板芯片组的主要作用是(　　)。

A.决定主板性能与兼容性　　B.提供额外的内存插槽

C.控制 CPU 散热效率　　D.直接运行操作系统

【答案】A

【解析】芯片组是主板的核心逻辑，决定了主板性能与兼容性，直接影响整机性能。

【知识强化】

若需组建双通道内存，主板应至少具备(　　)个内存插槽。

A.1 个　　B.2 个　　C.3 个　　D.4 个

要点 5：显卡的性能指标

显卡(图形处理器，GPU)：负责图像渲染，将计算机数据转化为图像信号输出到显示器，是游戏、设计、视频剪辑等场景的核心硬件。集成显卡/核心显卡：又叫集显或核显，集成在CPU或主板上的显卡，不需要单独购买。独立显卡：插在主板的相应接口上的显卡，有单独的显存，不占用系统的内存。

显存容量：显卡上显存能够存储的数据量，通常以GB为单位。它决定了显卡临时存储数据的能力，直接影响显卡在处理高分辨率图像时的性能表现。显存容量一般为8GB、12GB，显存越大，显卡处理高分辨率图像越流畅。

核心频率：显卡图形处理单元(GPU)的工作频率，它决定了GPU处理图形数据的速度。核心频率越高，GPU处理图像的速度和效率也就更高。

【典型例题】

【例 1.37】以下哪种显卡类型适合3D设计和大型游戏？(　　)

A.集成显卡　　B.独立显卡 GDDR5

C.独立显卡 GDDR6　　D.核心显卡

【答案】C

【解析】3D设计和大型游戏需要高性能独立显卡。GDDR6显存类型支持更高带宽和数据吞吐量，适合重度计算需求。

【知识强化】

若需在低功耗场景下满足基础办公需求，应选择(　　)。

A.独立显卡　　B.集成显卡　　C.外置显卡　　D.以上均不对

要点 6：硬盘的性能指标

硬盘：计算机的存储设备，用于长期保存数据，分为机械硬盘(HDD)和固态硬盘(SSD)。机械硬盘的价格便宜、噪声大、读写慢、体积大、使用寿命长。固态硬盘的成本高、工作时安静、读写快、体积小。

硬盘容量：计算机硬盘上能够存储的数据量。硬盘是计算机中的永久存储设备，用于长期保存操作系统、应用程序和用户数据。主流硬盘容量范围从500GB到2TB不等。

转速：决定硬盘内部传输率的因素之一。转速越快越好，因为较高的转速可缩短硬盘的平均存储时间和实际读写时间。

【典型例题】

【例 1.38】硬盘的主要功能是(　　)。

A.存储数据　　B.处理数据　　C.传输数据　　D.显示数据

【答案】A

【解析】硬盘作为计算机的主要存储设备，其核心功能是持久化存储操作系统、应用程序和用户数据。处理数据是CPU的功能；传输数据由总线和接口实现；显示数据依赖显卡和显示器。

【例 1.39】以下哪一项是机械硬盘(HDD)的典型特点?(　　)

A.读写速度快,体积小　　B.噪声大,使用寿命长

C.成本高,工作安静　　D.采用 NVMe 协议

【答案】B

【解析】选项 A 错误:读写速度快、体积小是固态硬盘(SSD)的特点。选项 B 正确:HDD 通过机械部件工作,噪声较大,但使用寿命较长(通常可达 5～10 年)。选项 C 错误:成本高、工作安静是 SSD 的特点。选项 D 错误:NVMe 协议是高端 SSD 的接口标准,HDD 通常使用 SATA 接口。

【知识强化】

硬盘的使用寿命通常受哪些因素影响?(　　)

A.使用频率　　B.存储的数据量　　C.环境温度　　D.所有选项

1.3.3.3　综合实战

任务描述:编制信息技术设备采购清单

① 根据使用场景(如计算机专业学习、设计工作、游戏娱乐等),确定设备核心需求。

② 调研设备市场信息,分析设备性能参数(如 CPU、内存、硬盘等)。

③ 编制信息技术设备采购预算单,包含设备清单、价格预估、费用计算及综合评价。

视频解析

1.3.4　连接信息技术设备

1.3.4.1　必备知识清单

具体内容见表 1.24 和表 1.25。

表 1.24　计算机与外围设备的连接

<table>
<tr><td colspan="2">连接方式</td><td>将相应线缆与计算机主机的外部设备接口进行连接</td></tr>
<tr><td rowspan="4">外围设备连接</td><td>键盘/鼠标</td><td>有线连接:通过 PS/2 接口或 USB 接口连接
无线连接:通过蓝牙或 2.4GHz 无线接收器连接</td></tr>
<tr><td>显示设备</td><td>通过 DVI、HDMI、DisplayPort(DP)、VGA 等类型接口连接</td></tr>
<tr><td>音频设备</td><td>使用 3.5mm 同轴音频线缆连接相应接口,或通过 USB 接口连接</td></tr>
<tr><td>打印机、移动硬盘、数码相机等</td><td>通过 USB 接口或不同型号的线缆(标准型、微型和 Type-C 等)连接</td></tr>
</table>

表 1.25　信息技术设备接入互联网

<table>
<tr><td rowspan="2">有线方式</td><td>台式机、
笔记本电脑</td><td>RJ-45 接口的双绞线</td><td>网络交换机、路由器</td></tr>
<tr><td colspan="3">RJ-45 接口的双绞线,一端接入台式机或笔记本电脑的网络接口,另一端插入网络交换机或路由器的接口,实现物理连接</td></tr>
</table>

续表1.25

无线方式	智能手机、平板电脑	Wi-Fi 网络、插入 SIM 卡	无线路由器、无线信号收发器、移动通信网络
	搜索周边 Wi-Fi 网络设备，输入密码进行连接		

1.3.4.2　要点解析

要点 1：微型计算机的外部线路连接

显示器、键盘、鼠标、打印机、音箱和话筒等外围设备都是通过主机箱后面的面板连接成为“一体”的。常用的接口有显示器接口、键盘接口、鼠标接口、打印机接口(并口)、音箱接口、网线接口等，如图 1.13 所示。

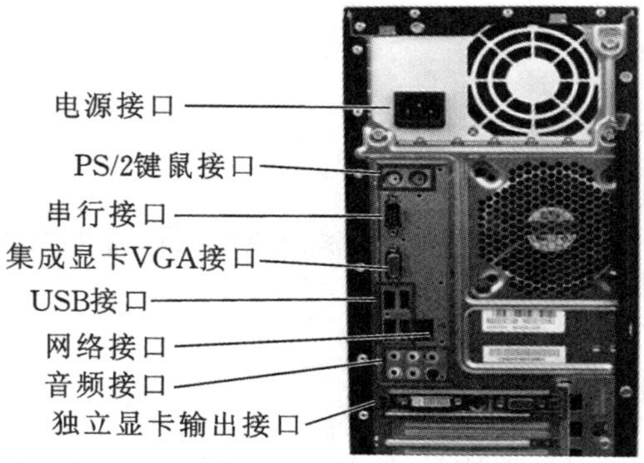

图 1.13　微型计算机主机箱常用接口

【典型例题】

【例 1.40】以下哪种接口常用于连接显示器？(　　)

A.USB 接口　　B.RJ-45 接口　　C.HDMI 接口　　D.音频接口

【答案】C

【解析】USB 接口主要用于连接多种外部设备，如鼠标、U 盘、打印机等；RJ-45 接口是网络接口，用于连接有线网络；HDMI 接口常用于连接计算机和显示器，实现高清视频传输；音频接口用于连接音频设备。

要点 2：显示设备常见接口及其特点

显示设备常见接口如图 1.14 所示。

【典型例题】

【例 1.41】若需连接旧款电脑主机与显示器，以下哪种接口最可能被使用？(　　)

A.DP　　B.HDMI　　C.VGA/DVI　　D.USB-C

【答案】C

【解析】VGA 和 DVI 是早期主流接口，适用于旧设备。HDMI、DP 和 USB-C 为较新接口，旧设备可能不支持。

【知识强化】

HDMI 是(　　)设备与计算机连接的接口类型。

A.网络　　B.打印　　C.显示　　D.存储

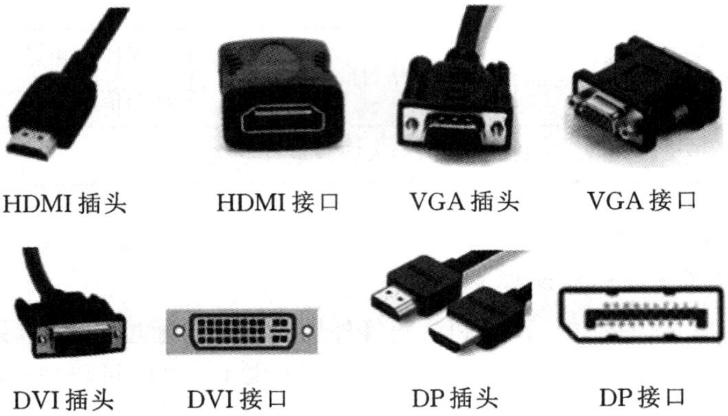

图 1.14　显示设备常见接口

1.3.4.3　综合实战

任务:连接信息技术设备

任务描述:

掌握计算机与常见外围设备(如键盘、鼠标、显示设备、音频设备、打印机、移动硬盘和数码相机等)的连接方法。

【解析】

(1) 设备连接前的准备

确认设备清单:计算机(台式/笔记本电脑)、有线/无线键盘、有线/无线鼠标、显示器(DVI/HDMI/DP/VGA 接口)、音频设备(3.5mm 接口/USB 接口)、USB 打印机、移动硬盘、数码相机、路由器、RJ-45 网线、HDMI 线等。检查设备接口类型及兼容性,确保接口无损坏。

(2) 计算机与常见外围设备的连接

计算机与显示设备:用 HDMI/DVI 线连接显卡与显示器接口;显示器切换至对应信号源;播放视频或调整分辨率,验证画面同步性。

计算机与音频设备:为 3.5mm 接口时,绿色口接音箱,粉色口接麦克风;为 USB 接口时,直接插入设备并安装驱动。安装完后播放音乐测试输出,录音测试输入。

计算机与打印机:USB 线连接打印机与电脑;开启打印机电源,官网下载驱动并安装。安装完后打印测试页,检查清晰度。

计算机与移动硬盘:用 USB 线连接设备与电脑;待系统识别后,在文件管理器中操作连接后可复制大文件测试读写速度与稳定性。

1.3.5　设置信息技术设备

1.3.5.1　必备知识清单

具体内容见表 1.26。

表 1.26　信息技术设备的基本设置

常用的设置操作	显示属性	显示分辨率、缩放比例、桌面风格、多显示器模式
	日期时间	手动或自动校正日期/时区
	语言输入法	设置显示语言、增删语言支持环境、安装输入法、设置默认输入法
	网络配置	连接 Wi-Fi/有线网络、设置静态 IP(可选)、配置代理服务器
	声音设置	选择输出设备(扬声器/耳机)、调整音量平衡、配置麦克风输入
	电源管理	设置睡眠/关机时间、调整性能模式(节能/平衡/高性能)、配置笔记本合盖动作
	存储设置	查看磁盘分区、设置默认保存位置、配置存储感知(自动清理)
	更新与安全	检查系统更新、启用防火墙、配置 Windows Defender

1.3.5.2　要点解析

要点 1：显示属性的相关概念及设置

(1) 像素(Pixel)：图像显示的最小单位，由红(R)、绿(G)、蓝(B)三原色组合形成颜色。屏幕显示的图像由像素点阵构成，像素密度(PPI)越高，画面越细腻。

(2) 分辨率(Resolution)：屏幕水平与垂直方向的像素数量(如 1920×1080)，决定所显示内容的清晰度和细节。标准分辨率如 720P(1280×720)、1080P(1920×1080)、4K(3840×2160)等，屏幕比例有 16∶9(主流)、16∶10(办公)、21∶9(超宽屏)等。

(3) 刷新率(Refresh Rate)：屏幕每秒更新画面的次数(Hz)，高刷新率可减少画面拖影，提升游戏或视频流畅度。

【典型例题】

【例 1.42】以下哪一项最能描述“分辨率”的定义？(　　)

A.屏幕每秒更新画面的次数　　B.屏幕水平与垂直方向的像素数量

C.屏幕显示颜色的范围　　D.屏幕的物理尺寸大小

【答案】B

【解析】分辨率是屏幕水平与垂直方向的像素数量(如 1920×1080)，直接决定画面的清晰度和细节。选项 A 是刷新率，选项 C 是色域，选项 D 是屏幕尺寸，均与分辨率无关。

【知识强化】

高刷新率(如 144Hz)的主要作用是什么？(　　)

A.提升屏幕显示颜色的准确性　　B.减少画面拖影，增强动态流畅度

C.增加屏幕显示的最大亮度　　D.降低屏幕的能耗

1.3.5.3　综合实战

任务描述：

信息技术设备的基本设置：信息技术设备使用前，需要先进行一些基本设置，如显示属性、日期和时间、语言和输入法等，才能满足使用条件。

① 掌握进入电脑设置界面的操作方法。

② 掌握显示属性、日期和时间、语言和输入法的设置方法。

【解析】

(1) 进入设置界面

点击桌面左下角“开始”菜单，选择“设置”(齿轮图标)，进入 Windows 10 设置界面，熟悉界面布局与功能分类。

(2) 设置显示属性

在设置界面中，选择“系统”→“显示”，如图 1.15 所示。

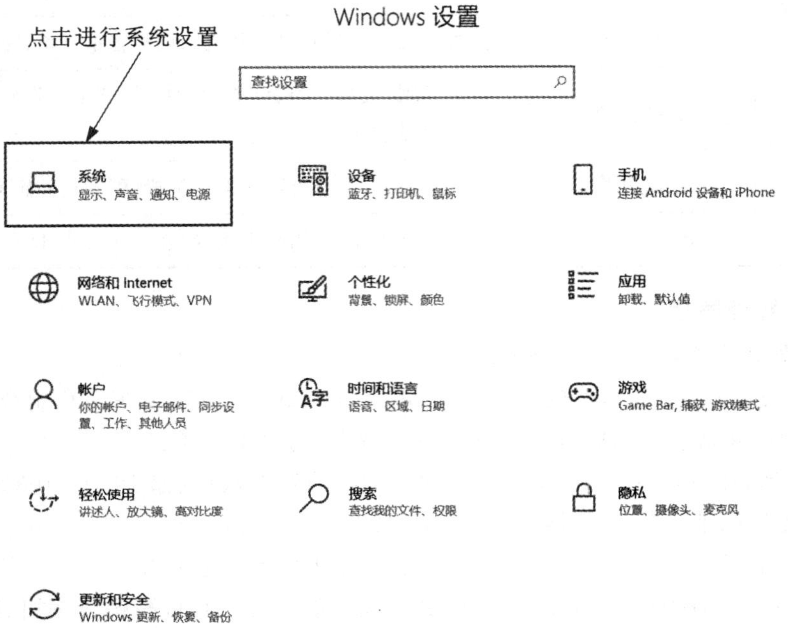

图 1.15　Windows 10 系统设置

①将屏幕分辨率调整为系统推荐值。②设置显示缩放比例(如 100%、125%)，如图 1.16 所示。③开启或关闭“夜间模式”，观察屏幕显示效果变化。④下滑页面，找到“多显示器”选项，点击“多个显示器”下拉菜单：选择“复制这些显示”，使多个显示器显示相同内容；选择“扩展这些显示”，将桌面扩展到多个显示器；选择“仅在 1 显示”或“仅在 2 显示”，设置主显示屏幕，观察多显示器显示效果。

(3) 设置日期和时间

返回设置界面，选择“时间和语言”→“日期和时间”：①关闭“自动设置时间”，手动设置当前正确的日期与时间；②在“时区”选项中选择所在时区(如“中国标准时间”)；③点击“应用”保存设置，如图 1.17 所示。

(4) 设置语言和输入法

在设置界面选择“时间和语言”→“语言”：①点击“添加语言”，选择需添加的语言(如英语)；②在“首选语言”中，选中目标语言并点击“选项”，添加对应输入法；③返回语言设置，在“首选语言”中设置默认输入法，通过任务栏输入法图标切换验证效果，如图 1.18 所示。

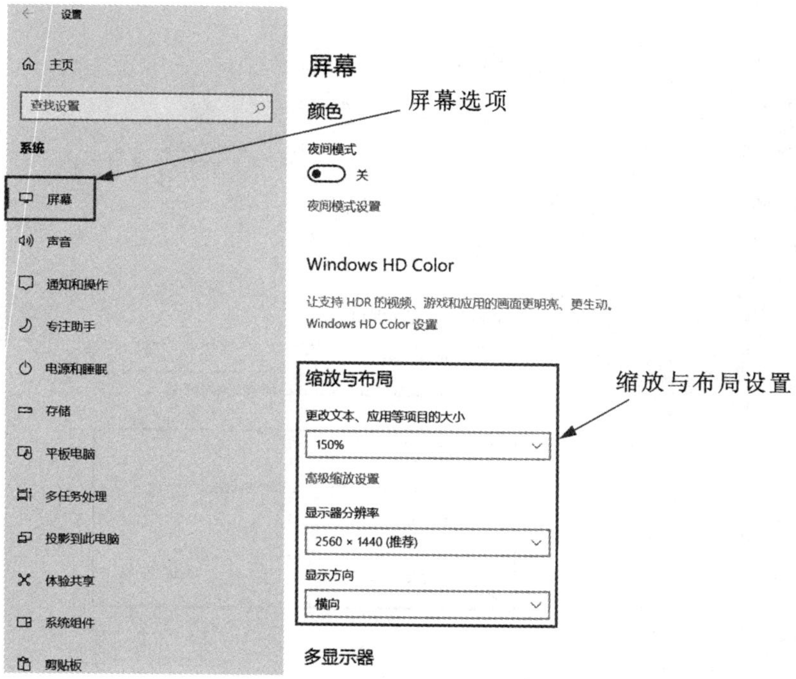

图 1.16 Windows 显示缩放与布局设置

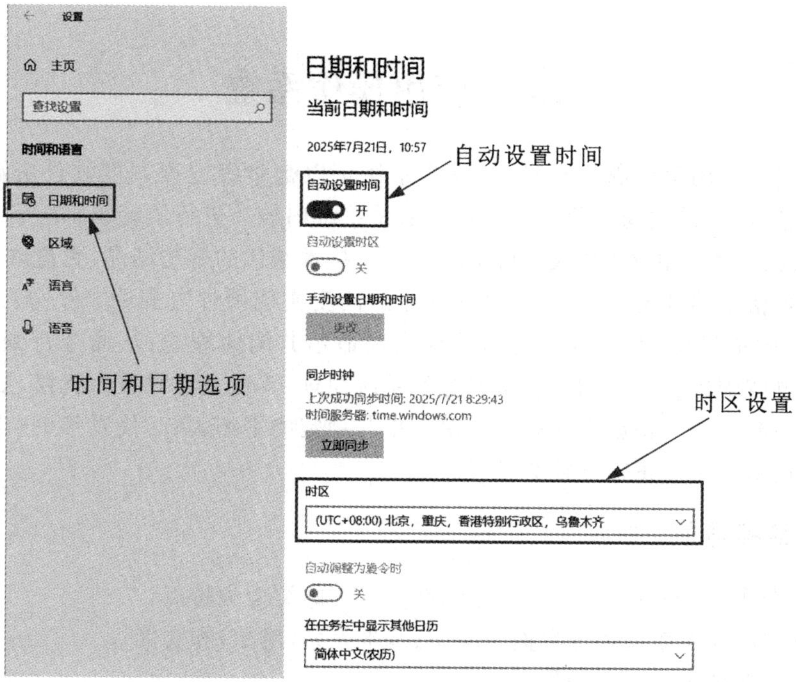

图 1.17 Windows 设置日期和时间界面

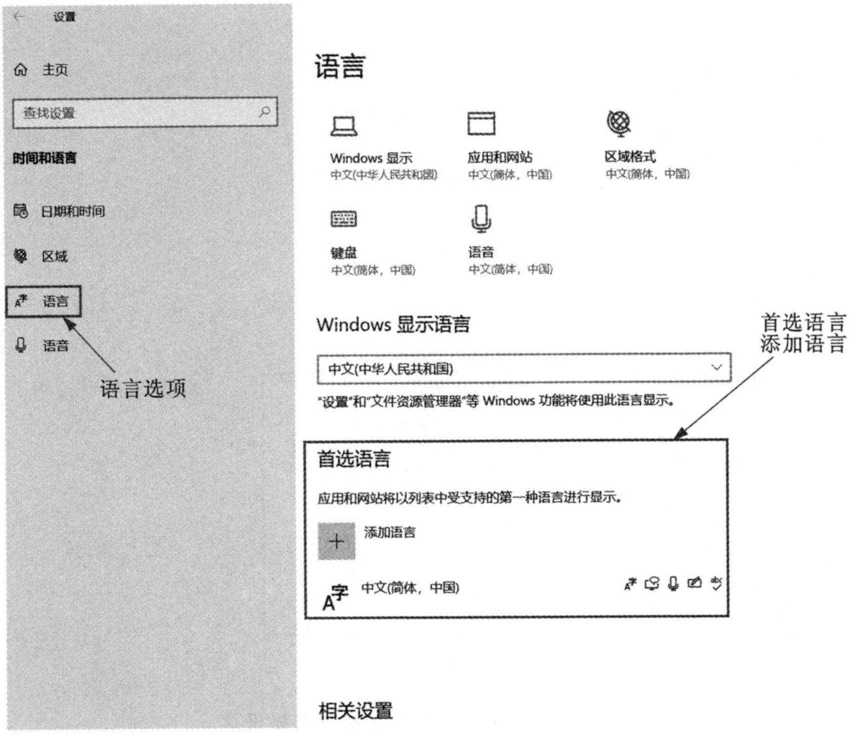

图 1.18　Windows 设置语言和输入法界面

1.4　使用操作系统

同学们，当我们用手机刷脸支付时，操作系统正以毫秒级速度调度硬件资源完成生物识别；当智能音箱听懂“播放周杰伦专辑”时，背后是系统内核在进行语音识别与音乐平台的协同工作。这个连接人类与机器的“数字桥梁”，不仅是技术迭代的智慧结晶，更蕴含着深刻的社会启示：它像一名精密的社会管理者，通过处理器的调度实现硬件资源的公平分配；以安全屏障守护网络空间的责任伦理；用开源协作诠释人类命运共同体理念；从命令行到 AI 交互的演进，更印证着科技服务人民的初心。掌握操作系统原理，不仅是解码技术奥秘，更是培养“科技向善”价值观的起点——正如系统内核追求效率与稳定的平衡，新时代青年更需在创新中厚植家国情怀，让技术进步真正赋能社会发展！

1.4.1　目标导航

(1) 了解操作系统的功能，能列举主流操作系统的类型和特点；

(2) 了解主流操作系统用户界面的类型、基本元素(对象)和功能；

(3) 会进行图形用户界面操作；

(4) 会安装、卸载应用程序和驱动程序；

(5) 了解常用中英文输入方法，能熟练运用中文输入法进行文本和常用符号输入，会使用语音识别、光学识别等工具输入文本；

(6) 了解操作系统自带的常用程序的功能和使用方法。

1.4.2　知识图谱

具体如图 1.19 所示。

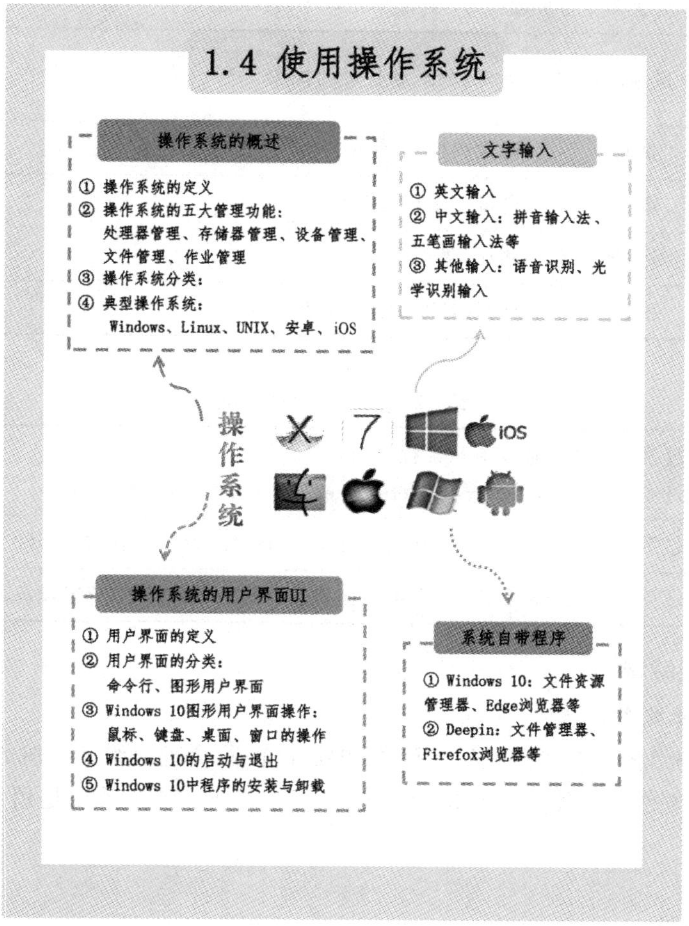

图 1.19　知识图谱——使用操作系统

1.4.3　了解操作系统

1.4.3.1　必备知识清单

具体内容见表 1.27 至表 1.29。

表 1.27　操作系统概述

操作系统的定义	操作系统(OS)是用于管理和控制计算机等信息技术设备软件、硬件以及信息资源的专门程序，是人们操作信息技术设备的交互接口，是最重要的系统软件
五大管理功能	主要包括处理器管理、存储器管理、设备管理、文件管理、作业管理
操作系统的分类	分为单/多用户、批处理、分时、实时、网络、分布式操作系统等
典型的操作系统	微软公司(Microsoft)开发的 MS DOS 和 Windows 系列，Novell 公司的 NetWare，苹果公司的 macOS 和 iOS，此外还有 Unix、Linux、Android 和鸿蒙等

表 1.28　操作系统的用户界面

定义	用户界面(UI)又称人机界面，是用户使用计算机等信息技术设备的接口	
分类	分为命令行界面(CUI)和图形用户界面(GUI)	
图形用户界面操作命令	鼠标的操作、键盘的操作、触控屏的操作	
图形用户界面操作元素	桌面	设置背景、个性化等
	窗口	窗口控制与切换等
	对话框	移动、调整等
	图标	排列(名称、大小、类型、日期)等

表 1.29　程序安装与卸载

安装	通过系统应用商店安装认证程序安装； 通过安装包(如 Windows 的 setup.exe，Android 的.apk 等)安装
卸载	通过系统应用管理工具(控制面板的程序与功能)或第三方软件(360 软件管家)卸载
驱动	新硬件需安装驱动程序，操作系统自动适配安装驱动程序，特定设备需单独安装驱动

1.4.3.2　要点解析

要点 1：操作系统的定义

操作系统是一组控制和管理计算机硬件和软件资源，合理组织计算机的工作流程，并向用户提供各种服务，方便用户使用计算机的系统程序的集合。操作系统是用户与计算机之间的接口。

【典型例题】

【例 1.43】操作系统是(　　)。

A.用户与软件的接口　　B.人们操作信息技术设备的交互接口

C.主机与输入/输出设备的接口　　D.系统软件与应用软件的接口

【答案】B

【解析】操作系统是用户与计算机硬件之间的桥梁，用户通过操作系统来操作和管理计算机硬件资源。

【例 1.44】计算机操作系统属于(　　)软件。

A.通用　　B.应用　　C.系统　　D.服务

【答案】C

【解析】计算机系统分为硬件系统和软件系统，软件系统分为系统软件和应用软件，其中操作系统是主要的系统软件。

【知识强化】

操作系统是一组(　　)程序。

A.中断处理　　B.设备管理　　C.资源管理　　D.文件管理

要点 2:操作系统的五大管理功能

操作系统具有五个方面的功能:处理器管理、存储管理、设备管理、文件管理和作业管理(表 1.30)。操作系统通过处理器管理分配 CPU 资源、存储器管理调控内存、设备管理驱动外围设备、文件管理组织数据、作业管理协调任务执行,共同实现系统高效运行。

表 1.30 操作系统的管理功能

处理器管理	负责对处理器的分配调度策略、分配实施和资源回收等问题
存储管理	主要管理内存资源,根据用户程序的要求给它分配内存,保护用户存放在内存中的程序和数据不被破坏,同时还解决内存的扩充问题
设备管理	负责管理各类外围设备,包括对外设的管理和处理故障等
文件管理	支持文件的存储、检索和修改等操作,解决文件的共享、保密和保护问题
作业管理	为用户提供一个使用系统的良好环境,根据不同的系统要求,制定相应的调度策略,进行作业调度

【典型例题】

【例 1.45】操作系统管理的计算机系统硬件资源包括(　　)。

A.中央处理器、存储器、输入设备、输出设备

B.CPU、输入设备、输出设备

C.中央处理器、主存储器、外部设备、程序、数据

D.主机、数据、程序

【答案】A

【解析】操作系统管理的计算机系统硬件资源包括中央处理器、存储器、输入设备、输出设备。

【知识强化】

操作系统的主要功能包括(　　)。

A.运算器管理、存储管理、设备管理、处理器管理、作业管理

B.文件管理、处理器管理、设备管理、存储管理、作业管理

C.文件管理、设备管理、程序管理、存储管理、作业管理

D.处理器管理、设备管理、程序管理、存储管理、作业管理

要点 3:操作系统的分类

根据不同的用途和功能,操作系统可分为单/多用户操作系统、批处理操作系统、分时操作系统、实时操作系统、网络操作系统和分布式操作系统。典型的操作系统见表 1.31。

表 1.31 典型的操作系统

桌面操作系统:Windows 系列(当前主流版本 Windows 10)、Linux 系列(Deepin、中兴新支点、Ubuntu、麒麟)、Unix 系列(苹果公司推出的 macOS X)
服务器操作系统:Windows Server、NetWare、Unix、Linux 红旗和银河麒麟等服务器版
移动终端操作系统:Android、iOS、鸿蒙等
Windows 10:由微软公司(Microsoft)开发的操作系统,是一个单用户(支持一个用户在同一时间内登录并运行多个进程,不支持多个用户同时登录)、多任务、图形化的操作系统

【典型例题】

【例 1.46】知名的 macOS 操作系统是由(　　)公司开发的。

A.Lenovo　　B.Apple　　C.IBM　　D.Microsoft

【答案】B

【解析】Apple(苹果)是 macOS 的开发者。macOS 是苹果公司为其 Macintosh 计算机系列专门设计的操作系统。

【知识强化】

Windows 10 属于(　　)。

A.单用户、多任务操作系统　　B.批量操作系统

C.多用户、多任务操作系统　　D.分布式操作系统

要点 4:Windows 10 的启动与退出

(1) 启动 Windows 10

启动 Windows 10 的操作与传统 Windows 系统类似,只需依次打开显示器和主机电源开关,系统即自动完成硬件自检并加载启动程序,正常启动后会进入登录界面。若设备支持快速启动功能(默认开启),则启动速度会显著提升,通常在几秒内即可进入桌面环境。正常启动 Windows 10 后,屏幕上会显示 Windows 10 桌面。

(2) 退出 Windows 10

完成工作后,建议按以下步骤正常退出系统;

① 关闭所有应用:确保所有运行的程序已保存数据并退出,避免数据丢失。

② 访问电源菜单:点击桌面左下角的⊞按钮,或按下键盘上的 Windows 徽标键,打开如图 1.20 所示的“开始”菜单。

③ 选择关机选项:在开始菜单下方找到并点击⏻图标,在弹出的选项中选择[关机]。系统将终止所有进程并关闭计算机,关机界面如图 1.21 所示。

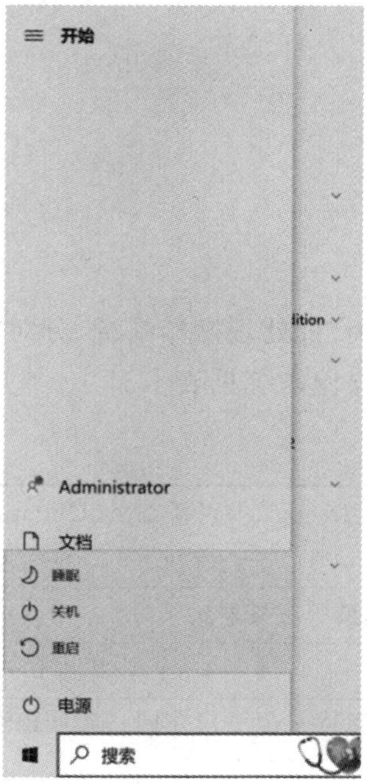

图 1.20　“开始”菜单

图 1.21　关机界面

【典型例题】

【例 1.47】Windows 10 正常启动后，屏幕上显示的是（　　）。

A.登录界面　　B.Windows 10 桌面

C.BIOS 设置界面　　D.命令提示符窗口

【答案】B

【解析】正常启动 Windows 10 后默认进入桌面界面，仅当设置账户密码时才会显示登录界面。其他选项均为系统底层界面，不会在正常启动时出现。

【知识强化】

（1）关闭计算机时应该在开始菜单右侧找到并点击图标，在弹出的选项中选择______________。

（2）启动 Windows 10，就是将操作系统（　　）。

A.从软盘调入硬盘　　B.从硬盘调入 CPU

C.从外存调入内存　　D.从外存调入控制器

要点 5：鼠标的使用（表 1.32）

表 1.32　鼠标的状态

图标	说明	图标	说明
	就绪状态		求助状态
	当前操作在后台进行		等待状态
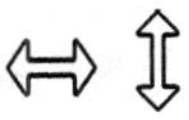	调整水平、垂直位置大小		调整对角线方向和大小
	指向超级链接		移动所选对象
	文字选择		精确选择
	手写状态		当前鼠标不可用

【典型例题】

【例 1.48】当指针显示时，代表鼠标此时处于（　　）状态。

A.文字选择　　B.精确选择　　C.当前鼠标不可用　　D.等待状态

【答案】D

【解析】当鼠标指针显示为沙漏（或旋转圆圈）时，表示系统正在处理某个任务，用户需要等待任务完成。这是 Windows 操作系统中常见的“等待状态”标志。

【知识强化】

在 Windows 10 中，表示鼠标正指向一个超链接的指针形状是（　　）。

A.　　B.　　C.　　D.

要点 6:键盘的使用

常用的快捷键见表 1.33。

表 1.33　常用快捷键

快捷键	功能	快捷键	功能
Enter	确认	Esc	取消
Backspace	打开所选文件的上级文件夹	F1	显示帮助
F2	重命名	Ctrl+Esc	打开“开始”菜单
Alt+Space	打开控制菜单	Shift+F10	打开快捷菜单
Alt+Esc	切换窗口	Alt+Tab	出现提示区,切换任务
Win 键+Tab	3D 窗口切换	Alt+F4	关闭当前窗口
Ctrl+Shift	输入法切换	Ctrl+Space	中英文输入法切换
Ctrl +.	中英文标点切换	Shift+Space	全/半角切换
Ctrl+X	剪切	Ctrl+C	复制
Ctrl+V	粘贴	Ctrl+Z	撤销
Ctrl+Y	恢复	Delete	删除
Shift+Delete	彻底删除	PrintScreen	拷贝屏幕到剪贴板
Alt+PrintScreen	拷贝当前窗口到剪贴板	Ctrl+Tab/Ctrl+Shift+Tab	在对话框的不同标签中切换
Ctrl+Alt+Delete	打开任务管理器	Win 键+L	锁定计算机屏幕

【典型例题】

【例 1.49】Windows 中默认中英文切换使用的是(　　)组合键。

A.Ctrl+Shift　　B.Shift+Space　　C.Ctrl+Space　　D.Alt+Space

【答案】C

【解析】在 Windows 操作系统中,默认的中英文切换组合键是 Ctrl+Space。其他组合键的功能为:Ctrl+Shift 用于切换输入法;Shift+Space 在某些输入法中用于切换全角和半角;Alt+Space 用于打开窗口的控制菜单(如最大化、最小化等)。

【例 1.50】Windows 系统中用于打开任务管理器的快捷键是(　　)。

A.Ctrl+Alt+Delete　　B.Ctrl+Shift　　C.Win 键+L　　D.Alt+F4

【答案】A

【解析】Ctrl+Alt+Delete 会打开安全选项界面,再选择“任务管理器”即可打开任务管理器。Ctrl+Shift:切换输入法的快捷键。Win 键+L:用于锁定计算机屏幕。Alt+F4:用于关闭当前活动窗口或程序。

【知识强化】

下列组合键可用于“快速切换输入法”的是(　　)。

A.Ctrl+C　　B.Win 键+D　　C.Alt+Tab　　D.Ctrl+Shift

要点 7：桌面的认识及使用

启动 Windows 10 后，出现在用户面前的整个屏幕便是桌面，如图 1.22 所示。桌面通常由背景、图标、“开始”菜单按钮、快速启动按钮、任务栏、状态信息图标等组成。

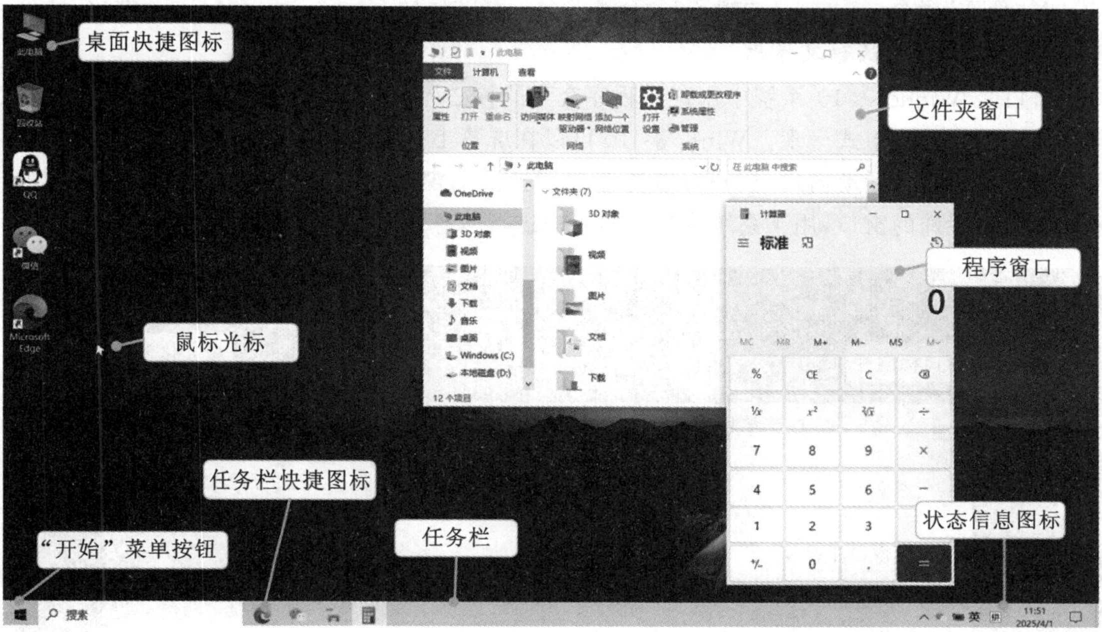

图 1.22　桌面

桌面的基本操作：

(1) 设置桌面背景。在桌面空白处单击鼠标右键，在弹出的快捷菜单中选择“个性化”选项。此时会打开“个性化”对话框，在左侧列表中点击“背景”，接着在“背景”窗口中选择需要的选项。

(2) 排列桌面图标。在桌面空白处单击鼠标右键，在弹出的快捷菜单中选择“排序方式”命令。排列方式共有 4 种，即按“名称”“大小”“项目类型”“修改日期”排列。

【典型例题】

【例 1.51】Windows 10 的整个显示屏幕称为(　　)。

A.窗口　　B.操作台　　C.工作台　　D.桌面

【答案】D

【解析】在 Windows 10 中，整个显示屏幕被称为“桌面”。桌面是用户与操作系统交互的主要界面，通常包含图标、任务栏和背景图片等元素。

【例 1.52】下列有关 Windows 10“任务栏”的非锁定状态的说法，正确的是(　　)。

A.只能改变位置不能改变大小　　B.只能改变大小不能改变位置

C.既不能改变位置也不能改变大小　　D.既能改变位置也能改变大小

【答案】D

【解析】当任务栏处于锁定状态时，其位置、大小和布局不可更改；解锁后则允许用户自由调整任务栏的位置、尺寸，并支持隐藏任务栏或修改图标排列顺序。

【知识强化】

Windows 10 中，要设置桌面背景，可以在桌面空白处单击鼠标右键，然后执行快捷菜单中的（　　）。

A.“新建”命令　　B.“刷新”命令　　C.“属性”命令　　D.“个性化”命令

要点 8：窗口的认识及操作

窗口是 Windows 10 系统中用户与程序交互的核心界面，每个打开的应用程序、文件或文件夹均以独立窗口形式呈现。Windows 10 可以在屏幕上打开多个窗口。打开多个窗口时，有且只有一个窗口是活动窗口，用户可以方便地切换活动窗口。对话框是 Windows 10 等操作系统中一种特殊的窗口，用于系统或程序与用户进行信息交互，如图 1.23 所示。

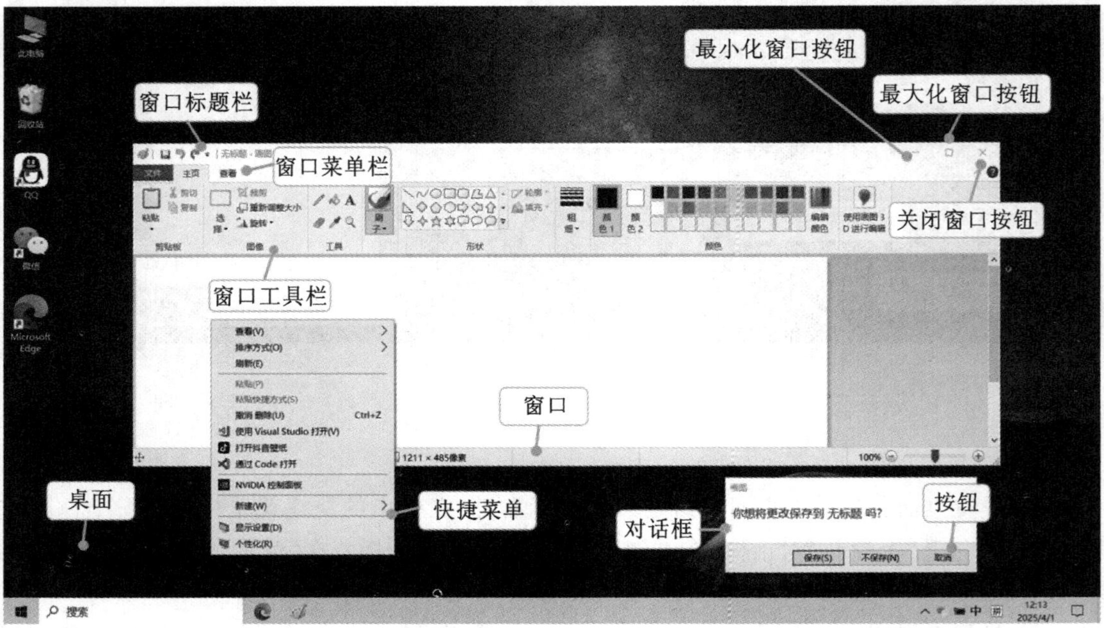

图 1.23　窗口及对话框

【典型例题】

【例 1.53】在 Windows 10 中，下列关于窗口的说法错误的是（　　）。

A.窗口的大小可以改变　　B.窗口的位置可以移动

C.窗口可以互相重叠　　D.可以同时激活多个活动窗口

【答案】D

【解析】在 Windows 10 中可以在屏幕上打开多个窗口。打开多个窗口时，有且只有一个窗口是活动窗口，用户可以方便地切换活动窗口。

【例 1.54】应用程序窗口之间的切换通过快捷键（　　）完成。

A.Win＋Tab　　B.Ctrl＋Alt＋Delete

C.Ctrl＋Shift＋Esc　　D.Win＋L

【答案】A

【解析】Win＋Tab：用于打开任务视图并切换应用程序窗口，是 Windows 系统中常用的窗口切换快捷键。Ctrl＋Alt＋Delete：用于打开安全选项界面。Ctrl＋Shift＋Esc：用于直接打开任务管理器。Win+L:用于锁定计算机屏幕。

【知识强化】

在 Windows 10 中,下列关闭窗口的方法错误的是(　　)。

A.选择窗口右上角的“关闭”按钮　　B.选择系统菜单中的“关闭窗口”选项

C.按“Alt+F4”快捷键　　D.双击窗口的标题栏

要点 9:控制面板及程序安装与卸载

控制面板是 Windows 操作系统中一个重要的系统设置工具集合界面。它提供了图形化的操作环境,使用户能够方便地对计算机系统的各种硬件、软件和系统设置进行配置、管理和调整。

程序的安装:可通过系统应用商店安装认证程序;早期通过安装包(如 Windows 的 setup.exe、Linux 的.deb/.rpm、Android 的.apk 等)安装。

驱动程序的安装:新硬件需安装驱动程序,主流系统自动适配绝大部分设备,即操作系统自动安装驱动程序,特定设备需单独安装驱动。

程序的卸载:通过系统应用管理工具(控制面板→程序和功能→卸载程序)或第三方软件完成卸载。如图 1.24 所示。

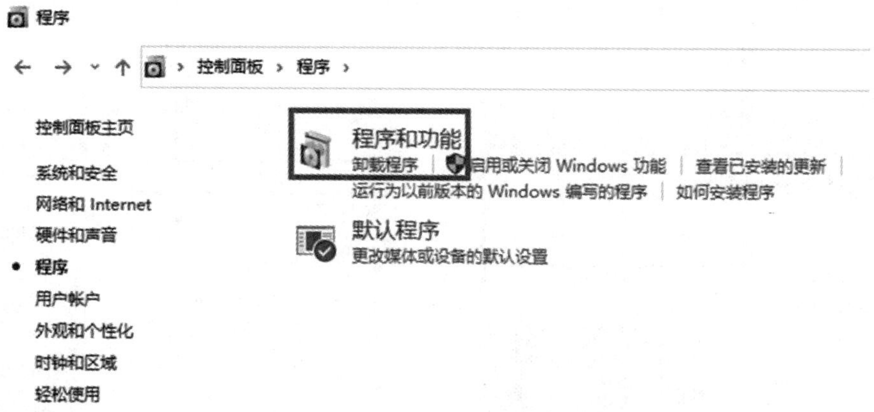

图 1.24　程序和功能

【典型例题】

【例 1.55】(　　)是运行于 Windows 10 操作系统的安装包。

A. .rpm　　B. .deb　　C.setup.exe　　D. .apk

【答案】C

【解析】setup.exe 是 Windows 操作系统中常见的可执行安装包文件,用于安装软件。

【例 1.56】在 Windows 10 中,安装中文输入法时,应双击控制面板中的(　　)。

A.键盘　　B.程序和功能　　C.字体　　D.区域和语言

【答案】D

【解析】在 Windows 10 中安装中文输入法,需要通过控制面板的“区域和语言”选项进行操作。进入控制面板→选择“区域和语言”→点击“语言”选项卡→添加中文语言包→在输入法设置中添加中文输入法(如微软拼音或五笔)。键盘:仅调整键盘硬件属性(如重复延迟、光标闪烁速度),与输入法安装无关。程序和功能:用于卸载软件或系统组件,而非添加输入法。字体：管理字体文件安装，但输入法需要系统语言支持，不直接通过字体文件安装。

【知识强化】

（判断题）所有设备的操作系统都会自动安装驱动程序，不需要单独安装驱动。（　　）

1.4.3.3　综合实战

任务描述：崇尚个性化的时代，要求凡事皆与众不同，Windows 10 操作系统的设置也不例外。请同学们根据自己的喜好进行 Windows 10 系统的个性化设置。

① 设置桌面图标排列方式；

② 设置桌面快捷方式；

③ 设置桌面背景、颜色、锁屏界面、主题、字体等。

【解析】

(1) 设置桌面图标排列方式（自动排序和手动排序）

（自动排序）步骤如下：鼠标右键点击桌面空白处，选择“查看”选项。勾选“自动排列图标”选项，显示效果如图 1.25 所示。

（手动排序）步骤如下：单击鼠标右键，选择“排序方式”。其中“名称”：根据图标名字（a～z）进行正排序或者倒排序。“大小”：按文件大小排序。“项目类型”：按文件类型（文件夹、文件、程序、压缩文件等）进行排序。“修改时间”：根据文件最近一次被修改的时间进行排序。显示效果如图 1.26 所示。

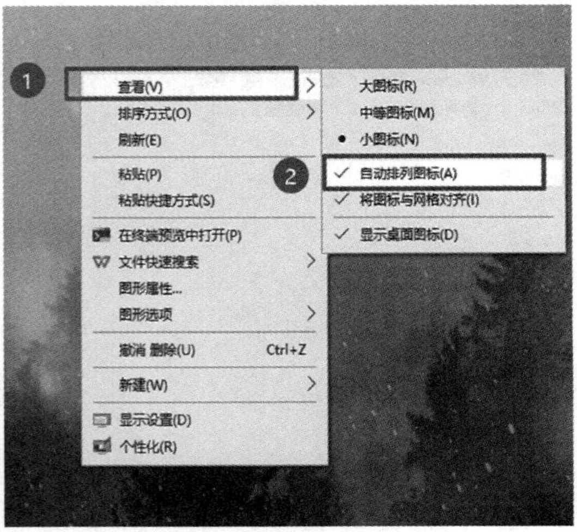

图 1.25　自动图标排序

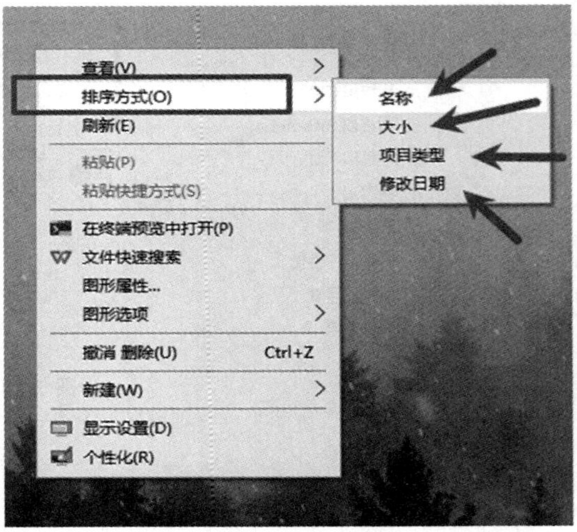

图 1.26　手动选择排序方式

(2) 桌面快捷方式设置

步骤如下：点击屏幕左下角的“开始”图标，找到需要的程序。选择“更多”→“打开文件位置”。在新打开的窗口中，再次用鼠标右键点击程序图标，选择“发送到”→“桌面快捷方式”。显示效果如图 1.27 所示。

(3) 管理桌面个性化样式的设置

步骤如下：桌面单击鼠标右键：选择“个性化”，进入编辑界面。如图 1.28 所示。

① 设置背景

a. 在左侧菜单中选择“背景”选项，然后在右侧选择“图片”“纯色”或“幻灯片放映”作为背

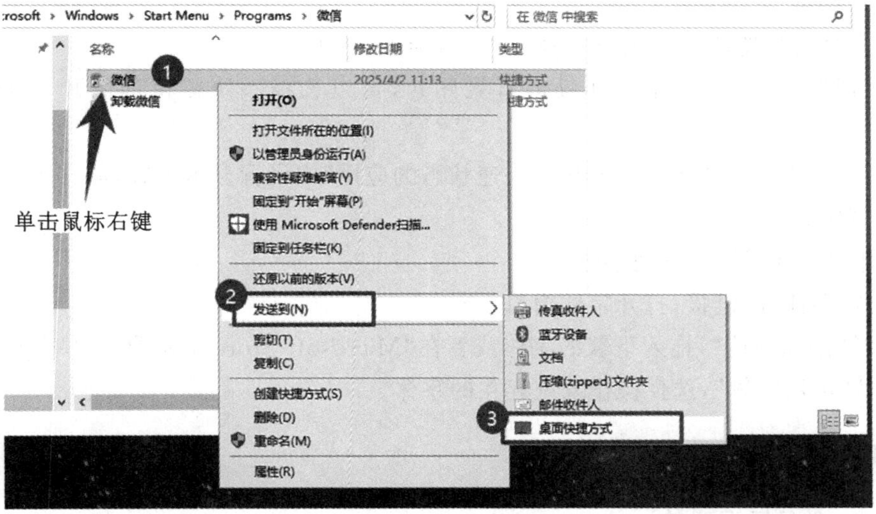

图 1.27 发送到桌面

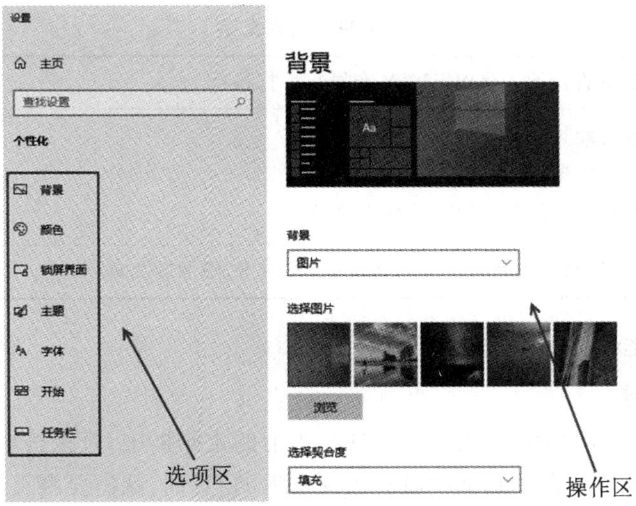

图 1.28 样式编辑界面

景样式。

b. 如果选择“图片”，可以点击“浏览”选择本地图片，或者从系统自带图片中选择；如果选择“纯色”，可以在下方颜色区域选择喜欢的颜色；如果选择“幻灯片放映”，可以添加多张图片，并设置变换频率和时间。

② 设置系统颜色

a. 在个性化设置界面中，点击左侧的“颜色”选项。

b. 可以选择“从我的背景自动选择一种颜色”，系统会根据当前背景推荐颜色；也可以手动选择喜欢的颜色。

c. 在下方的“主题色”区域，可以调整高亮色、文字色等颜色。

③ 设置锁屏

a. 在个性化设置界面中，点击左侧的“锁屏界面”选项。

b. 在“背景”下拉菜单中选择锁屏背景图片，可以选择系统提供的图片或个人上传的图片。

c. 可以在“选择在锁屏界面上显示快速状态的应用”中设置显示内容，如日历、天气等。

④ 设置字体

可选外部下载字体或本地字体。

a. 点击“字体”超链接，打开字体窗口。

b. 选择“添加字体”，拖入下载的字体或者在“Microsoft Store 中获取更多字体”。

c. 选择“可用字体”，选择操作系统存在的字体。

1.4.4 输入文字

1.4.4.1 必备知识清单

具体内容见表 1.34。

表 1.34 输入文字

英文输入	键盘直接输入(QWERTY 布局)，盲打技巧
中文输入	拼音输入法：全拼、首字母。 五笔字型：字形编码，重码率低。 九宫格：适用于手机，可减少误触
其他输入方式	语音识别(语音转文字)；光学识别(OCR，图像转文本)

1.4.4.2 要点解析

要点 1：输入文字

基本输入操作：若所需的字、词已经出现在当前的重码框中，直接按所需的字、词左面的数字对应的数字键即可。若在重码框中没有出现所需的字、词，就需要翻页查找。翻页查找方法是：用鼠标单击重码框中的“翻页”按钮即可，也可以按键盘上的“＋”键、“－”键或是“[”键和“]”键来翻页。

【典型例题】

【例 1.57】五笔输入法是(　　)输入法。

A.拼音　　B.字形　　C.光学识别　　D.语音识别

【答案】B

【解析】五笔输入法是一种基于汉字字形的输入法，通过拆解汉字的笔画和结构进行输入。

【例 1.58】五笔字型输入法与拼音输入法相比，优势是(　　)。

A.输入码量小　　B.重码率高　　C.以拼音方式编码　　D.打字效率低

【答案】A

【解析】五笔字型输入法的优势在于输入码量小，通常每个汉字只需输入 1～4 个字母编码，且重码率低、打字效率高。

【知识强化】

(1) 下列输入法中基于语音识别技术的是(　　)。

A.搜狗拼音　　B.五笔字型　　C.讯飞语音输入　　D.手写输入

(2) 在拼音输入法中,输入“xi'an”是为了避免与(　　)混淆。

A.西安　　B.先　　C.西岸　　D.锡安

1.4.5　使用操作系统自带程序

1.4.5.1　必备知识清单

具体内容见表 1.35。

表 1.35　使用操作系统自带程序

Windows 10 操作系统	文件管理:文件资源管理器 网络:Edge/IE 浏览器 文本编辑:记事本、写字板 图形图像工具类:画图、画图 3D、截图工具、照片 影音播放类:录音机、电影和电视、视频编辑器 生活服务类:闹钟和时钟、日历、天气、地图、计算器 命令行操作类:命令行提示符
Deepin 操作系统	文件管理:文件管理器 网页浏览类:火狐浏览器(FireFox) 文本编辑类:文本编辑器 图形图像工具类:看图、相册、画板、截图 影音播放类:音乐、影院 生活服务类:日历、计算器 命令行操作类:终端

1.4.5.2　要点解析

【典型例题】

【例 1.59】Windows 10 操作系统自带的文本编辑类系统软件有________、________。

【答案】记事本　　写字板

【解析】在 Windows 操作系统中,系统自带的文本编辑类软件主要有记事本和写字板。记事本:用于简单的纯文本编辑。写字板:功能比记事本更强大,支持基本的文本格式编辑。

【知识强化】

(1) (判断题)Deepin 操作系统自带的网页浏览类软件是 Edge/IE 浏览器。(　　)

(2) 下列各组软件中,全部属于系统软件的一项是(　　)。

A.语言处理程序、操作系统、数据库管理系统

B.文字处理程序、编辑程序、操作程序

C.财务处理软件、金融软件、网络系统

D.WPS、Office 2010、Excel 2010、Windows 7

1.4.5.3　综合实战

任务描述:

体验画图 3D 程序,截取桌面屏幕图像,在系统自带的画图 3D 程序中对图像进行以下

操作：

（1）将屏幕图像裁剪到合适大小。

（2）在图像中插入文字“科技改变生活”。

（3）设置文字格式为加粗、倾斜、有下划线、字号 48，字体颜色为黄色。

【解析】

（1）截取屏幕图像

①在 Windows 10 系统处于显示桌面状态时，按下键盘上的 PrintScreen 键，此时系统会自动截取整个屏幕图像并将其复制到剪贴板中。②进入画图 3D 程序界面后，点击“粘贴”按钮，此时剪贴板中的屏幕图像会被粘贴到画布上。③在画图 3D 程序中，单击“裁剪”按钮，图像周围会出现裁剪框。通过拖动裁剪框的边缘或顶点，调整截取图像范围，选取自己最喜欢的那一部分图像内容。

（2）文字插入

单击画图 3D 程序中的“文本”按钮，在图像合适位置点击鼠标，出现文本输入框，输入“科技改变生活”，如图 1.29 所示。

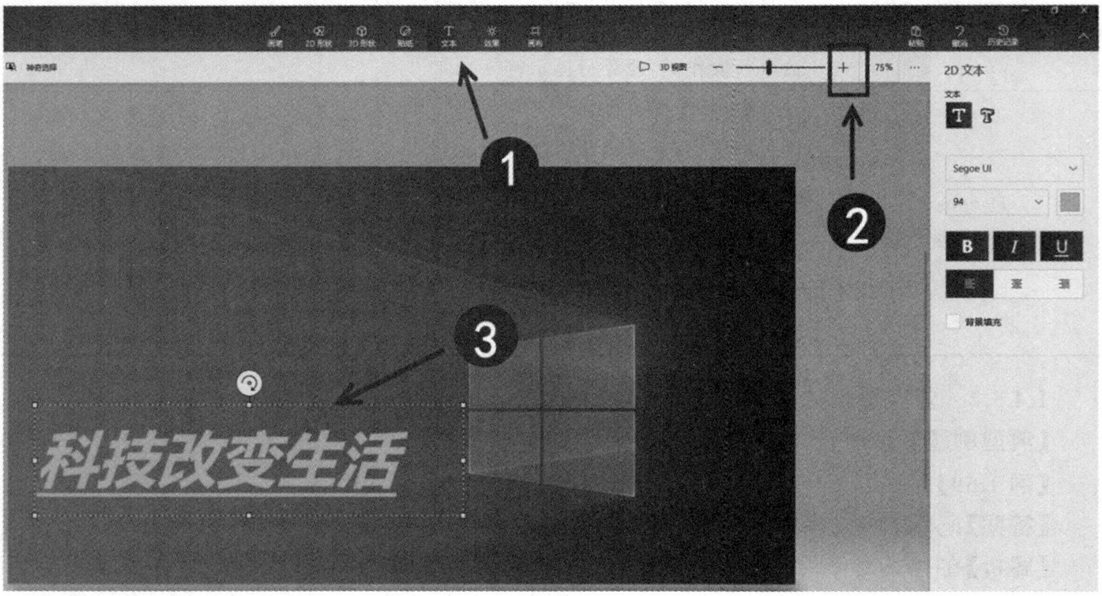

图 1.29　文字插入

（3）文字格式设置

输入完成后，选中文字，在软件的属性栏中可调整文字格式，即加粗、倾斜、有下划线、字号 48，字体颜色为黄色，使文字与图像风格相匹配。调整完成后，再单击图像其他区域确认文字输入及设置。添加文字能为图像增添说明、注释或个性化元素，增强图像的表现力。

1.5　管理信息资源

同学们，在数字化浪潮席卷全球的今天，信息不仅是知识，更是推动社会发展的核心。作为人工智能发展的重要基石，高质量的信息资源为学习提供了丰富的素材。那么，这些海量的信息资源是如何被科学管理的？又有哪些智能化工具能够帮助我们实现信息的高效整合与价值挖掘？通过科学的信息资源管理，我们能够更好地弘扬正能量，抵制不良信息的侵蚀，为构建健康、和谐的网络环境贡献力量。接下来，就让我们携手踏上这段"信息资源管理"的探索之旅，共同揭开现代信息管理的神秘面纱，以更加智慧的方式驾驭信息，为社会的进步贡献我们的青春与智慧。

1.5.1 目标导航

(1) 了解文件和文件夹的概念；

(2) 掌握运用文件和文件夹等对信息资源进行操作管理的方法；

(3) 能辨识常见信息资源类型，会检索和调用信息资源；

(4) 掌握对信息资源进行压缩、加密和备份的方法。

1.5.2 知识图谱

具体如图 1.30 所示。

图 1.30 知识图谱——管理信息资源

1.5.3 标记与管理信息

1.5.3.1 知识清单

具体内容见表 1.36 和表 1.37。

表 1.36 资源管理器

内涵	对文件进行管理
界面组成	标题栏、控制菜单、控制按钮、快速访问工具栏、菜单栏、功能区、地址栏、搜索栏、导航窗格、主窗口、预览窗格或详细信息窗格(可选)、状态栏
操作	(1)资源管理器的启动与退出;(2)文件图标的显示及操作

表 1.37 文件与文件夹

内涵	文件是保存在外存储器上的一组相关信息的集合。文件是计算机系统中的一种重要的存在形式,可包含数据、程序、文档和其他信息。文件夹是用来协助人们管理一组相关文件的集合
文件名的组成部分	任何文件都有文件名。文件名通常由主文件名和扩展名两部分组成,它们之间以点号分割。其格式是:主文件名.扩展名。主文件名是文件的标识,不可缺少,而扩展名主要用于表示文件的类型,是可选的
文件名的命名规则	(1)文件名最长可以使用 255 个字符; (2)文件名可以使用多个间隔符“.”,最后一个间隔符后的字符一般被认定为扩展名; (3)文件名中允许使用空格,但不允许使用下列英文半角字符:＜ ＞ / \ ｜ :" * ?; (4)文件名中允许使用大小写字母
文件夹与目录树	每一个文件夹都有一个名称,文件夹中可包含多个文件和子文件夹,文件夹这种多级层次式结构称为目录树
文件与文件夹的基本操作	(1)选定文件或文件夹;(2)打开文件或文件夹;(3)新建文件夹和文件;(4)复制、移动文件或文件夹;(5)重命名文件或文件夹;(6)删除文件或文件夹;(7) 恢复文件或文件夹;(8)查找文件或文件夹;(9)查看文件或文件夹的属性;(10)快捷方式;(11)文件扩展名的隐藏与恢复

1.5.3.2 要点解析

要点 1:资源管理器的界面组成

资源管理器提供了可视化操作界面,如图 1.31 所示。

(1) 标题栏:位于窗口第一行,用于显示窗口的标题(即应用程序或文档的名字)。

(2) 控制菜单:位于窗口的左上角,是系统中用来改变窗口尺寸,移动、最大化、最小化和关闭窗口的命令菜单。在控制菜单中单击命令选项即可实现相应操作。

(3) 控制按钮:位于窗口的第一行右侧,它有两种组合:最小化、最大化和关闭,最小化、还原和关闭。“最小化”按钮可使应用程序窗口缩小为一个图标,保存在任务栏上,即将应用程序

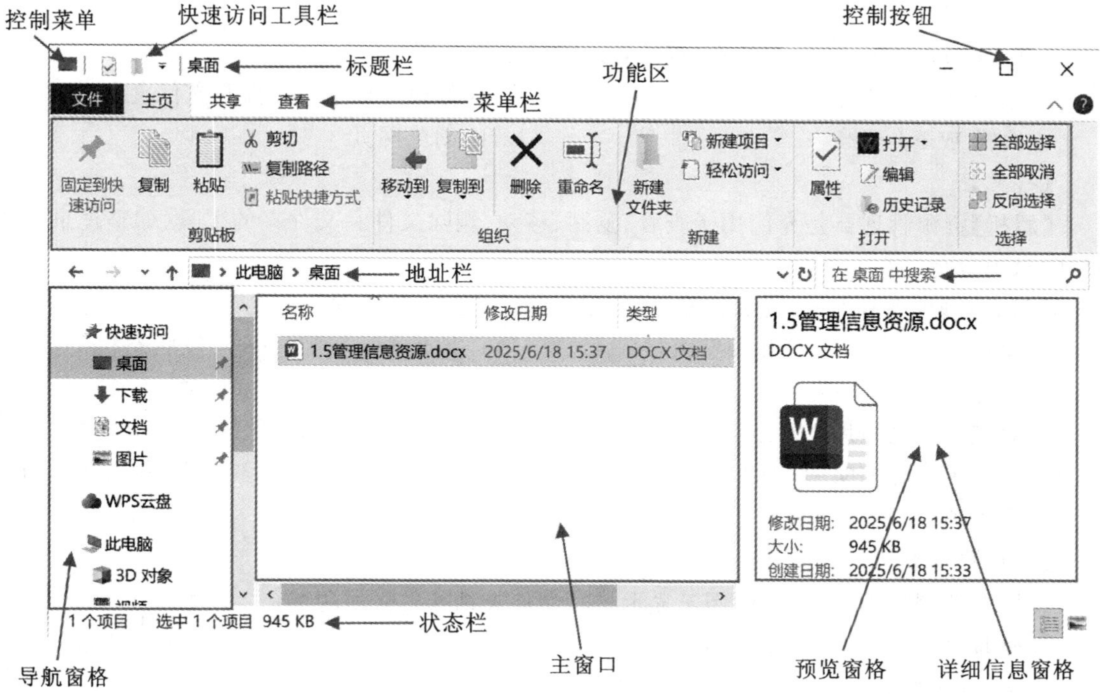

图 1.31 资源管理器界面

转为后台运行；“最大化”按钮可使应用程序窗口扩大到整个屏幕；“还原”按钮可使应用程序窗口恢复为最大化以前的大小和位置；“关闭”按钮可关闭当前的应用程序窗口，使其退出运行。

(4) 快速访问工具栏：位于控制菜单的右边，用于快捷使用撤销、恢复、删除、属性、新建文件夹和重命名等功能。

(5) 菜单栏：位于标题栏下方，提供常用操作的选项卡式菜单（如文件、主页、共享、查看）。

(6) 功能区：位于菜单栏下方，单击菜单栏对应菜单，即可显示对应的功能区。

(7) 地址栏：位于菜单栏下方，中间有一个长条文本框，用于显示当前文件夹的路径，单击旁边的黑三角下拉按钮可以切换位置，支持复制路径（鼠标右键单击地址栏）。

(8) 搜索栏：位于地址栏右侧，输入关键词可实时搜索当前目录及子目录中的文件。

(9) 导航窗格：位于窗口左侧，树状结构展示常用位置（快速访问、OneDrive、此电脑、网络等），可展开/折叠目录，快速跳转到目标文件夹。

(10) 主窗口：窗口中央区域，显示当前文件夹内的文件和子文件夹，支持多种视图模式（图标、列表、内容、详细信息等），可通过“查看”选项卡调整。

(11) 预览窗格（可选）：位于主窗体右侧，可显示文件缩略图/基本信息，与详细信息窗格只能二选一，也可以都不需要。

(12) 详细信息窗格（可选）：位于主窗体右侧，可显示文件的详细信息，与预览窗格只能二选一，也可以都不需要。

(13) 状态栏：位于窗口最后一行，用于显示当前资源管理器的状态信息。主要显示当前文件夹共有多少个项目，显示当前选中了几个项目，共占据多少存储空间。

【典型例题】

【例 1.60】在 Windows 系统中,资源管理器的主要功能是(　　)。

A.播放音乐和视频　　B.管理电脑中的文件和文件夹

C.编辑 Word 文档　　D.浏览网页

【答案】B

【解析】资源管理器是专门用于查看、复制、移动、删除文件和文件夹的工具(如整理桌面文件、U 盘内容等)。

【例 1.61】在 Windows 资源管理器中,用于显示当前文件夹路径的是(　　)。

A.菜单栏　　B.预览窗格　　C.地址栏　　D.状态栏

【答案】C

【解析】地址栏是用于显示当前文件夹的路径。菜单栏提供常用操作的选项卡式菜单。预览窗格可显示文件缩略图/基本信息。状态栏主要显示当前文件夹共有多少个项目,显示当前选中了几个项目,共占据多少存储空间。

【知识强化】

在资源管理器界面中,左侧用于显示树状文件夹结构的区域称为(　　)。

A.地址栏　　B.导航窗格　　C.状态栏　　D.预览窗格

要点 2:资源管理器的启动与退出

(1) 资源管理器的启动方法

① 双击桌面图标"此电脑",打开资源管理器。

② 单击"开始"按钮,展开"Windows 系统"下拉菜单并选择"文件资源管理器"。

③ 使用快捷键"Win+E",可以直接打开资源管理器。

④ 在任务栏的搜索框中输入"资源管理器"或"文件资源管理器",在搜索结果中选择相应的选项打开。

⑤ 按下"Win+R"组合键,打开运行对话框,输入"explorer.exe"并回车,也可打开资源管理器。

(2) 资源管理器的退出方法

① 点击窗口右上角的"关闭"按钮。

② 用鼠标右键单击任务栏上的资源管理器图标,在弹出的快捷菜单中选择"关闭窗口"。

③ 在资源管理器窗口按"Alt+F4"快捷键关闭。

④ 双击窗口标题栏左上角。

⑤ 单击窗口标题栏左上角,从下拉菜单中选择"关闭"命令。

⑥ 选择"文件"→"关闭"命令。

【典型例题】

【例 1.62】双击桌面上的(　　)图标可以快速启动资源管理器。

A.回收站　　B.此电脑　　C.控制面板　　D.网络

【答案】B

【解析】双击桌面上的"此电脑"图标是启动资源管理器的方法之一。

【例 1.63】下列哪个快捷键能启动资源管理器?(　　)

A.Win+E　　B.Win+R　　C.Ctrl+C　　D.Ctrl+V

【答案】A

【解析】Win+E 可以直接打开资源管理器；Win+R 可打开运行对话框；Ctrl+C 为复制选中文件或文件夹；Ctrl+V 为粘贴文件或文件夹。

【知识强化】

(1) 通过按下键盘上的组合键__________，可以快速打开资源管理器窗口。

(2) 以下哪个操作可以启动 Windows 资源管理器？(　　)

A.使用快捷键"Alt+F4"

B.用鼠标右键单击任务栏空白处并选择"任务栏设置"

C.双击桌面图标"此电脑"

D.在搜索框中输入"控制面板"

要点 3：文件图标的显示及操作

(1) 文件图标显示方式及更改方法

显示方式：超大图标、大图标、中图标、小图标、列表、详细信息、平铺、内容等。

更改方法：单击窗口中的"查看"菜单，在打开的功能区"布局"模块选择相应选项，或用鼠标右键单击窗口空白处，在快捷菜单中单击"查看"后选择相应选项。

(2) 文件图标的排列方式及更改方法

排列方式：按名称、按修改日期、按类型、按大小排列。

更改方法：单击窗口中的"查看"菜单，在打开的功能区"当前视图"模块单击"排序方式"，在下拉菜单中修改；或用鼠标右键单击窗口空白处，在快捷菜单中单击"排列方式"后选择相应选项。

【典型例题】

【例 1.64】在 Windows 操作系统中，(　　)可以更改文件图标的显示方式。

A.单击窗口中的"查看"菜单并选择显示方式

B.用鼠标右键单击任务栏空白处并选择"属性"

C.通过控制面板的"外观和个性化"设置

D.在搜索框中输入"显示方式"进行修改

【答案】A

【解析】文件图标的显示方式可以通过以下两种方法修改：单击窗口中的"查看"菜单，在打开的功能区"布局"区选择相应选项(选项 A 正确)；或用鼠标右键单击窗口空白处，在快捷菜单中单击"查看"后选择显示方式(但此方法未出现在选项中)。

【知识强化】

(1) (多选)在 Windows 操作系统中，文件图标的显示方式可以通过以下哪几种方式进行更改？(　　)

A.单击窗口中的"查看"菜单

B.用鼠标右键单击窗口空白处，在快捷菜单中单击"查看"后选择相应选项

C.通过控制面板设置

D.通过文件属性设置

(2) 文件图标的显示方式包括超大图标、大图标、中图标、小图标、__________、平铺、列表和详细信息。

要点 4:文件类型

Windows 中常见的文件类型见表 1.38。

表 1.38　常见的文件类型

文件类型	扩展名	适用的操作系统类型
纯文本文件	txt	所有类型的操作系统
网页文件	htm、html	所有类型的操作系统
图像文件	jpg、jpeg、png、bmp、tif、gif	所有类型的操作系统
音频文件	wav、mp3、wma、au	所有类型的操作系统
视频文件	avi、mp4、mkv、wmv、mov、mpeg	所有类型的操作系统
可执行文件	exe、com	Windows 操作系统
	apk	Android 操作系统
	ipa	iOS 操作系统
	具有可执行性,不指定特定扩展名	Linux、Unix、macOS X 等操作系统
运行库文件	lib	Windows 操作系统
	so	Linux 操作系统
压缩文件	zip、rar	Windows 操作系统
	zip、gz、bz2、xz、z	Linux、Unix 操作系统
光盘镜像文件	iso	所有类型的操作系统

【典型例题】

【例 1.65】(　　)扩展名属于图片文件。

A. .wav　　B. .zip　　C. .png　　D. .html

【答案】C

【解析】图片文件的扩展名包括.bmp、.jpg、.png、.gif。

【例 1.66】在 Windows 系统中,(　　)符号不能出现在文件名中。

A.下划线(_)　　B.井号(#)　　C.星号(*)　　D.加号(+)

【答案】C

【解析】文件名不能包含符号 ＜ ＞ / \ | :" * ?。星号(*)属于禁用符号。

【知识强化】

(1) 文件名中,主文件名和扩展名之间必须用________符号分隔。

(2) Windows 10 中,下列文件的文件名正确的是(　　)。

A.销售数据?.xlsx　　B.2024/项目计划.docx

C.会议记录_Final.pdf　　D.备份＜重要＞.zip

要点 5:不同操作系统中的目录树

(1) Windows 操作系统:将磁盘等外存储器划分为驱动器盘符,盘符代表着硬盘及分区、光盘、U盘等。每个驱动器都有自己的多级文件目录，各盘符下的顶层目录为根目录，用符号"\"表示。

(2) Linux 操作系统：没有盘符的概念，只有一个总的根目录"/"，所有文件和文件夹都在它下面。对于不同的硬盘及分区、U盘、光盘等，可用特定的文件名来标记，如硬盘第一个分区可标记为"/dev/sda1"。

【典型例题】

【例 1.67】在 Windows 操作系统中，根目录的符号是(　　)。

A./　　B.\　　C.:　　D.>

【答案】B

【解析】Windows 操作系统将每个驱动器的顶层目录称为根目录，用符号\表示(例如 C:\)。

【知识强化】

文件夹中可以包含多个文件和其他文件夹，这种多级层次结构被称为________。

要点 6：选定文件或文件夹

(1) 选定一个文件或文件夹：单击要选定的文件或文件夹即可。

(2) 选定连续的多个文件或文件夹：单击要选定的第一个文件或文件夹，按住"Shift"键，再单击最后一个文件或文件夹。

(3) 选定不连续的多个文件或文件夹：单击第一个要选定的文件或文件夹，按住"Ctrl"键，依次单击其他要选定的文件或文件夹，最后松开"Ctrl"键。

(4) 取消选定：按住"Ctrl"键，单击已选定的文件或文件夹，即可取消选定。

(5) 选定所有文件或文件夹：选择"主页"选项卡，单击"全部选择"命令或使用快捷键"Ctrl+A"。

(6) 取消全部选定：单击窗口工作区的空白处，或选择"主页"选项卡，单击"全部取消"命令。

(7) 反向选择：选中当前未被选中的所有文件和文件夹，则原来已选定的将被放弃，原来未被选中的将被选中。操作方法：选择"主页"选项卡，单击"反向选择"命令。

(8) 选择局部连续但总体不连续的文件或者文件夹组。操作方法：先用鼠标单击选择第一个局部连续组，然后按住"Ctrl"键并保持；单击第二个局部连续组的第一个文件或文件夹，再按住"Ctrl+Shift"组合键；单击第二个局部连续组的最后一个文件或文件夹。用同样的步骤可选择其他局部连续组。

【典型例题】

【例 1.68】在 Windows 操作系统中，想要快速一次性选中多个连续排列的文件，正确的操作方法是(　　)。

A.逐个单击每个文件

B.按住"Ctrl"键并单击每个文件

C.单击第一个文件，按住"Shift"键，再单击最后一个文件

D.用鼠标右键单击第一个文件并选择"全选"

【答案】C

【解析】选中连续多个文件的方法：单击第一个文件，按住"Shift"键，再单击最后一个文件。

【知识强化】

(1) 在 Windows 操作系统中，选定不连续的多个文件或文件夹是(　　)。

A.单击每个文件或文件夹

B.按住“Ctrl”键，单击要选中的文件或文件夹

C.单击第一个文件，按住“Shift”键，再单击最后一个文件

D.用鼠标右键单击第一个文件，选择“全选”

(2) 在 Windows 操作系统中，若要从当前已选中的多个文件中取消选择指定的几个文件，正确的操作方法是(　　)。

A.按住“Shift”键并单击要取消的文件

B.按住“Ctrl”键并单击要取消的文件

C.按住鼠标并拖动框选要取消的文件

D.单击“主页”选项卡，再单击“反向选择”

要点 7：打开文件或文件夹

(1) 双击要打开的文件或文件夹，或选中文件或文件夹后按回车键。

(2) 用鼠标右键单击要打开的文件或文件夹，在打开的快捷菜单中执行“打开”命令，打开该文件或文件夹。

(3) 选中要打开的文件或文件夹，使用“主页”菜单下的“打开”命令，打开该文件或文件夹。

(4) 指定程序打开文件：用鼠标右键单击文件→“打开方式”→选择已安装的程序。

(5) 文件资源管理器打开文件夹：打开文件资源管理器，在地址栏输入目标路径后按回车键确认。

【典型例题】

【例 1.69】在 Windows 系统中，打开文件或文件夹的常用方法是(　　)。

A.双击文件图标或选中后按回车键

B.用鼠标右键单击文件图标并选择“打开”命令

C.选中文件后，点击窗口“主页”选项卡中的“打开”按钮

D.以上都可以

【答案】D

【知识强化】

若想用其他程序打开文件，可以用鼠标右键单击文件并选择__________选项。

要点 8：新建文件或文件夹

(1) 新建文件

① 打开需要创建文件的位置→在空白处用鼠标右键点击“新建”→选择文件类型，输入文件名后按回车键确认。

② 通过应用程序创建：打开对应软件，编辑内容后按“Ctrl＋S”组合键→选择路径→输入文件名→点击“保存”。

(2) 新建文件夹

① 打开需要创建文件夹的位置→在空白处用鼠标右键点击“新建”→选择“文件夹”，输入

文件夹名后按回车键确认。

② 在目标位置按“Ctrl＋Shift＋N”组合键，快速新建文件夹，输入文件夹名后按回车键保存。

③ 打开文件资源管理器→点击顶部菜单栏的“主页”选项卡→选择“新建文件夹”命令。

【典型例题】

【例 1.70】在 Windows 系统中，新建文件夹的快捷键是(　　)。

A.Ctrl＋C　　B.Ctrl＋Shift＋N　　C.Alt＋F4　　D.Win＋E

【答案】B

【解析】新建文件夹的快捷键是按住“Ctrl＋Shift＋N”，输入文件夹名后按回车键确认。

【知识强化】

新建文件夹时，用鼠标右键点击空白处选择“新建”→选择________→输入文件夹名→按回车键确认。

要点 9：复制、移动文件或文件夹

(1) 复制

① 单击目标文件或文件夹，按“Ctrl＋C”或用鼠标右键点击文件选择“复制”，在目标文件夹按“Ctrl＋V”或用鼠标右键在空白处选择“粘贴”。

② 异磁盘移动：直接拖动文件到目标位置。

③ 按住“Ctrl”键，拖动文件到目标位置，松开鼠标完成复制。

(2) 移动

① 单击目标文件或文件夹，按“Ctrl＋X”或用鼠标右键点击文件选择“剪切”，在目标文件夹按“Ctrl＋V”或用鼠标右键在空白处选择“粘贴”。

② 同磁盘移动：直接拖动文件到目标位置。

③ 按住“Shift”键，拖动文件到目标位置，强制进行移动。

注意事项：被剪切、复制下的数据被存在“剪贴板”中，“剪贴板”是 Windows 10 中传递数据的临时存储区域，位于内存中。

【典型例题】

【例 1.71】在 Windows 操作系统中，将一个文件从 D 盘移动到 E 盘的正确操作是(　　)。

A.按住“Shift”键拖动文件到 E 盘　　B.按住“Ctrl”键拖动文件到 E 盘

C.直接拖动文件到 E 盘　　D.单击鼠标右键选择“发送到”命令

【答案】A

【解析】移动文件到不同磁盘时需按住“Shift”键拖动，其余选项均为实现复制操作。

【知识强化】

在 Windows 中，若要将文件在同磁盘下复制，拖动文件时应按住________键。

要点 10：重命名文件或文件夹

(1) 单击选定的文件或文件夹后，按“F2”键→输入新名称→按回车键确认。

(2) 用鼠标右键单击文件或文件夹后，选择“重命名”命令→输入新名称→按回车键确认。

(3) 单击选定的文件或文件夹后，选择“主页”选项卡中的“重命名”命令。

(4) 两次间断单击文件名称→输入新名称→按回车键确认。

【知识强化】

在 Windows 中,(　　)方法可以重命名文件。

A.单击文件后按“Ctrl+V”键　　B.用鼠标右键单击文件并选择“复制”

C.单击选定的文件或文件夹后按“F2”键　　D.通过“主页”选项卡中的“属性”命令

要点 11:删除文件或文件夹

(1) 选定要删除的文件或文件夹,选择“主页”选项卡中的“删除”命令。

(2) 单击鼠标右键,在快捷菜单中选择“删除”命令。

(3) 按“Delete”键或直接将其拖动至回收站,均可删除选定的内容。

注意事项:在默认情况下,当把存放在硬盘上的文件或文件夹删除时,系统会把删除的内容放在回收站中,在回收站窗口中再次删除该文件或文件夹即彻底删除该文件。此外,选定后按“Shift+Delete”键也可彻底删除选定的文件。

【典型例题】

【例 1.72】在 Windows 中,(　　)操作会永久删除文件。

A.直接拖动文件到回收站　　B.按“Delete”键

C.按住“Shift”键再按“Delete”键　　D.使用“主页”选项卡中的“删除”命令

【答案】C

【解析】“Shift+Delete”可彻底删除文件。B、C、D 选项均为将文件移至回收站。

要点 12:恢复文件或文件夹

以下操作只能恢复最近删除到回收站中的文件或文件夹。

(1) 双击桌面“回收站”图标,找到目标文件或文件夹,鼠标右键点击“还原”按钮。

(2) 用“Ctrl+Z”组合键撤销删除,此操作无法恢复永久删除的文件。

【典型例题】

【例 1.73】以下关于回收站的描述,错误的是(　　)。

A.回收站中的文件可手动还原到原位置　　B.清空回收站后文件无法恢复

C.永久删除的文件不会进入回收站　　D.按“Win+S”键可快速打开回收站

【答案】D

【解析】“Win+S”键是打开系统搜索栏的快捷键,而非回收站。其他选项均正确。

【知识强化】

(1) 恢复回收站中的文件时,鼠标右键点击目标文件后应选择________命令。

(2) 若误删文件但未清空回收站,可以通过________组合键撤销删除操作。

要点 13:查找文件或文件夹

(1) 资源管理器查找:打开文件资源管理器,在右上角搜索栏输入关键词(如文件名、扩展名等)。

(2) “开始”菜单查找:按“Win+S”组合键或在任务栏中打开系统搜索栏,输入文件名→在“应用”“文档”或“全部”分类中查看结果。

通配符要点:当查找文件或文件夹时,可以使用通配符“?”和“*”。“*”代表任意多个字符;“?”代表一个任意字符。如:“*.DAT”表示所有扩展名为 DAT 的文件,“A?.*”表示主文件名由两个字符组成,且文件名的第一个字符是“A”或“a”的文件。

【典型例题】

【例 1.74】在 Windows 文件搜索中，通配符________可以表示任意一个字符。

【答案】?

【解析】通配符“?”代表任意单个字符(如“A?.txt”表示文件名以 A 开头且仅有两个字符的文本文件)，而“ * ”表示多个任意字符(如“A * .txt”可匹配“A1.txt”“ABC.txt”等)。这一规则常用于精准或模糊查找文件。

【知识强化】

在查找文件或文件夹时，以下(　　)通配符表示任意多个字符。

A. *　　B. ?　　C. #　　D. %

要点 14：查看文件或文件夹的属性

每个文件或文件夹都有属性信息，包括图标、名称、位置、大小、创建时间、只读、隐藏、存档和系统属性等。要查看文件或文件夹的属性信息，可用鼠标右键单击选定的对象，在快捷菜单中选择“属性”命令。

(1) 共有属性

① 只读：该文件或文件夹只能够读取，不能被修改或删除。

② 隐藏：表示隐藏该文件或文件夹，即在默认状态下该文件或文件夹的图标将不显示，隐藏后虽然该文件或文件夹仍然存在，但常规显示状态下无法查看或使用此文件或文件夹。

③ 存档：表示文件或文件夹被修改或备份过，系统的某些备份程序将根据该属性来确定是否为其建立一个备份。在“高级属性”窗口中，可以找到“可以存档文件”或“可以存档文件夹”选项。

④ 系统：表示该文件是系统文件，通常具有只读、隐藏属性，不允许用户设置。

(2) 文件夹的特有属性

① 共享：在“共享”选项卡中设置为网络共享，并配置共享权限。

② 自定义图标：在“自定义”选项卡中更改文件夹图标。

③ 优化文件夹：在“自定义”选项卡中找到“优化此文件夹”并进行相关设置。

【典型例题】

【例 1.75】以下关于文件(夹)属性的描述中，正确的是(　　)。

A.用户可以自行设置文件的“系统”属性

B.文件属性中的“创建时间”是指最后一次修改的时间

C.“存档”属性表示文件已被永久锁定，无法更改

D.“隐藏”属性的文件在默认状态下不可见，但实际仍存在

【答案】D

【解析】“隐藏”属性会使文件/文件夹在默认状态下不显示图标，但文件仍然存在，所以 D 选项正确。“系统”表示该文件是系统文件，不允许用户设置。“创建时间”为创建该文件的时间，而不是最后一次修改时间。“存档”表示文件或文件夹被修改或备份过，不是无法更改的。

【知识强化】

若文件具有“系统”属性，则它会默认同时具备________和________属性，一般情况下用户无法修改。

要点 15：快捷方式

快捷方式是 Windows 提供的一种快速启动程序、打开文件或文件夹的方法。通过双击快捷方式图标即可运行有关的程序或文件。快捷方式图标的左下角有一个箭头，这是它与普通图标最明显的区别。删除快捷方式，不会影响其所连接的对象。

【典型例题】

【例 1.76】在 Windows 10 中，能够创建快捷方式的操作是（　　）。

A.按住“Alt”键，并拖动对象到目的位置

B.按住“Shift”键，并拖动对象到目的位置

C.按住快捷键“Ctrl＋Alt”，并拖动对象到目的位置

D.按住快捷键“Ctrl＋Tab”，并拖动对象到目的位置

【答案】A

【解析】选中要创建快捷方式的文件，按住“Alt”键，用鼠标左键拖动到目的位置即可完成快捷方式的创建。

要点 16：文件扩展名的隐藏与恢复

文件扩展名可以反映文件的类型。在 Windows 10 中，文件扩展名（如.docx、.mp3）默认被隐藏，避免用户误删或误改导致文件损坏。通过以下操作可控制其显示或隐藏：

隐藏扩展名：单击“资源管理器”中的“查看”选项卡→取消勾选“文件扩展名”复选框。

恢复显示：单击“资源管理器”中的“查看”选项卡→勾选“文件扩展名”即可显示完整文件名。

【典型例题】

【例 1.77】在 Windows 10 中，文件扩展名默认处于（　　）状态。

A.始终显示　　B.根据文件类型自动隐藏

C.被隐藏　　D.需要管理员权限才能显示

【答案】C

【解析】Windows 10 默认隐藏文件扩展名（如 .docx、.mp3），以避免用户误删或误改导致文件损坏。显示扩展名需手动在“查看”选项卡中勾选。

【知识强化】

在文件资源管理器中，若要将文件的扩展名重新隐藏，应在“查看”选项卡中________“文件扩展名”。

1.5.3.3　综合实战

① 新建文件夹：在桌面上新建一个文件夹，命名为“我的作业”。在“我的作业”文件夹内再新建一个子文件夹，命名为“备份”。

② 新建文件：在桌面上新建一个 Word 文档，命名为“日记.docx”；将“日记.docx”移动到“我的作业”文件夹中。

③ 复制与移动文件夹：将“我的作业”文件夹复制到桌面空白处，生成副本并重命名为“作业存档”。将“作业存档”文件夹移动到“备份”子文件夹中。

1.5.4 压缩与备份信息

1.5.4.1 必备知识清单

具体内容见表 1.39。

表 1.39 压缩、加密及备份信息

压缩信息	以文件形式存储的信息，可以借助压缩工具将信息所占用的存储空间缩小，以提高存储器的利用效率和缩短在网络中传输的时间
加密信息	为保护信息的安全，可以在压缩的同时对文件与文件夹进行加密，只有获得授权的用户才能查看相关的信息
压缩工具	WinRAR、7-Zip
备份方式	(1) 本机备份。 (2) 云备份。 (3) 其他：网络附加存储、专业软件备份等

1.5.4.2 要点解析

要点 1：压缩信息的步骤

(1) 常见压缩格式

① .zip 格式

优点：是 Windows 系统原生支持的格式，无须安装额外软件，通用性强。

缺点：压缩率较低，文件体积相对较大。

② .rar 格式

优点：压缩率更高，节省存储空间，支持分卷压缩，安全性优于 Zip。

缺点：需安装 WinRAR 或 7-Zip 等第三方工具。

(2) 压缩信息的步骤

① 安装压缩软件：使用 Windows 自带的压缩软件或者安装 WinRAR 压缩软件。

② 执行压缩：选中文件并单击鼠标右键→选择工具(如“7-Zip”)→点击“添加到压缩文件”→选择压缩格式(ZIP/RAR)，设置密码(可选)。

【典型例题】

【例 1.78】(　　)压缩格式被 Windows 系统原生支持且通用性强。

A. .rar　　B. .7z　　C. .zip　　D. .tar

【答案】C

【解析】.zip 格式是 Windows 系统原生支持的压缩格式，无须安装额外软件，通用性强。其他格式(如.rar、.7z)需要第三方工具支持。

【知识强化】

发送文件时，可以先使用________技术减小体积，再用________技术保护内容，防止他人查看。

要点 2：本机备份和云备份

本机备份主要介绍 Windows 10 操作系统中自带的备份功能。单击“开始”→“设置”→“更新和安全”选项，选择“备份”→“添加驱动器”选项，按照提示进行操作即可备份。它支持自动备份和恢复，无须网络支持。

云备份就是把文件上传到网络服务器(如百度网盘、iCloud)。它可以对不同操作系统中的信息跨平台、跨终端进行网络备份与同步,支持版本回溯。这里需要注意的是,云备份需要网络支持,隐私文件通常要设密码保护。

【典型例题】

【例 1.79】备份信息的主要目的是(　　)。

A.提高计算机运行速度　　B.防止数据丢失并确保灾难后可恢复

C.减少存储设备的购买成本　　D.美化数据文件的排列格式

【答案】B

【解析】备份的核心目的是防止数据丢失(如硬件故障、人为错误或灾害),确保能快速恢复,保障数据安全。

1.5.4.3 综合实战

任务描述:区政府联合学校发起“百年老街文化传承计划”,你作为志愿者需要完成以下数字化整理工作。现收到一份包含文字、图片、视频的素材包(①老街历史.docx;②古建筑照片.jpg;③传统手艺.mp4;④采访录音.wav),需要在电脑上完成以下操作。

(1) 文件整理

① 在桌面新建名为“老街文化”的主文件夹;

② 内部创建“文字资料”“影像素材”“音频记录”三个子文件夹;

③ 将素材文件分类存入对应子文件夹;

④ 将“老街文化”文件夹压缩为.rar 格式并设置密码为“2025BNLJ”;

⑤ 重命名压缩包为“[加密]老街文化资料包.rar”。

(2) 云端备份

① 登录百度网盘网页版;

② 新建“文化传承计划”文件夹;

③ 上传加密压缩包至该文件夹;

④ 生成分享链接,并设置提取码为“BNLJ123”。

1.6 维护信息系统

信息系统的维护如同守护一座精密的“数字生态”城,既需要科学严谨的技术,更离不开家国情怀与使命意识的指引。信息系统的安全,关乎个人隐私、企业命脉,更与国家安全紧密相连。让我们以技术为盾、以思政为锚,在维护系统的实践中筑牢“底线思维”,培养“全局意识”,争做数字时代既有技术锋芒又有赤子之心的“红色工程师”,让我们在数字化的海洋中既练就过硬本领,更铸牢理想信念,成为兼具技能与品德的复合型人才!

1.6.1 目标导航

(1) 了解用户管理及权限设置的方法;

(2) 了解操作系统更新和修复的方法;

(3) 了解使用常用工具进行系统测试与维护的方法;

(4) 会运用“帮助”工具。

1.6.2 知识图谱

具体如图 1.32 所示。

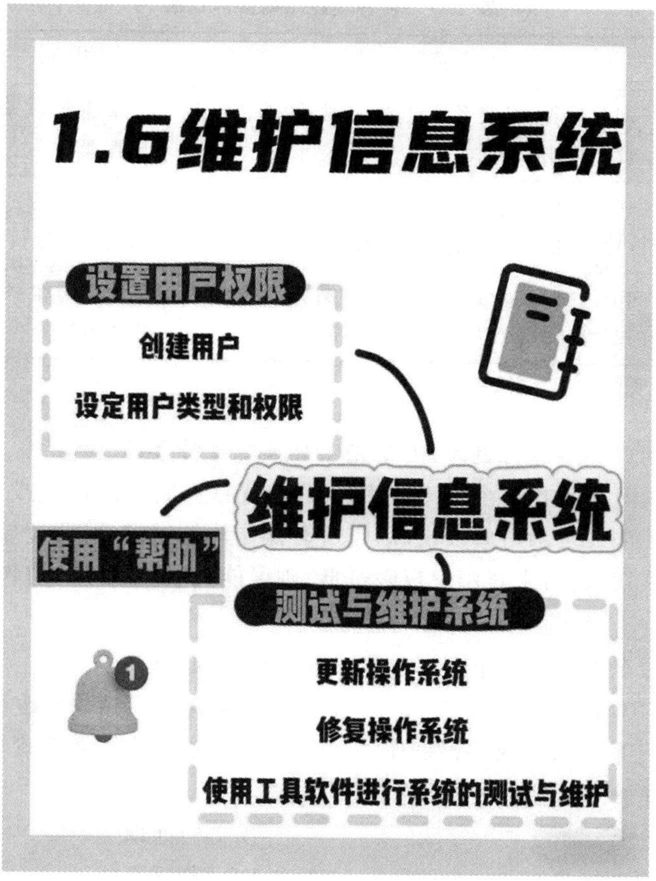

图 1.32 思维导图——维护信息系统

1.6.3 设置用户权限

1.6.3.1 必备知识清单

具体内容见表 1.40。

表 1.40 设置用户权限

用户类型	管理员、普通用户(标准用户)和来宾用户等
用户管理	(1) 创建用户 (2) 更改用户信息 (3) 更改用户类型 (4) 删除用户 (5) 切换用户

1.6.3.2　要点解析

要点 1：用户类型和权限（表 1.41）

表 1.41　用户类型与权限对比表

用户类型	权限范围	适用场景	默认创建规则
管理员	安装/卸载软件、修改系统设置、查看/更改所有用户数据、管理其他账户	系统维护、全局管理	第一个用户默认为管理员
普通用户	日常办公（文档处理、网页浏览）、禁止安装软件/修改系统设置、无权访问其他用户文件夹	办公室职员、家庭普通成员	需手动创建或从管理员降级
来宾用户	仅访问 C:\Users\Public 公共文件夹、使用预装基础程序（如计算器）、无法保存文件至系统盘	临时访客、共享设备用户	系统可自动创建（需手动启用）

需要注意：

(1) 如果要对用户类型进行更改，需要先以管理员身份登录。

(2) 系统中必须至少存在一个管理员账户，否则无法执行系统修复或关键操作。

(3) 来宾用户无法在登录时修改密码，且所有操作均被记录（可通过事件查看器追踪）。

(4) 要正确设置权限，若来宾用户权限过低，则可能无法满足临时协作需求。

【知识强化】

(1) 系统中必须至少存在一个管理员账户的主要原因是（　　）。

A.便于多人共用电脑　　B.避免来宾用户篡改文件

C.否则无法执行系统修复或关键操作　　D.普通用户需要管理员批准才能登录

(2) 以下哪项是管理员独有的权限？（　　）

A.使用计算机程序　　B.文档处理

C.管理其他用户的账户　　D.浏览网页

要点 2：创建用户的步骤

创建用户操作如下（需要在管理员账户下操作）：

在键盘上同时按下“Win”+“I”键进入“设置”，在设置中选择“账户”→“家庭和其他用户”，在打开的页面中单击“将其他人添加到这台电脑”，弹出“Microsoft 账户”对话框，输入用户名和密码，并按照提示输入其他信息，单击“下一步”按钮，就可以完成一个本地用户的创建。

【知识强化】

创建本地用户的正确操作路径是（　　）。

A.设置→“账户”→“家庭和其他用户”→“将其他人添加到这台电脑”

B.控制面板→“用户管理”→“新建用户”

C.单击“开始”菜单→搜索“创建用户”→点击“安装”

D.设置→“系统”→“安全”→“用户权限”

要点 3：更改用户信息

创建成功的账户可以再进行个性化设置（如修改用户名、密码等），操作方法如下（需要在管理员账户下操作）：

(1) 打开控制面板

在键盘上同时按下“Win”+“I”键进入“设置”，在设置页面最上方的搜索框中输入“控制面板”，搜索并打开控制面板页面。

(2) 更改用户信息

单击“用户账户”，然后在新进的页面中再次单击“用户账户”；单击“管理其他账户”，在新页面中单击需要更改的用户。在此页面中的“更改账户”下方有众多选项，我们可以根据需要选择更改项目，输入要更改的内容，单击“更改”即可完成。

更改密码的操作与更改用户名的操作类似。

要点 4：更改用户类型

更改用户类型的操作如下(需要在管理员账户下操作)：

在键盘上同时按下“Win”+“I”键进入“设置”，在设置中选择“账户”→“家庭和其他用户”。选择要更改的用户，单击“更改账户类型”，选择合适的账户类型，单击“确定”即可完成账户类型的更改。

【典型例题】

【例 1.80】在 Windows 10 中，用户想要将本地账户的标准用户权限更改为管理员权限，应该(　　)。

A.通过控制面板的“账户”直接修改账户类型

B.在“设置”→“账户”→“家庭和其他用户”中选择用户并更改账户类型

C.使用“计算机管理”工具中的“本地用户和组”修改用户属性

D.在“系统属性”的“高级”选项卡中调整权限

【答案】B

【解析】Windows 10 中，通过“设置”应用中的“家庭和其他用户”选项可直接调整账户类型。

要点 5：删除用户

删除无用用户的账户的操作步骤如下(需要在管理员账户下操作)：

在键盘上同时按下“Win”+“I”键进入“设置”，在设置中选择“账户”→“家庭和其用户(其他用户)”。选择要删除的用户，鼠标单击“删除”→“删除账户和数据”，即可删除不需要的用户。

要点 6：切换用户

在 Windows 10 中常用的切换用户操作如下：

(1) 开机时切换

当电脑开机时会进入登录页面，在页面的左下角单击需要切换的用户，然后输入正确的账号密码即可登录。

(2) 快捷键切换

在键盘上同时按下“Win”+“L”键即可快速进入登录页面，同开机时的切换操作一样，选择用户然后输入正确的账号密码即可登录。

(3) “开始”菜单切换

单击“开始”菜单(也可使用“Win”键快速打开“开始”菜单)，在弹出的“开始”菜单中单击用户的头像，单击后会弹出当前电脑上其余的用户，选择用户，然后输入正确的账号密码即可登录。

【典型例题】

【例 1.81】在 Windows 10 中,通过快捷键(　　)可以直接锁定屏幕并进入用户切换界面。

A.Win+R　　B.Win+L

C.Ctrl+Shift+Esc　　D.Alt+F4

【答案】B

【解析】选项 A 为打开运行窗口。选项 B 为直接锁定屏幕并进入用户切换界面。选项 C 为进入任务管理器。选项 D 为强制退出程序。

【知识强化】

当计算机处于锁屏状态时,可以(　　)切换用户。

A.点击锁屏界面左下角的电源按钮　　B.点击锁屏界面右下角的“其他用户”选项

C.按空格键唤醒屏幕后输入账号密码　　D.必须重新启动电脑

1.6.4　测试与维护系统

1.6.4.1　必备知识清单

具体内容见表 1.42。

表 1.42　测试与维护系统

系统自带	更新操作系统	进入“设置”→“更新和安全”→Windows“更新”界面,单击“检查更新”按钮,可下载并安装操作系统的更新文件,并在该界面中查看更新历史记录,进行更新的相关设置
	重装操作系统	进入“设置”→“更新和安全”→“恢复”界面,单击“开始”按钮,可重置操作系统
修复工具		专用的 U 盘或光盘修复工具
工具软件		“电脑管家”“360 安全卫士”“鲁大师”等

1.6.4.2　要点解析

要点 1:常用测试维护工具及功能

为了评估设备性能(CPU/GPU/内存),监控运行状态(温度/负载/稳定性),诊断故障根源(病毒/驱动冲突/系统错误),我们经常会使用一些工具软件。表 1.43 列举了一些常用软件工具。

表 1.43　常用工具表

操作系统	工具类型	推荐工具	核心功能
Windows	安全防护	电脑管家、360 安全卫士	病毒查杀,系统清理,驱动管理
Linux	性能监控	Stacer	资源占用分析,进程管理
Android	设备管理	手机管家	存储管理,权限控制
跨平台	硬件检测	CPU-Z、GPU-Z	CPU/GPU/内存实时性能测试

【典型例题】

【例 1.82】(　　)可以用于系统维护和测试。

A.电脑管家　　B.360 安全卫士　　C.鲁大师　　D.以上都是

【答案】D

【解析】Windows 10 系统下常用的维护工具包括“电脑管家”“360 安全卫士”“鲁大师”，因此选项 D 正确。

1.6.5 使用“帮助”

1.6.5.1 知识清单

在信息技术设置与系统的使用过程中，当遇到问题的时候，同学们首先应想到通过“帮助”来解决问题。“帮助”的呈现方式很多，有应用程序自带的“帮助”功能，有文档方式的“帮助”手册，还有和网络信息查询整合在一起的“帮助”搜索。

1.6.5.2 要点解析

要点 1：帮助功能三大形态(表 1.44)

表 1.44 帮助功能三大形态表

类型	特征	典型载体	使用场景
内置式帮助	及时响应、场景化引导	F1/右键菜单/悬浮提示框	快速解决基础操作问题
文档型帮助	系统化知识库、离线可用	PDF/CHM/电子手册	复杂功能解析、故障排查
网络整合性帮助	实时性、多源信息聚合(搜索引擎＋知识库＋社区)	百度“关键字＋帮助”	前沿问题、兼容性问题

要点 2：电脑开机无反应

(1) 电源常见问题：

① 检查电源线是否插紧，电源插座是否通电。

② 尝试更换电源线或使用其他插座。

③ 对于笔记本电脑，我们需要拔掉电池，直接插电源适配器开机测试。

(2) 硬件接触不良：

① 断开电源后，重新插拔内存条、显卡。

② 断开电源后，检查主板是否有电容鼓包或烧焦痕迹。

要点 3：常见的无法上网问题

(1) 网络设备问题

检查路由器是否正常工作，重启路由器和光猫。

(2) 网络 IP 设置错误

在键盘上同时按住“Win＋R”键→输入“cmd”→输入“ipconfig/release”或者“ipconfig/renew”重置 IP。

(3) DNS(域名管理服务)设置错误

手动设置 DNS。(操作步骤：鼠标右键单击任务栏网络图标→打开“网络与 Internet”设置→高级网络设置：更改适配器选项→鼠标右键单击以太网选择属性选项→打开“Internet 协议版本 4”→更改 DNS)

2　神奇的 e 空间——网络应用

网络就像我们手中的万能工具箱，既能解决学习和生活里的“小麻烦”，也能成为未来职业路上的“好帮手”。在现今课堂上，学生们早已习惯用网络“解锁”各种场景：学习时遇到不懂的专业术语，不再翻厚重的字典，而是像“侦探”一样在权威数据库里精准检索；小组作业需要合作完成时，大家直接在云端文档里讨论，你画流程图、我填数据，实时碰撞出思维的火花；就连组织一场班级春游，都能用在线表格统计报名信息、用地图工具规划路线，让琐碎的事务变得井井有条。

本模块旨在引导学生了解网络技术的发展，综合掌握在生产、生活和学习情境中网络的应用技巧；理解并遵守网络行为规范，树立正确的网络行为意识；能合法使用网络信息资源，会有效地保护个人及他人信息隐私；会综合运用网络数字资源和工具辅助学习。

内容要求

(1) 认知网络

了解网络技术的发展；

能描述互联网对组织及个人的行为、关系的影响，了解与互联网相关的社会文化特征；

了解网络体系结构、TCP/IP 协议和 IP 地址的相关知识，会进行相关的设置；了解互联网的工作原理。

(2) 配置网络

了解常见网络设备的类型和功能，会进行网络的连接和基本设置；能判断和排除简单网络故障。

(3) 获取网络资源

能识别网络资源的类型，并根据实际需要获取网络资源；

会区分网络开放资源、免费资源和收费认证资源，树立知识产权保护意识，能合法使用网络信息资源；

会辨识有益或不良网络信息，能对信息的安全性、准确性和可信度进行评价，自觉抵制不良信息。

(4) 网络交流与信息发布

会进行网络通信、网络信息传送和网络远程操作；

会编辑、加工和发布网络信息；

能在网络交流、网络信息发布等活动中，坚持正确的网络文化导向，弘扬社会主义核心价值观。

(5) 运用网络工具

会运用网络工具进行多终端信息资料的传送、同步与共享；

初步掌握网络学习的类型与途径，具备数字化学习能力；

了解网络对生活的影响，能熟练应用生活类网络工具；

能借助网络工具多人协作完成任务。

(6) 了解物联网

了解物联网技术的发展，了解智慧城市相关知识；

了解典型的物联网系统并体验应用；

了解物联网的常见设备及软件配置。

学习提示

在学习过程中，教师会创设体验情境，使学生在真实或模拟的网络应用环境中感受网络给生产、生活带来的影响，了解网络技术原理，认识网络环境的优势与不足，加深对网络文化和规范的理解，培养正确的网络行为和习惯。

在“认知网络”“配置网络”等内容的学习过程中，学生通过知识理解、实践操作等形式，理解 TCP/IP 协议和 IPv4、IPv6 类型地址的基础知识；熟悉常见网络设备的使用方法并学会配置网络系统；了解互联网的运行原理，以及 DNS、WWW、E-mail、FTP 等互联网服务的工作机制。

在“获取网络资源”“网络交流与信息发布”“运用网络工具”等内容的学习过程中，学生通过完成源自生产、生活实践的项目任务，学会综合使用桌面和移动终端等平台中的相关网络工具，从网络中检索和获取有价值的信息资源；会通过电子邮件收发、即时通信、传送信息资源和网络远程操作等方式进行网络交流；会使用云笔记、云存储等网络工具进行多终端资料上传、下载、信息同步和资料的分享，掌握网络购物、网络支付等互联网生活情境中不同终端及平台下网络工具的运用技能；会编辑、加工和发布个人网络信息，能借助网络工具多人协作完成任务。

在“了解物联网”等内容教学中，学生通过智能监控、智能物流等不同类型的物联网系统，体验物联网应用效果，了解网络基础环境、传感器、RFID 标签、应用系统及平台等物联网部件的功能，初步了解物联网的常见设备及软件配置。

核心素养目标

综合应用网络解决学习、生活等相关情境中的各种问题；在数字化学习与创新过程中培养独立思考和独立学习能力，不断强化认知、合作、创新能力，为以后使用网络进行学习、工作奠定基础(表 2.1)。

表 2.1 网络应用的四大核心素养目标

核心素养	具体目标
信息意识	(1)深刻理解互联网在经济、文化、政治等多维度对社会结构的重塑，能依据生产、生活实际需求分析其对信息获取与利用的影响，为解决问题寻找参考，合理判断信息价值。 (2)了解网络对生产、商业、工作及社交方式的变革作用。 (3)精准识别社交、电商等不同网络应用的社会影响，抵制不良信息。 (4)清晰认知物联网对交通、家居生活等现实世界的智能化改造，主动获取相关信息，分析其提升效率的价值，共享信息以推动实际问题的解决

续表2.1

核心素养	具体目标
计算思维	(1)掌握 TCP/IP 协议各层功能及协作机制,能运用该知识界定网络问题、组织数据,提出网络通信相关解决方法,总结方法与技巧。 (2)认识网络安全配置在防范攻击、保障数据安全中的重要性,能借助信息技术工具制定网络安全方案,能借助迁移技巧以处理其他信息安全问题
数字化学习与创新	(1)熟练运用网络高效合法地获取与学习相关的信息资源,开展自主探究,提升信息搜索能力与终身学习能力。 (2)灵活借助网络工具跨平台沟通,在协作学习与实践训练中共享知识。 (3)学会网络化学习方法,利用数字化工具规划任务,开展创新实践任务,养成数字化学习与创新习惯
信息社会责任	(1)熟练掌握个人信息保护方法,遵守法规道德,利用网络工具提升职业效率时,确保信息合法使用,保护个人与公共信息安全。 (2)准确识别不同行业网络应用需求,关注信息技术社会问题,对新技术持积极学习态度,理性判断并负责行动,促进行业信息化的健康发展

在学习网络安全时,不仅要学会密码设置、隐私保护等方法,更要思考"为何要抵制网络谣言""如何守护公共信息安全";在了解信息技术发展时,结合"中国高铁网络覆盖全国""移动支付便利民生"等身边案例,感受我国在数字化领域的飞速发展,明白"5G 基站建设者""数据安全工程师"等职业如何服务社会。通过思政学习,懂得掌握技术不是终点,用技术服务他人、贡献国家才是价值所在。

2.1　走进网络社会

从"3G 突破"到"5G 引领",我国建成了全球规模最大的通信网络。这张看不见的"网",不仅连接着数据与信息,更编织着思想与价值的纽带。在革命纪念馆的 VR 展厅里,青年们可以"触摸"历史文物;在云端思政课堂上,大数据分析让个性化学习成为可能;在短视频平台中,红色故事通过"Z 世代"的语言焕发新生。互联网技术在人类社会发展中意义重大,它推动了社会的变革,开创了全新的时代。如今,互联网已深度融入社会,成为人们生活中不可或缺的一部分,我们需要了解和掌握网络相关知识与技能。

2.1.1　目标导航

(1) 了解网络技术的发展与网络体系结构;
(2) 能描述互联网对组织及个人的行为及其相互关系的影响;
(3) 了解与互联网相关的社会文化特征;
(4) 认识基础网络拓扑结构(总线型、星状、环状)及其应用场景。
(5) 理解 TCP/IP 协议、IP 地址的相关知识;
(6) 掌握 OSI 七层模型及各层应用场景;
(7) 了解万维网、电子邮件、域名解析等互联网服务的工作原理。

2.1.2 知识图谱

具体如图 2.1 所示。

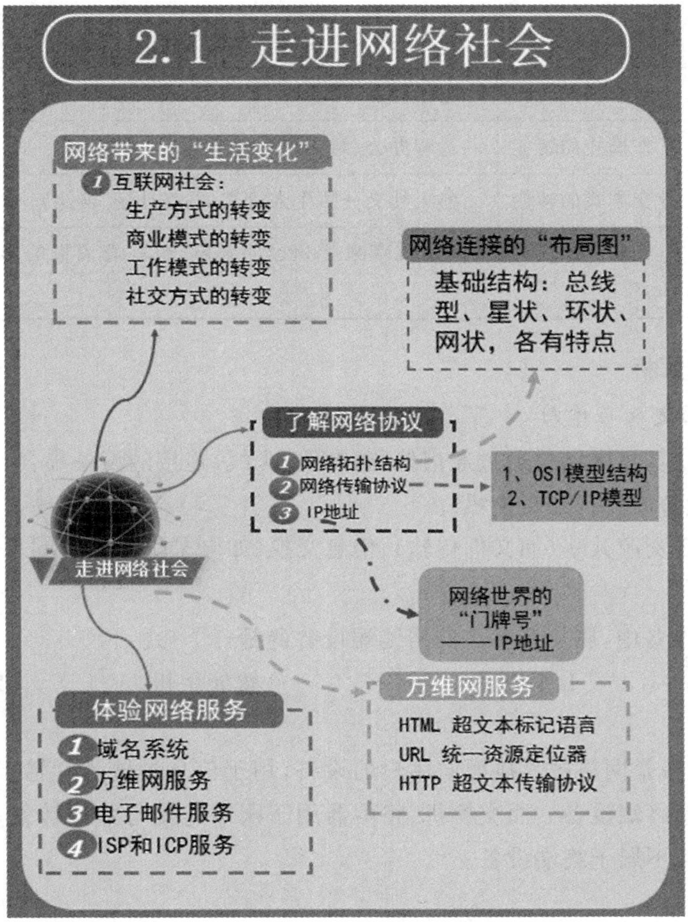

图 2.1 思维导图——走进网络社会

2.1.3 感知互联网社会

2.1.3.1 必备知识清单

具体内容见表 2.2 和表 2.3。

表 2.2 网络的发展

网络的定义	常说的网络是指计算机网络，由一系列可用于通信的设备相互连接而成
网络发展的四个阶段	面向终端的联机阶段
	面向多主机的网络阶段(局域网)
	网络互联阶段(广域网)
	高速网络阶段(计算机网络实现综合化和高速化)

表 2.3　互联网社会

作用	"互联网+"理念简明扼要地描绘了从现实世界向虚拟网络世界的迁徙，以及两个世界融合发展的场景	
为社会带来转变	生产方式的转变	订单生产、企业管理系统优化供应链
	商业模式的转变	电子商务(B2C/B2B/C2C)、物流系统支持
	工作模式的转变	远程办公、智能化管理工具
	社交方式的转变	熟人社交→陌生人社交(网络社区、群组)
互联网的影响	互联网作为"双刃剑"，既带来了积极的影响，也有着消极的影响，青少年需自律应对	

2.1.3.2　要点解析

要点 1：网络的定义与作用

网络的定义：计算机网络是通过通信线路(有线/无线)连接的设备集合，包括终端设备(电脑、手机)和连接设备(路由器、交换机)。

核心作用：实现资源共享(如文件传输)、信息交换(如电子邮件)、协同工作(如远程办公)。

【典型例题】

【例 2.1】下列设备中，属于计算机网络终端设备的是(　　)。

A.交换机　　B.服务器　　C.智能手机　　D.路由器

【答案】C

【解析】终端设备是网络中直接面向用户的设备，用于信息的输入和输出。智能手机可由用户直接操作，属于终端设备。而交换机、路由器用于网络连接与数据转发；服务器用于提供服务和存储数据，均不属于终端设备。

【知识强化】

(1) 在一个办公室局域网中，多台计算机通过路由器连接到互联网，实现共享上网。这里路由器主要发挥了计算机网络中(　　)的功能。

A.终端设备　　B.连接设备，实现网络互联

C.资源共享设备　　D.信息交换设备

(2) 一家公司的员工在不同城市通过网络共同编辑一份文档，实时查看彼此的修改内容。这体现了计算机网络的(　　)作用。

A.资源共享　　B.信息交换　　C.协同工作　　D.网络管理

要点 2：网络发展阶段

网络发展各阶段的特点与典型案例见表 2.4。

记忆口诀：单机多机连广域，高速融合创奇迹。

表 2.4 网络发展各阶段的特点与典型案例

阶段	特点	典型技术/案例
面向终端	单主机控制多个终端	早期银行系统
多主机互联	多台主机共享资源(局域网)	企业内网(LAN)
网络互联	跨地域网络连接(广域网)	ARPAnet(Internet 前身)
高速综合化	高宽带、多业务融合(数据/语音/视频)	5G、云计算

【典型例题】

【例 2.2】以下属于网络互联阶段的典型代表是(　　)。

A.早期学校机房内的局域网　　B.企业内部的办公自动化系统

C.ARPAnet　　D.基于 5G 的远程医疗系统

【答案】C

【解析】网络互联阶段强调跨地域网络连接。ARPAnet 是 Internet 的前身,是网络互联阶段的重要标志。早期学校机房内的局域网属于多主机互联阶段(局域网);企业内部办公自动化系统未明确体现跨地域网络连接特征,若在企业内部局域网环境,也属于多主机互联阶段;基于 5G 的远程医疗系统属于高速综合化阶段,具有高宽带、多业务融合特点。

【知识强化】

(1) 某大型跨国公司建立了一套覆盖全球各分支机构的网络系统,实现了全球范围内的数据共享与业务协同。该网络系统体现了网络发展的(　　)阶段。

A.面向终端　　B.多主机互联　　C.网络互联　　D.高速综合化

(2) 下列技术中,最能体现网络高速综合化阶段特点的是(　　)。

A.拨号上网技术　　B.以太网技术　　C.云计算技术　　D.令牌环网技术

要点 3:"互联网+"四大转变对比(表 2.5)

表 2.5 "互联网+"四大转变的对比

领域	传统模式特征	"互联网+"模式特征	关键技术或案例
生产方式	预测生产、高库存	按需生产、零库存	海尔互联工厂、京东供应链
商业模式	线下实体、高成本	电商平台、全球市场	淘宝、盒马鲜生
工作模式	固定办公、本地化	远程协作、全球化	腾讯会议、Zoom、UpWork
社交方式	熟人关系、地域局限	兴趣社群、虚拟身份	微信、QQ、哔哩哔哩

【典型例题】

【例 2.3】以下体现从传统商业模式向"互联网+"商业模式转变的是(　　)。

A.一家服装店在本地商业街开设分店

B.某企业通过自建电商平台进行全球销售

C.传统工厂采用新的生产设备提高产量

D.员工从固定办公改为在公司不同楼层流动办公

【答案】B

【解析】传统商业模式是线下实体、高成本，“互联网＋”商业模式为电商平台、全球市场。某企业通过自建电商平台进行全球销售，符合从线下到线上电商平台，从本地到全球市场的转变。A 选项中一家服装店在本地商业街开分店仍属于传统线下实体模式；C 选项中传统工厂采用新设备提高产量是生产方式改进，与商业模式转变无关；D 选项中员工办公地点变化属于工作模式范畴，并非商业模式转变。

【知识强化】

(1) 某跨国公司以前集中在总部办公，现在通过线上协作平台，使分布在全球各地的员工能共同完成项目任务。这反映了从传统工作模式向“互联网＋”工作模式的哪种转变？(　　)

A.从预测生产到按需生产

B.从线下实体到电商平台

C.从固定办公、本地化到远程协作、全球化

D.从熟人关系到兴趣社群

(2) 以下社交场景中，属于“互联网＋”社交方式的是(　　)。

A.邻居们在小区广场组织线下聚会

B.摄影爱好者在摄影 APP 的线上社区分享作品

C.同学在学校组织的班级活动中交流

D.亲戚们在家庭聚餐时聊天

要点 4：互联网的影响

(1) 积极影响

消费与生活：网购、在线缴费等便利服务改变了传统消费模式，提升用户体验。

社交互动：网络社区、群组等拉近人际距离，重塑社交方式。

学习与工作：可搜索资料、通过网课学习，从而提高效率；可远程办公、移动办公，从而优化工作模式。

(2) 消极影响

安全风险：虚假信息易导致财产损失或认知偏差。

沉迷问题：过度依赖网络娱乐(如游戏)会影响现实生活。

信息污染：低俗、违法或违背道德的内容可能会误导价值观。

对待互联网的正确态度：青少年应主动利用网络赋能学习与工作，避免沉迷，以自律、自强的态度将其转化为助力工具，而非精神依赖。

【典型例题】

【例 2.4】阅读材料，回答问题。

14 岁的小明原本是一名勤奋好学的学生。但自从接触网络后，他沉迷于网络游戏和短视频，每天花费大量时间在这些上面。不仅如此，小明还经常浏览一些不良网站，导致学习成绩急剧下滑，思想也逐渐变得消极。与此同时，小明在网络上结识了一位自称可以帮他快速赚钱的网友。出于好奇，小明按照网友的指示，将自己的零花钱转到对方指定账户，结果被骗。请结合材料，运用互联网相关知识，分析小明遭遇这些问题的原因，并为他提出合理建议。

【答案】

原因：①沉迷网络。小明过度依赖网络娱乐，花费大量时间玩游戏、刷短视频，这不仅浪费时间，影响学业，还导致他在虚拟世界中迷失自我。

②受信息污染。浏览不良网站，接触到低俗、有害内容，误导了他的价值观，导致思想消极。

③未防范网络安全风险。轻易相信陌生网友，缺乏对网络虚假信息的辨别能力，致使财产受损。

具体建议为：①合理利用网络。利用网络查找学习资料，观看优质学习视频，提高学习效率。同时，参与积极健康的网络社交，拓展知识面。

②抵制不良诱惑。增强自律意识，控制上网时间，避免沉迷网络娱乐。坚决抵制不良网站，培养正确的价值观。

③提高安全意识。学会辨别网络信息的真假，不轻易相信陌生人，不随意透露个人信息和财产信息。

【解析】

本题通过贴近青少年生活的案例，考查学生对互联网消极影响及正确使用互联网的理解。要求学生能从案例中提取关键信息，结合互联网消极影响的相关知识，分析问题产生的原因。在提建议时，需对应正确使用互联网的知识，培养学生解决实际问题的能力。

【知识强化】

(1) 下列属于互联网为我们的学习与工作带来便利的是(　　)。

①在网上搜索专业文献，拓宽知识面；②通过视频会议软件，实现远程协作；③利用在线办公软件，随时随地处理工作；④沉迷于网络小说，无法自拔。

A.①②③　　B.①②④　　C.①③④　　D.②③④

(2) 以下做法能够有效避免网络带来消极影响的有(　　)。

①小张为自己制订上网时间计划，并严格遵守；②小李只浏览官方网站发布的信息；③小王遇到陌生网友发来的中奖信息，立刻向警方举报；④小赵为节省时间，在网上随意找资料用于完成作业。

A.①②③　　B.①②④　　C.①③④　　D.②③④

2.1.3.3 综合实战

(1) 假设你要组建一个小型家庭网络，实现多台电脑、手机共享打印机，并且能流畅上网观看在线视频。请简述你的网络组建方案，需要用到的设备，以及如何体现计算机网络的定义和核心作用。

(2) 请你规划一个小型科技创业公司的网络发展路线，从公司创立初期到业务逐步扩展后的不同阶段，阐述每个阶段适合采用的网络类型(对应网络发展阶段)，以及如何随着公司发展进行网络升级以满足业务需求，并说明这样规划是如何契合网络发展的不同阶段特点的。

(3) 假设你要开一家特色手工饰品店，从店铺筹备到运营，规划如何从传统模式逐步转变为“互联网＋”模式，并阐述每个阶段涉及的领域转变、具体措施，以及对应的关键技术或案例。

2.1.4　了解网络协议

2.1.4.1　必备知识清单

网络拓扑结构可分为总线型拓扑结构、星状拓扑结构、环状拓扑结构和网状拓扑结构四类。

其他内容见表 2.6 和表 2.7。

表 2.6　网络传输协议

<table>
<tr><td>定义</td><td colspan="3">网络传输协议是计算机网络中确保不同设备之间正确高效通信的标准化规则，定义数据传输的格式、顺序、错误控制及路由选择机制</td></tr>
<tr><td rowspan="7">OSI 参考模型</td><td>应用层</td><td rowspan="3">应用层</td><td rowspan="7">TCP/IP 协议模型</td></tr>
<tr><td>表示层</td></tr>
<tr><td>会话层</td></tr>
<tr><td>传输层</td><td>传输层</td></tr>
<tr><td>网络层</td><td>网际层</td></tr>
<tr><td>数据链路层</td><td rowspan="2">网络接口层</td></tr>
<tr><td>物理层</td></tr>
</table>

表 2.7　IP 地址

<table>
<tr><td>概念</td><td colspan="2">联网主机需通过唯一 IP 地址标识身份，当前 IPv4 仍为主流协议，但 IPv6 已逐步推广</td></tr>
<tr><td rowspan="8">IPv4 地址</td><td>地址格式</td><td>32 位二进制数，通常将 8 位二进制数转换为十进制数并用点分隔，即点分十进制表示法</td></tr>
<tr><td>地址结构</td><td>分为网络部分和主机部分，通过子网掩码区分</td></tr>
<tr><td rowspan="5">地址分类</td><td>A 类(1～126)</td></tr>
<tr><td>B 类(128～191)</td></tr>
<tr><td>C 类(192～223)</td></tr>
<tr><td>D 类(组播)</td></tr>
<tr><td>E 类(保留)</td></tr>
<tr><td>特殊地址</td><td>私有地址:10.0.0.0/8、172.16.0.0/12、192.168.0.0/16
环回地址:127.0.0.1</td></tr>
</table>

续表2.7

IPv6 地址	地址格式	128 位二进制数，表示为 8 组 4 位十六进制数
	地址类型	单播（一对一）、组播（一对多）、任播（最近节点响应）
	优势	地址空间极大、简化头部、内置安全
	过渡技术	双栈（同时支持 IPv4/IPv6）、隧道技术（如 6to4）、协议转（NAT64）

2.1.4.2　要点解析

要点 1：拓扑结构的结构特点及优缺点（表 2.8）

表 2.8　拓扑结构的结构特点及优缺点

结构类型	优点	缺点
总线型 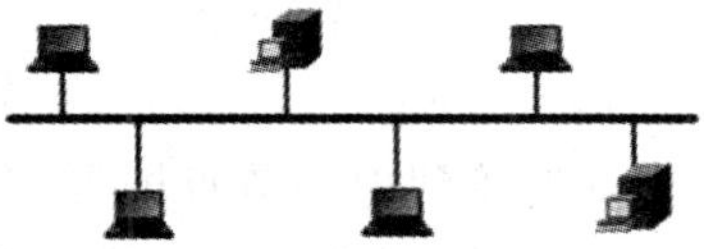	结构简单：无需复杂的连接方式，所需电缆等硬件设备较少，成本较低。 易于安装：增删节点相对容易，在不影响网络正常运行的情况下，可较为方便地变动节点位置。 信道利用率高：多个节点共用一条总线进行通信	故障诊断困难：由于信息延迟时间不确定，当网络出现故障时，难以快速、准确地定位故障点。 可靠性低：一旦总线发生故障，将导致整个网络瘫痪。 传输效率受限：随着连接设备数量的增加，总线上的冲突概率增大，传输效率会降低
星状 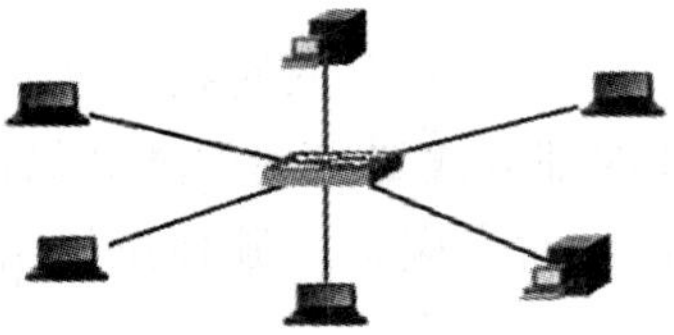	易于管理和维护：单个节点出现故障，一般不会影响其他节点之间的通信，且故障容易排查和修复。 扩展性好：新增节点时，只需将新节点连接到中心节点即可。 网络延迟小：数据传输路径较为直接	中心节点负担重：所有节点间的通信都要经过中心节点，中心节点的性能和稳定性对网络影响极大。 可靠性较低：一旦中心节点发生故障，整个网络将无法正常工作。 成本较高：每个节点都需要通过独立的线路连接到中心节点，线缆使用量较大
环状 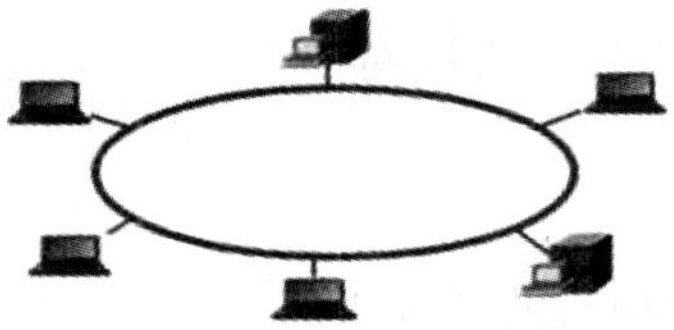	传输效率较高：数据传输具有确定性，在轻负载情况下，信号单向传输，不会发生冲突。 所需电缆长度较短：与星状拓扑结构相比，环状拓扑结构不需要大量线缆连接到中心节点。 实时性好：适用于对数据传输实时性要求较高的场景	扩展性差：由于环路封闭，添加或删除节点时需要中断整个网络。 故障影响范围大：任何一个节点或链路出现故障，都可能导致整个网络瘫痪。 传输效率随节点增加而降低：当节点过多时，数据传输经过的节点增多，延迟增大

续表2.8

结构类型	优点	缺点
网状 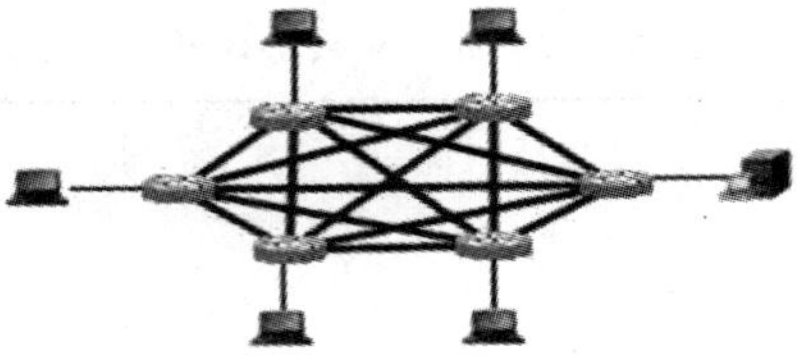	可靠性高：节点间存在多条通信路径，当一条路径发生故障时，可通过其他路径传输数据。 可选择最佳路径：能根据网络状况选择最优的传输路径，传输延迟小。 资源共享容易：节点间的连接丰富，便于资源共享	控制复杂：网络中路径众多，路由算法和网络管理软件复杂。 成本高：需要大量的传输线路和连接设备，建设和维护成本高。 不易扩充：新增节点时，需要考虑与多个已有节点的连接，过程复杂

【典型例题】

【例 2.5】在一个办公室网络中，由于业务扩展，需要频繁地添加和移除计算机设备。从网络拓扑结构的角度考虑，(　　)拓扑结构最适合该办公室网络。

A.总线型　　B.星状　　C.环状　　D.网状

【答案】B

【解析】星状拓扑结构的扩展性好，新增节点时，只需将新节点连接到中心节点即可，非常适合需要频繁增删节点的场景。而总线型拓扑结构虽然增删节点相对容易，但随着设备数量增加，传输效率受限且故障诊断困难；环状拓扑结构添加或删除节点时需要中断整个网络；网状拓扑结构成本高且控制复杂，不易扩充。所以，最适合的是星状拓扑结构，答案选 B。

【知识强化】

(1) 某工厂的生产控制系统对数据传输实时性要求极高，在选择网络拓扑结构时，以下哪种拓扑结构是最佳选择？(　　)

A.总线型　　B.星状　　C.环状　　D.网状

(2) 一个大型企业的总部网络，需要极高的可靠性，并且能在部分线路出现故障时仍保证数据传输，同时希望能根据网络状况选择最优传输路径。该企业网络应采用哪种拓扑结构？(　　)

A.总线型　　B.星状　　C.环状　　D.网状

要点 2：拓扑结构的选择依据

在选择网络拓扑结构时，需综合考虑成本、可靠性、扩展性、性能、管理复杂度等因素。

(1) 成本因素

① 低预算场景可选择总线型和星状拓扑结构。

总线型：布线简单，仅需单条主干线，适合小型网络(如旧式教室局域网)。

星状(集线器)：低端集线器成本低，但性能有限。

② 高预算场景可选择网状拓扑结构。

网状：冗余链路和高端交换机成本高，适合关键基础设施(如金融数据中心)。

(2) 可靠性需求

① 有高容错要求时可选择网状与星状拓扑结构。

网状：多路径冗余，单点故障不影响整体（如互联网骨干网）。

星状（交换机）：单设备故障仅影响局部，中央节点需冗余备份（如双机热备）。

② 低风险场景时可选择总线型拓扑结构。

总线型：故障影响范围大，仅适合非关键网络。

(3) 扩展性与灵活性

① 频繁有扩展需求时可选择星状和树状拓扑结构。

星状：新增设备仅需连接中央节点，适合企业办公网络。

树状（星状的扩展）：分层结构支持大规模网络（如校园网）。

② 固定规模网络时可选择环状拓扑结构。

环状：扩展需重构环路，适合设备稳定的工业控制网络。

【注意点】

无线网络（如 Wi-Fi Mesh）通过无线链路实现灵活扩展，但受带宽限制。

(4) 性能与延迟

① 有高吞吐需求时可选择星状与网状拓扑结构。

星状（全双工交换机）：支持并行通信，减少冲突（如数据中心）。

网状：多路径负载均衡提升总带宽。

② 有低延迟需求时可选择环状拓扑结构。

环状（令牌控制）：确定性传输延迟，适合实时系统（如工厂自动化）。

③ 视频会议系统优先选择星状拓扑结构（千兆交换机），而传感器网络可用低速总线型拓扑结构。

(5) 管理与维护复杂度

① 简易管理时可选择星状拓扑结构。

星状：故障易定位，适合缺乏专业 IT 团队的中小企业。

② 需专业运维能力时可选择网状拓扑结构。

网状：需动态路由协议（如 OSPF）和高级监控工具。

(6) 物理环境限制

① 无线网状网（WMN）：适合难以布线的区域（如仓库、户外）。

② 总线型：需避免主干线物理损坏（如埋地线缆）。

③ 分散式设备（如智能家居）适合星状＋无线，集中式设备（如机房）可用环状。

【典型例题】

【例 2.6】某小型办公室构建网络，希望成本低且安装简便，对网络故障诊断要求不高。哪种网络拓扑结构较为合适？（　　）

A.总线型拓扑结构　　B.星状拓扑结构　　C.环状拓扑结构　　D.网状拓扑结构

【答案】A

【解析】总线型拓扑结构简单，所需电缆等硬件设备较少、成本低，且增删节点相对容易，易于安装，符合该办公室对成本和安装的要求，故 A 选项正确；星状拓扑结构成本较高，每个节点都需独立线路连接到中心节点；环状拓扑结构添加或删除节点时需中断整个网络，且故障影响范围大，不适合对故障诊断要求不高的场景；网状拓扑结构控制复杂，成本高，不易扩充。

【知识强化】

(1) 以下关于星状拓扑结构的说法,错误的是(　　)。

A.中心节点负担轻,对性能要求不高

B.单个节点故障一般不影响其他节点通信

C.扩展性好,新增节点方便

D.成本较高,线缆使用量大

(2) 一个大型企业构建网络,对网络可靠性要求极高,希望节点间有多种通信路径,应选择哪种网络拓扑结构?(　　)

A.总线型拓扑结构　　B.星状拓扑结构　　C.环状拓扑结构　　D.网状拓扑结构

要点3:网络传输协议核心特点与作用

(1) 核心特点

标准化:如TCP/IP、HTTP等协议由国际组织(如IETF、ISO)制定,确保全球兼容。

分层结构:通过分层(如OSI七层、TCP/IP四层)实现功能解耦,便于开发和维护。

协议族:实际应用中常以协议组形式存在(如TCP/IP包含IP、TCP、HTTP等)。

(2) 作用

网络传输协议的核心作用是解决表2.9中的问题。

表2.9　网络传输协议的核心作用

问题	协议的作用	示例
数据如何传输	定义数据单元(如帧、包、段)和传输方式(如分组交换)	Ethernet帧传输、IP包路由
如何保证可靠性	通过确认、重传、流量控制等机制(如TCP)	TCP三次握手、滑动窗口
如何寻址和路由	提供逻辑地址(IP)和物理地址(MAC),并确定最佳路径	IPv4/IPv6寻址、OSPF路由协议
如何兼容不同设备	统一数据格式(如ASCII、JSON)和加密标准(如TLS)	HTTP/HTTPS协议、SSL加密
如何高效传输	支持无连接、低延迟的传输(如UDP)	视频流(RTP)、DNS查询

【典型例题】

【例2.7】在网络传输协议中,负责定义数据单元和传输方式,解决“数据如何传输”问题的是(　　)。

A.TCP协议　　B.IP协议　　C.Ethernet协议　　D.TLS协议

【答案】C

【解析】Ethernet协议定义了数据以帧的形式传输,确定了在局域网中的传输方式,解决了“数据如何传输”问题。TCP协议主要负责保证可靠性,通过确认、重传等机制;IP协议负责寻址和路由,提供逻辑地址;TLS协议用于数据加密,保障数据传输安全,解决兼容不同设备中的加密标准问题。所以选C。

【知识强化】

(1) 当你在浏览器中输入网址访问网页时,以下哪种协议在寻址和路由过程中起到关键作用?(　　)

A.UDP 协议　　B.HTTP 协议　　C.IPv4 协议　　D.SSL 协议

(2) 以下关于网络传输协议分层结构特点的说法,正确的是(　　)。

A.分层结构使网络传输协议的开发和维护变得复杂

B.协议的分层结构无法实现功能解耦

C.OSI 七层模型和 TCP/IP 四层模型都是网络传输协议分层结构的体现

D.分层结构中各层之间相互独立,没有任何联系

要点 4:OSI 与 TCP/IP 模型的差异

(1) 层级对应关系及作用(表 2.10)

表 2.10　层级对应关系及作用

作用	TCP/IP	OSI	作用
包含高层协议(如 HTTP、DNS、SMTP)	应用层	应用层	直接为用户应用程序提供网络服务(如 HTTP、FTP)
		表示层	处理数据格式转换、加密/解密(如 ASCII、JPEG)
		会话层	管理通信会话的建立、维护和终止
核心协议为 TCP(可靠传输)和 UDP(高效传输)	传输层	传输层	提供端到端的可靠或不可靠传输(如 TCP、UDP 协议)
核心协议为 IP,负责寻址和路由	网际层	网络层	实现数据包的路由和转发(如 IP 协议、路由器)
负责网络访问(如以太网、Wi-Fi)	网络接口层	数据链路层	提供节点到节点的数据传输、处理帧同步、差错控制(如 MAC 地址、交换机)
		物理层	负责比特流的传输,定义物理接口标准(如电缆、光纤)

(2)关键协议作用(表 2.11)

表 2.11　关键协议作用

协议	所属模型/层	核心功能	应用场景
HTTP	应用层(OSI 模型/TCP/IP 模型)	超文本传输(网页浏览)	Web 服务(HTTPS 为加密版本)
TCP	传输层	可靠传输(三次握手、流量控制)	文件下载、电子邮件

续表2.11

协议	所属模型/层	核心功能	应用场景
UDP	传输层	高效传输(无连接、低延迟)	视频流、DNS查询
IP	网际层/网络层	逻辑寻址(IPv4/IPv6)和路由	所有互联网通信的基础
Ethernet	网络接口层/数据链路层	局域网帧传输(MAC地址)	有线网络(交换机管理)

【典型例题】

【例 2.8】以下关于 OSI 模型和 TCP/IP 模型的说法,正确的是(　　)。

A.OSI 模型是实践导向,应用广泛

B.TCP/IP 模型有七层结构

C.TCP/IP 模型是因特网的事实标准

D.OSI 模型和 TCP/IP 模型的层级对应关系完全不同

【答案】C

【解析】TCP/IP 模型是实践导向,是因特网的事实标准,C 选项正确。OSI 模型理论性强,实际应用较少,A 选项错误;TCP/IP 模型是四层结构,B 选项错误;OSI 模型和 TCP/IP 模型有一定的层级对应关系,并非完全不同,例如 TCP/IP 的应用层对应 OSI 的应用层、表示层和会话层,传输层与传输层对应等,D 选项错误。

【知识强化】

(1) 在视频会议中,主要使用(　　)协议来实现高效、低延迟的数据传输。

A.TCP　　B.UDP　　C.IP　　D.HTTP

(2) 以下协议在 OSI 模型和 TCP/IP 模型中所处层次不同的是(　　)。

A.IP　　B.TCP　　C.Ethernet　　D.HTTP

要点 5:IPv4 与 IPv6 对比(表 2.12)

表 2.12　IPv4 与 IPv6 对比表

特性	IPv4	IPv6
地址长度	32 位	128 位
表示方法	点分十进制(192.168.1.1)	十六进制(2001:db8::1)
地址配置	手动或 DHCP	自动配置(SLAAC)或 DHCPv6
安全性	依赖额外协议(如 IPSec)	原生支持 IPSec

【典型例题】

【例 2.9】下列关于 IPv4 和 IPv6 地址的描述,正确的是(　　)。

A.IPv4 地址是 128 位,采用十六进制表示

B.IPv6 地址是 32 位,采用点分十进制表示

C.IPv4 地址是 32 位,采用点分十进制表示

D.IPv6 地址是 128 位,采用点分十进制表示

【答案】C

【解析】IPv4 地址长度为 32 位，采用点分十进制表示，如 192.168.1.1；IPv6 地址长度为 128 位，采用十六进制表示，如 2001:db8::1。

【知识强化】

(1) 某公司新部署的网络设备支持自动获取 IPv6 地址，这种地址获取方式最有可能采用的是(　　)。

A.手动配置　　B.DHCP　　C.SLAAC　　D.IPSec

(2) 与 IPv4 相比，IPv6 在安全性方面的优势在于(　　)。

A.IPv6 地址更长，难以被破解

B.IPv6 原生支持 IPSec，可提供更好的安全保障

C.IPv6 采用十六进制表示，比 IPv4 更安全

D.IPv6 地址配置方式更多样，安全性更高

要点 6：IPv4 地址转换示例

(1) IPv4 的 IP 地址格式：×××.×××.×××.×××；四个段，每段 8 位，一共 32 位。

(2) IP 地址二进制范围：

00000000.00000000.00000000.00000000—11111111.11111111.11111111.11111111

IP 地址十进制范围：0.0.0.0—255.255.255.255

(3) IP 地址二进制排位顺序是从右到左。顺序一次为 0—7，共 8 位(图 2.2)。

图 2.2　二进制排位顺序

(4) 熟记 2 的 0—7 次方的十进制数值(图 2.3)

(5) 逢 1 计算，逢 0 不变。

0	1
1	2
2	4
3	8
4	16
5	32
6	64
7	128

图 2.3　2 的 0—7 次方的十进制数值

【典型例题】

【例 2.10】二进制 IP 地址“10101010.01010101.00001111.00000010”转换为十进制的结果是(　　)。

A.170.85.15.2　　B.160.75.14.2

C.170.85.14.3　　D.160.75.15.3

【答案】A

【解析】将二进制数按 8 位一组进行转换。10101010 转换为十进制是 128＋32＋8＋2＝170；01010101 转换为十进制是 64＋16＋4＋1＝85；00001111 转换为十进制是 8＋4＋2＋1＝15；00000010 转换为十进制是 2。所以转换后的十进制 IP 地址为 170.85.15.2。

【知识强化】

(1) 以下关于 IPv4 地址二进制转十进制的说法，错误的是(　　)。

A.每 8 位二进制数对应一个十进制数

B.二进制数采用位权展开法转换为十进制数

C.转换后的十进制数范围为 0～256

D.11111111 转换为十进制是 255

(2) 若一个 IPv4 地址的前三个字节二进制表示为"11000011.10111000.00010110",最后一个字节为十进制 200,那么完整的 IPv4 地址用十进制表示是(　　)。

A.195.184.22.200　　B.195.184.21.200

C.196.185.22.200　　D.196.185.21.200

2.1.4.3 综合实战

(1) 某公司计划构建一个新的办公网络。该公司有 5 个部门,每个部门约有 30 台计算机,此外还有若干台打印机、服务器等设备。公司对网络的稳定性、传输效率和可扩展性有较高要求,同时希望控制成本。请根据所学网络协议知识,完成以下任务:

① 选择并描绘出合适的网络拓扑结构,并说明理由。

② 阐述应采用的网络传输协议及各层协议的作用。

③ 考虑到未来公司规模可能扩大,应如何选择 IP 地址方案?

(2) 某公司要建立一个内部文件共享系统,员工可以在办公室通过局域网访问系统上传和下载文件。请从网络传输协议的角度出发,分析需要考虑哪些方面,以及可采用的协议及其作用。

(3) 假设你要搭建一个小型办公网络,该网络需要实现员工之间文件共享、网页浏览以及视频会议功能。请从 OSI 和 TCP/IP 模型的角度出发,分析网络搭建过程中涉及的各层协议及其作用,并说明为什么在实际应用中通常采用 TCP/IP 模型而非 OSI 模型。

2.1.5 体验网络服务

2.1.5.1 必备知识清单

ISP 指互联网服务提供商(如中国电信、中国移动、中国联通);

ICP 指互联网内容提供者(如百度、人民网)。

其他具体内容见表 2.13 至表 2.15。

表 2.13 域名服务

<table>
<tr><td>结构</td><td colspan="4">由从该节点到根的所有节点的标记连接组成，中间以点分隔</td></tr>
<tr><td>作用</td><td colspan="4">利用域名系统可以用字符组合而成的域名来映射相应的 IP 地址，域名比 IP 地址更形象，也更容易记忆</td></tr>
<tr><td>实现方式</td><td colspan="4">通过域名系统(DNS)实现域名与 IP 地址的双向映射</td></tr>
<tr><td rowspan="9">域名分类</td><td>地理顶级域名</td><td colspan="3">根据国家或地区的地理位置来区分的域名后缀通常由两个字母组成，代表特定的国家或地区。例如，.cn 代表中国，.us 代表美国，.uk 代表英国等</td></tr>
<tr><td rowspan="8">类别顶级域名</td><td rowspan="5">传统通用顶级域名</td><td>商业机构</td><td>.com</td></tr>
<tr><td>网络服务提供商</td><td>.net</td></tr>
<tr><td>非营利组织</td><td>.org</td></tr>
<tr><td>教育机构</td><td>.edu</td></tr>
<tr><td>政府部门</td><td>.gov</td></tr>
<tr><td rowspan="3">新增类别域名</td><td>信息服务</td><td>.info</td></tr>
<tr><td>科技领域</td><td>.tech</td></tr>
<tr><td>专业人士</td><td>.pro</td></tr>
</table>

表 2.14 万维网服务

<table>
<tr><td>作用</td><td colspan="2">实现信息资源的共享和传输</td></tr>
<tr><td rowspan="3">相关技术</td><td>HTML(超文本标记语言)</td><td>一种用于创建网页的标准标记语言</td></tr>
<tr><td>URL(统一资源定位器)</td><td>常说的网址，是互联网上用来标识资源位置的一种命名机制</td></tr>
<tr><td>HTTP(超文本传输协议)</td><td>互联网中应用最广泛的网络协议，基于客户端-服务器模型</td></tr>
</table>

表 2.15 电子邮件服务

简单邮件传输协议(SMTP)	主要负责将邮件从客户端发送到服务器端
邮局协议版本三(POP3)	下载邮件到本地，删除服务器副本
因特网信息访问协议版本四(IMAP4)	同步服务器邮件状态，多设备管理

2.1.5.2 要点解析

要点 1：DNS 的定义与核心作用

定义：DNS(Domain Name System)是互联网的“电话簿”，实现域名(如 www.baidu.com)与 IP 地址(如 36.152.44.96)的相互映射。

核心作用如下：

解决记忆难题：将难记的 IP 地址转换为易读的域名。

负载均衡：通过多 IP 映射(如大型网站)，分散访问压力。

支持关键服务：邮件路由(MX 记录)、安全验证(DNSSEC)等。

要点 2：域名结构解析

(1) 层级划分(从右到左)：

示例(www.moe.gov.cn)

根域名：隐藏，表示为末尾的点(如.cn.)

顶级域名：.cn 国家(.cn)或类型(.com/.org)

二级域名：.gov 机构类型或名称(如.gov 政府机构)

三级域名：.moe 具体机构名称(如.moe 教育部)

主机名：www 服务类型(www 表示 Web 服务)

(2) 常见的顶级域名：

通用顶级域(gTLD)：.com(商业)、.org(组织)、.net(网络)

国家代码顶级域(ccTLD)：.cn(中国)、.us(美国)、.jp(日本)

【典型例题】

【例 2.11】以下属于地理顶级域名的是(　　)。

A. .com　　B. .edu　　C. .cn　　D. .net

【答案】C

【解析】地理顶级域名是依据国家或地区进行划分的，.cn 代表中国，属于地理顶级域名；.com是商业机构的类别顶级域名，.edu 是教育机构的类别顶级域名，.net 一般用于网络服务机构，也属于类别顶级域名。

【知识强化】

(1) 关于域名系统，下列说法错误的是(　　)。

A.一个主机节点的域名最多由 3 个节点标记连接组成

B.顶级域名有地理和类别两种类型

C.可通过 IP 地址查询对应的域名

D.域名系统便于用户在网络中定位和访问主机

(2) 某企业网站的域名为 www.xyzcompany.cn，其中.cn 表示(　　)。

A.该企业属于中国的商业机构

B.该企业网站使用的是地理顶级域名

C.该企业网站的服务器位于中国

D.该企业属于中国的教育机构

要点 3：万维网的定义与核心作用

定义：万维网(World Wide Web，WWW)是全球信息资源共享系统，通过互联网实现文档、多媒体等资源的互联与访问。

核心作用：信息共享，打破地理限制，实现全球资源互通(如新闻网站、在线图书馆)。

标准化交互：统一协议(HTTP)、格式(HTML)和定位方式(URL)。

要点4:万维网的三大核心技术(表2.16)

表2.16 万维网的核心技术

技术	作用	示例
HTML	定义网页内容结构与样式(超文本标记语言)	〈html〉〈body〉〈h1〉标题〈/h1〉〈a href=" "〉超链接〈/a 〉〈/body〉〈/html〉
URL	唯一标识网络资源(统一资源定位符)	https://www. example. com/path? query = 1 #section
HTTP/HTTPS	客户端与服务器通信协议(无状态、支持请求-响应模式)	GET /index. html HTTP/1.1(请求)〈br〉HTTP/1.1 200 OK(响应)

要点5:浏览器/服务器(B/S)架构优势

跨平台:用户只需浏览器(如Chrome、Firefox)。

维护简便:服务端集中更新,客户端无须安装。

要点6:URL结构与解析

完整格式为协议://域名:端口/路径? 查询参数#锚点,如https://www.example.com:443/search? q=dns#results。其中,协议为https;域名为www.example.com;端口为443(默认可省略);路径为/search;查询参数为q=dns;锚点为#results(页面内跳转)。

【典型例题】

【例2.12】你在浏览器中输入"https://www. example. com/news/index. html",其中"https"表示(　　)。

A.服务器地址　　B.资源所在路径

C.文件名　　D.资源所在协议

【答案】D

【解析】在URL"https://www.example.com/news/index.html"中,"https"是超文本传输安全协议,用于在客户端和服务器之间安全地传输超文本数据,属于资源所在协议;"www.example.com"是服务器地址;"/news/"是资源所在路径;"index.html"是文件名。

【知识强化】

(1) 以下关于HTTP协议的说法,错误的是(　　)。

A.HTTP协议用于在客户端和服务器之间传输超文本数据

B.客户端发送请求后,服务器无须响应

C.它是实现网页数据传输和交互的基础

D.规定了客户端向服务器发送请求的方式

(2) 万维网采用客户机/服务器工作模式的主要目的是(　　)。

A.提高网页加载速度

B.方便用户制作网页

C.实现互联网信息资源的共享、传输、访问

D.保证网络安全

要点7:电子邮件服务的核心协议与功能(表2.17)

表2.17　电子邮件服务的核心协议与功能

协议	作用	默认端口	特点
SMTP	发送邮件(客户端→服务器或服务器间)	25	仅支持文本传输,依赖MIME协议发送附件需要身份验证(如用户名密码)
POP3	下载邮件到本地	110	邮件下载后默认删除服务器副本单向同步,仅支持离线管理邮件
IMAP4	在线管理服务器邮件	143	双向同步(标记已读/未读、文件夹分类)支持多设备同时访问邮件

【典型例题】

【例2.13】小明在使用电子邮箱发送邮件时,负责将邮件寄送到发送端电子邮件服务器上的协议是(　　)。

A.POP3　　B.IMAP4　　C.SMTP　　D.HTTP

【答案】C

【解析】SMTP(简单邮件传输协议)的作用是把电子邮件寄送到发送端的电子邮件服务器上;POP3用于个人计算机从邮件服务器下载电子邮件;IMAP4虽然也用于邮件收发,但主要特点是可直接在服务器上操作邮件,并非用于发送邮件到发送端服务器;HTTP是超文本传输协议,用于网页数据传输,与电子邮件发送无关。

【知识强化】

(1) 以下关于POP3协议的说法,正确的是(　　)。

A.POP3协议用于将邮件发送到发送端的电子邮件服务器

B.使用POP3协议,邮件会保留在服务器上

C.POP3服务器用于接收电子邮件

D.POP3协议比IMAP4协议的功能更强大

(2) 下列关于电子邮件服务协议的描述,错误的是(　　)。

A.SMTP协议和POP3协议不能同时使用

B.一个完整的电子邮件发送和接收过程可能涉及SMTP、POP3或IMAP4协议

C.IMAP4协议允许用户在不下载邮件的情况下对服务器上的邮件进行操作

D.POP3协议主要用于从邮件服务器下载邮件到本地设备

要点8:ISP(互联网服务提供商)的定义与核心功能

(1) 定义

ISP(Internet Service Provider)是提供互联网接入服务的实体,用户通过ISP连接到互联网,实现数据传输、通信和资源访问。

(2) 核心功能

网络接入:提供宽带(光纤、ADSL)、移动网络(4G/5G)、卫星等接入方式。

基础设施维护:运营骨干网、数据中心、基站等硬件设施。

IP地址分配:为用户或企业分配公有IP地址(通过DHCP或静态配置)。

(3) 典型代表

中国三大 ISP:中国电信、中国移动、中国联通。

国际 ISP:Comcast(美国)、Deutsche Telekom(德国)、NTT(日本)。

要点 9:ICP(互联网内容提供商)的定义与核心功能

(1) 定义

ICP(Internet Content Provider)是提供互联网内容服务的实体,通过网站、应用等向用户输出信息、娱乐、工具等资源。

(2) 核心功能

内容生产:发布新闻、视频、音乐、软件等数字内容。

平台运营:搭建社交网络、电商平台、在线教育等应用。

用户交互:支持评论、支付、即时通信等交互功能。

(3) 典型代表

综合平台:百度(搜索)、腾讯(社交+游戏)、阿里巴巴(电商)。

垂直领域:哔哩哔哩(视频)、知乎(知识社区)、携程(旅游)。

【典型例题】

【例 2.14】某公司创建了一个在线教育平台,为用户提供丰富的课程资源。该公司在此过程中扮演的角色是(　　)。

A.ISP　　B.ICP

C.既是 ISP 也是 ICP　　D.既不是 ISP 也不是 ICP

【答案】B

【解析】该公司创建在线教育平台并提供课程资源,属于通过互联网提供内容服务,符合 ICP(互联网内容提供者)的定义。而 ISP 主要提供互联网接入服务,该公司未涉及此项业务,所以,该公司扮演的角色是 ICP。

【知识强化】

(1) 以下关于 ISP 和 ICP 的说法,正确的是(　　)。

A.ISP 负责提供网络内容,ICP 负责网络接入

B.个人无法成为 ICP

C.中国移动属于 ISP

D.百度只是搜索引擎,不属于 ICP

(2) 下列服务中,属于 ICP 服务的是(　　)。

A.为企业提供专线网络接入　　B.运营一个热门的短视频分享平台

C.帮助用户设置家庭无线网络　　D.提供网络设备的维修服务

2.1.5.3 综合实战

(1) 某小型创业公司计划搭建一个线上业务平台,以展示公司产品、提供在线服务并与客户进行沟通。该公司现有员工 20 人,办公地点位于一座写字楼内。请根据所学的网络服务知识,完成以下任务:

① 为公司选择合适的域名,并解释选择的地理顶级域名或类别顶级域名的依据,说明域名系统在公司网络中的作用。

② 阐述公司线上业务平台所涉及的万维网服务相关技术,包括网页创建语言、工作模式、

资源定位机制以及数据传输协议，分析这些技术如何协同工作以实现平台的功能。

③ 规划公司的电子邮件服务系统，选择合适的邮件传输协议（SMTP、POP3 或 IMAP4），并说明选择的理由。同时，描述电子邮件服务在公司日常运营中的重要性。

④ 说明公司应如何选择互联网服务提供商（ISP），以及如何为业务平台做 ICP 备案。

（2）假设你是一家小型企业的网络管理员，企业要建立自己的官方网站。

① 请解释域名（如 www.example.com）和 IP 地址在网站访问中的作用，并说明 DNS 是如何实现两者转换的。

② 若企业网站使用的域名为 www.example.com.cn，分析该域名的结构（包括各级域名的含义）。

（3）在日常生活中，电子邮件是人们常用的通信方式之一。

① 描述电子邮件服务中 SMTP、POP3 和 IMAP4 协议的主要功能、默认端口及特点。

② 小明使用公司的邮箱发送一封带有附件的邮件给客户，同时希望在多个设备上都能随时查看和管理该邮件的状态（如标记已读、分类到不同文件夹等），请说明邮件发送和接收过程中会涉及哪些协议？为什么？

2.2 配置网络

当我们每天用手机刷视频、在宿舍联网打游戏，或是通过校园网提交作业时，有没有想过这些看似简单的操作背后，其实都依赖着一个稳定安全的网络环境？可能大家都遇到过这样的情况：Wi-Fi 突然断连、网速变慢，或是弹出“网络不安全”的警告。这些小事提醒着我们：网络不是看不见摸不着的“空气”，而是需要精心搭建和维护的数字基础设施。

今天我们要学习的网络配置技能，小到能让你的手机更快地连接校园网，大到未来可能参与建设更安全的网络系统。就像搭积木一样，我们需从最基础的配置学起，这既是提升个人数字生活质量的实用技能，也是未来响应国家“建设网络强国”号召的技术起点。

2.2.1 目标导航

（1）了解常见的网络设备及其功能；

（2）会进行网络的连接和基本设置；

（3）能判断和排除简单网络故障。

2.2.2 知识图谱

具体如图 2.4 所示。

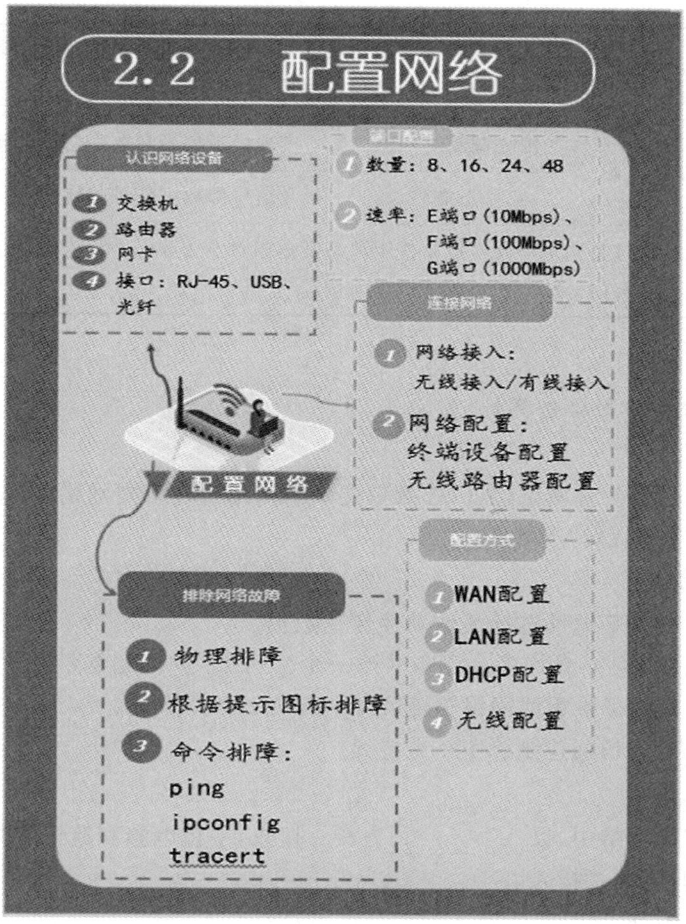

图 2.4　思维导图——配置网络

2.2.3　认识网络设备

2.2.3.1　必备知识清单

具体内容见表 2.18。

表 2.18　认识网络设备

常见网络设备	路由器	概念	路由器是连接不同网络的硬件设备，根据 IP 地址（网络层）进行数据转发，实现多个网络之间的通信
		分类	有线路由器
			无线路由器
	交换机	交换机是局域网（LAN）内的数据交换设备，根据 MAC 地址（数据链路层）转发数据帧	
	网卡	有线网卡	通过 RJ-45 接口与网络连接
		无线网卡	通过终端接收和发送无线信号来连接终端设备

续表2.18

常见网络设备	防火墙	根据用户定义的安全策略控制过滤网络之间的通信，从而在内部网络和外部网络之间构造保护屏障	
	调制解调器	传统调制解调器	实现模拟信号和数字信号的转换
		光猫	光信号和数字信号的转换
设备接口	设备接口是系统中硬件或软件组件与其他组件交互的点，定义了交互规则后，可使组件间在不了解内部结构的情况下进行通信		

2.2.3.2　要点解析

要点1：路由器的核心功能解析

(1) 定义与作用

路由器(Router)是一种网络层(OSI第三层)设备，用于在不同网络之间转发数据包，实现局域网(LAN)与广域网(WAN)的互联。

(2) 核心功能解析

数据包转发：根据IP地址选择最佳路径传输数据。

网络地址转换(NAT)：允许多个设备共享一个公网IP(如家庭宽带)。

无线接入(Wi-Fi)：提供无线网络覆盖(2.4GHz/5GHz双频)。

安全防护：防火墙、访问控制、VPN支持等。

【典型例题】

【例2.15】在家庭网络中，以＿＿＿＿＿＿为核心接入，平板电脑和笔记本电脑以无线方式接入，台式计算机以有线方式接入。

【答案】无线路由器

【解析】本题考查点是进行网络的连接和基本设置。路由器是互联网的主要节点设备，具有网关的功能，通过路由器可以把不同的网络连接在一起，使得接入互联网的计算机之间无论距离多远都能够实现相互通信。作为不同网络之间互相连接的枢纽，路由器系统构成了基于TCP/IP的国际互联网络的主体框架。宽带无线路由器是家庭网络和小型办公网络中的必备设备，无线设置指定无线网络的名称、连接密码、加密方式。

【知识强化】

(1) 路由器的主要功能是(　　)。

A.数据加密　　B.路径选择　　C.数据压缩　　D.病毒查杀

(2) 路由器工作在OSI模型的(　　)。

A.物理层　　B.数据链路层　　C.网络层　　D.传输层

要点2：交换机的核心功能解析

(1) 定义与作用

交换机(Switch)是工作在OSI模型第二层(数据链路层)的核心网络设备，主要功能是通过MAC地址识别设备，在局域网内实现高效的数据帧转发。

(2) 核心功能解析

数据帧转发：通过自学习机制建立MAC地址表。

VLAN 划分：逻辑隔离广播域（不同 VLAN 需路由器通信）。

链路聚合：多端口绑定提升带宽（如 LACP 协议）。

【典型例题】

【例 2.16】当交换机接收到未知目标 MAC 地址的数据帧时，会执行(　　)操作。

A.丢弃　　B.广播　　C.缓存　　D.转发给路由器

【答案】B

【解析】交换机通过“自学习”机制建立 MAC 地址表。未知帧处理流程为：查询 MAC 地址表→无记录→泛洪（广播）到所有端口，目标设备回应后记录 MAC 与端口的对应关系。

【知识强化】

(1) 交换机工作在 OSI 模型的(　　)。

A.物理层　　B.数据链路层　　C.网络层　　D.传输层

(2) VLAN 技术在交换机中的作用是(　　)。

A.增加网络带宽　　B.提高网络安全性

C.减少网络延迟　　D.以上都不是

要点 3：网卡的核心功能解析

(1) 定义与作用

网卡(Network Interface Card，NIC)是计算机与网络之间的硬件接口设备，负责数据格式转换、信号编码（解码）、介质访问控制。

(2) 核心功能解析

信号调制：将数字信号转换为电（光）信号（如 RJ-45 接口/光纤模块）；

速率适配：10/100/1000Mbps 自适应；

MAC 地址固化（全球唯一 48 位地址）；

帧封装/解封装（以太网帧格式）。

【典型例题】

【例 2.17】计算机通过网卡发送数据时，首先会将数据封装为(　　)。

A.IP 包　　B.数据帧　　C.数据段　　D.比特流

【答案】B

【解析】网卡工作在 OSI 第二层，处理单位为帧。

【知识强化】

(1) 网卡驱动程序的主要作用是(　　)。

A.控制网卡的硬件功能　　B.优化网络连接速度

C.防止网络病毒的入侵　　D.加密网络数据传输

(2) 网卡驱动出现故障时，可能导致的现象是(　　)。

A.电脑无法开机　　B.显示器无显示

C.无法连接网络　　D.硬盘无法读取

要点 4：接口的类型介绍

网络接口是设备与传输介质之间的物理连接点，主要分为有线接口和无线接口。有线接口有 RJ-45(双绞线)、SFP/SFP+(光纤)、AOC/DAC(高速直连线缆);无线接口有 Wi-Fi 天线接口(RP-SMA)等。

【典型例题】

【例 2.18】计算机与网络交换机直接相连时,通常使用(　　)类型的网线。

A.直通线　　B.交叉线　　C.全反线　　D.光纤跳线

【答案】A

【解析】计算机(主机)与网络交换机属于不同类设备,因此通常使用直通线连接。直通线用于连接不同类设备,如计算机到交换机、路由器到服务器等。随着自动协商技术的普及,即使是同类设备直连,许多现代设备也可以使用直通线连接。但在没有自动协商的情况下,同类设备直连仍需要使用交叉线。

2.2.3.3　综合实战

利用路由器、交换机、调制解调器、防火墙、5 台台式电脑、5 台笔记本电脑在学校的网络实验室组建一个小型局域网,完成局域网的基本配置,解决局域网组建过程中的各种问题,并说明在组建过程中所涉及的网络设备的作用。

2.2.4　连接网络

2.2.4.1　必备知识清单

具体内容见表 2.19 和表 2.20。

表 2.19　网络接入方式

有线网络	定义	通过物理介质进行数据传输的网络连接方式。数据以电信号或光信号的形式,通过物理介质从发送端传输到接收端
	设备	路由器、交换机、有线网卡、网线、光纤、光模块
	连接方法	将网线一端插入路由器 LAN 口,另一端插入电脑网口。确保网卡驱动正常(Windows 可由设备管理器检查)后,自动获取 IP(DHCP)或手动配置(需知道网关、子网掩码、DNS)
无线网络	定义	通过无线信号传输数据的网络方式。设备通过无线技术实现互联,无需物理线缆
	设备	无线路由器、无线 AP、无线网卡、蓝牙
	连接方法	打开 Wi-Fi 功能,查找网络并输入密码即可连接。无线路由器配备无线网卡的终端设备

表 2.20　网络配置

配置终端设备	动态获取(DHCP)	IP 地址
		网关
	静态分配	DNS

续表2.20

无线路由器配置	WAN 设置	上级网络的接入方式
	LAN 设置	指定内部网络的 IP 分配方式
	DHCP 设置	启用或分配动态 IP 地址的分配策略
	无线设置	无线网络名称、连接密码、加密方式
家庭上网连接方式	光纤入户接入、LAN 接入、ADSL 拨号接入	

2.2.4.2 要点解析

要点 1：有线网络连接

有线网络连接是通过物理线缆（双绞线/光纤）实现的网络连接，具有高稳定性、低延迟的特点。

常见双绞线：CAT5e（1Gbps）、CAT6（10Gbps@55m）、CAT6A（10Gbps@100m）。

常见光纤：单模（长距离）、多模（短距离，成本低）。

接口标准：RJ-45，千兆/万兆电口；SFP+/QSFP+，光纤模块接口式。

【典型例题】

【例 2.19】计算机通过有线连接交换机时，应使用（　　）。

A.交叉线　　B.直通线　　C.全反线　　D.光纤跳线

【答案】B

【解析】终端设备（PC）与网络设备（交换机）直连需用直通线，现代设备支持 Auto-MDIX 时可自适应。

【知识强化】

我们平常用来插电脑的网线接口叫（　　）。

A.RJ-45　　B.HDMI　　C.VGA　　D.SFP+

要点 2：无线网络连接

（1）定义与作用

通过无线电波（2.4GHz/5GHz 频段）实现的网络接入，支持移动性但易受干扰。

（2）核心要素

① 无线标准

Wi-Fi 5，最大速率为 3.5Gbps，关键技术为 MU-MIMO；Wi-Fi 6，最大速率为 9.6Gbps，关键技术为 OFDMA，TWT。

② 组网方式

单 AP：小型覆盖；

Mesh 组网：多节点无缝漫游；

企业级 AP：需 AC 控制器管理。

③ 安全协议

WPA3：取代 WPA2，支持 SAE 加密；

MAC 过滤：限制设备接入。

【典型例题】

【例 2.20】下列哪项是 Wi-Fi 6 的独有特性？（　　）

A.MU-MIMO　　B.OFDMA　　C.WPA2　　D.NAT

【答案】B

【解析】OFDMA 是 Wi-Fi 6 的核心技术；MU-MIMO 在 Wi-Fi 5 已引入；WPA2 和 NAT 与无线标准无关。

【知识强化】

家里 Wi-Fi 连不上时，首先应该检查（　　）。

A.能否找到 SSID　　B.路由器是否亮灯

C.交换机是否亮灯　　D.调制解调器是否运行

要点 3：DHCP 服务核心功能

(1) 定义与作用

动态主机配置协议，自动分配 IP 地址、子网掩码、网关等网络参数。

(2) 工作流程

计算机→DHCP 服务器：Discover 广播；

DHCP 服务器→计算机：Offer(提供 IP)；

计算机→DHCP 服务器：Request(确认请求)；

DHCP 服务器→计算机：Ack(最终分配)。

【典型例题】

【例 2.21】电脑开机后显示“正在获取 IP 地址”，是 DHCP 的（　　）阶段。

A.Discover　　B.Offer　　C.Request　　D.Ack

【答案】A

【解析】这是设备在广播寻找 DHCP 服务器。

【知识强化】

(1) DHCP 协议的主要功能是（　　）。

A.域名解析　　B.动态分配 IP 地址　　C.路由选择　　D.网络管理

(2) DHCP 服务器不会分配以下哪个信息？（　　）

A.IP 地址　　B.子网掩码　　C.默认网关　　D.电脑开机密码

2.2.4.3　综合实战

(1) 小强是一位刚加入实训室的学生，现在你需要帮他接入实训室网络。已知有线网络通过连接到交换机上，手动配置 IP 地址等实现联网；无线网络通过 DHCP 服务自动获取 IP 地址。请你记录帮助他的过程。

(2) 李同学预先购买的手机流量已经用完，他现在亟须传送一个文件。能否让李同学通过你的手机热点将他的手机接入因特网？

2.2.5　排除网络故障

2.2.5.1　必备知识清单

具体内容见表 2.21。

表 2.21　排除网络故障

<table>
<tr><td rowspan="6">有线连接故障</td><td rowspan="2">故障表现</td><td>Windows 系统消息区中的网络连接图标出现叉标志或停止标志</td></tr>
<tr><td>网线接口处指示灯不亮</td></tr>
<tr><td>故障原因</td><td>通常是网线松动或网线损坏</td></tr>
<tr><td rowspan="3">解决方法</td><td>检查本地计算机网络接口上的网线是否松动脱落</td></tr>
<tr><td>检查网线另一端交换机、路由器等设备是否通电运行，网线是否松动</td></tr>
<tr><td>使用测线仪检测网线是否正常</td></tr>
<tr><td rowspan="3">无线连接故障</td><td>故障表现</td><td>无线连接图标带感叹号</td></tr>
<tr><td rowspan="2">故障原因</td><td>本地无线网络开关关闭</td></tr>
<tr><td>接入的无线路由器关闭或故障</td></tr>
<tr><td rowspan="3">网络设备故障</td><td>故障原因</td><td>防雷电、防潮、散热不到位，电源不稳，元器件自然老化</td></tr>
<tr><td rowspan="2">解决方法</td><td>对故障发生的可能性进行逐个排除</td></tr>
<tr><td>用正常的设备对可能已出现故障的设备进行替换，以确认故障点</td></tr>
<tr><td rowspan="3">主机配置故障</td><td rowspan="2">故障原因</td><td>IP 地址设置不当</td></tr>
<tr><td>DNS 地址设置不当</td></tr>
<tr><td>解决方法</td><td>检查相关配置并进行修正</td></tr>
<tr><td rowspan="2">主机安全故障</td><td>故障原因</td><td>由于病毒或者黑客攻击等情况的存在，大量网络资源被非法占用</td></tr>
<tr><td>解决方法</td><td>拔掉网线，安装最新的杀毒软件并查杀病毒</td></tr>
<tr><td rowspan="5">根据 OSI 模型判断网络故障</td><td>物理层故障</td><td>连接不稳定、网络突然中断</td></tr>
<tr><td>数据链路层故障</td><td>局域网内主机不能互通、网络传输速度慢、数据传输错误</td></tr>
<tr><td>网络层故障</td><td>无法访问外部网络、能 Ping 通但不能联网、网络时通时不通</td></tr>
<tr><td>传输层故障</td><td>应用程序无法连接、网络应用出错或死机</td></tr>
<tr><td>应用层故障</td><td>特定应用无法使用，但底层网络通信正常</td></tr>
<tr><td>故障排除步骤</td><td colspan="2">①对物理层进行外观检查、线缆端口测试及电源排查；
②针对数据链路层开展交换机端口检查、MAC 地址排查与通信方式检查；
③对网络层执行 IP 地址检查、路由跟踪和网关测试</td></tr>
</table>

续表2.21

工具使用	ping	测试网络连通性，判断目标主机是否可达以及网络延迟情况
	ipconfig	查看网络配置信息，包括 IP 地址、子网掩码、默认网关、DNS 服务器等，还可进行 IP 地址的释放与重新获取
	tracert	追踪网络路径，显示数据包从源主机到目标主机经过的每一个路由节点及延迟情况

2.2.5.2　要点解析

要点 1：常见故障类型分析

(1) 物理层故障：网线/光纤损坏、接口松动或氧化、设备电源故障。

(2) IP 地址问题：IP 地址冲突、DHCP 分配失败、子网掩码/网关配置错误。

(3) 连接性问题：本地连接断开、无线信号干扰、路由表错误。

(4) 服务故障：DNS 解析失败、防火墙拦截、服务端口未开放。

【典型例题】

【例 2.22】(多选)用户尝试通过浏览器访问 www.example.com，但页面显示“无法访问此网站”。以下哪些可能是导致该问题的原因？(　　)

A.本地网络未连接互联网(如路由器故障)

B.网站服务器宕机或配置错误

C.用户电脑的防火墙阻止了浏览器访问外网

【答案】ABC

【解析】所有选项都可能导致浏览器无法访问网站。

【知识强化】

(1) 电脑显示“网络电缆被拔出”，可能原因是(　　)。

A.网线没插好　　B.电脑需要重启

C.键盘没电了　　D.显示器亮度太低

(2) 微信能发消息但打不开网页，可能是(　　)。

A.DNS 设置有问题　　B.鼠标需要更换电池

C.电脑屏幕太脏　　D.椅子高度不合适

要点 2：故障排除步骤解析

(1) 从底层到高层检查：检查物理连接(网线、指示灯)、验证 IP 配置(ipconfig)、测试网络连通性(ping)、检查路由路径(tracert)。

(2) 常用排除方法：重启设备(万能第一步)、对比测试(更换网线/端口)、分段排查(逐段测试)。

【典型例题】

【例 2.23】小王发现自己的电脑无法访问公司网络，他尝试重启电脑但问题依旧。作为网络管理员，你认为以下故障排除步骤合理的是(　　)。

A.检查网线连接→验证 IP 配置(ipconfig)→测试网关连通性(ping 网关地址)→对比测试(更换网线/端口)

B.重启路由器→检查网线连接→验证 IP 配置(ipconfig)→测试外网连通性(ping 8.8.8.8)

C.验证 IP 配置(ipconfig)→检查网线连接→测试外网连通性(ping 8.8.8.8)→重启电脑(再次尝试)

D.对比测试(更换网线/端口)→检查网线连接→验证 IP 配置(ipconfig)→测试网关连通性(ping 网关地址)

【答案】A

【解析】B 选项重启路由器属于“重启设备”的万能第一步,但应在排除本地问题(如网线、IP 配置)后再尝试。直接重启路由器可能会掩盖根本问题,且未优先检查物理连接。C 选项验证 IP 配置前未检查网线连接,若网线松动或损坏,IP 配置检查可能没有意义。测试外网连通性(ping 8.8.8.8)应在确认本地网络(如网关)正常后再进行。D 选项中对比测试(更换网线/端口)应在检查网线连接后进行,否则更换无效网线可能会浪费时间。

【知识强化】

(1) 请将下列排查电脑无法上网的步骤按正确顺序排列:①检查浏览器设置;②重启路由器;③查看网线是否插好;④用 ping 测试网络连通性。

正确顺序是(　　)。

A.③→②→④→①　　B.②→①→③→④

C.④→③→②→①

(2) 手机连不上 Wi-Fi 的排查步骤,下列哪项应该最先做?(　　)

A.重置手机网络设置　　B.检查路由器是否亮灯

C.更新手机系统　　D.给运营商打电话

要点 3:常见命令工具介绍

(1) ping 命令的作用为测试网络连通性。如 ping 192.168.1.1;ping www.baidu.com。后附参数-t 时表示持续 ping;后附参数-n 5 时表示指定 ping 次数为 5。

(2) ipconfig 命令的作用为查看网络配置。常用命令:ipconfig/all(查看详细信息)、ipconfig/release(释放 IP)、ipconfig/renew(重新获取 IP)。

(3) tracert 命令的作用为追踪网络路径。如 tracert www.qq.com。

【典型例题】

【例 2.24】使用 ping 命令测试网络时,返回“请求超时”表示(　　)。

A.目标 IP 不可达　　B.本地网络配置正确

C.DNS 解析正常　　D.网络连接良好

【答案】A

【解析】“请求超时”表示数据包未能到达目标主机或响应未能返回,可能原因为网络断开、防火墙拦截或目标主机不响应。

【知识强化】

(1) 要查看本机的 IP 地址、子网掩码和默认网关,应该使用(　　)。

A.ping 8.8.8.8　　B.ipconfig　　C.tracert　　D.arp-a

(2) 释放当前 IP 地址的命令:ipconfig/________。

2.2.5.3　综合实战

(1) 小明在重启机房电脑主机后,发现无法通过浏览器打开网站(但是微信、QQ 等其他应用可以使用）。请你根据所学内容进行逐一排查，并记录排查过程。

（2）有一天，李同学回家发现手机不能上网了，观察到故障现象是手机找不到无线网络名称（SSID），台式计算机和笔记本电脑等都无法上网。你知道如何排查网络故障吗？

① 根据故障的描述，你是如何一步一步缩小排查范围的？

② 李同学想起昨天家中换了一台新的无线路由器，并且按照先前的连接方式进行了连接。你能进一步锁定故障点吗？

2.3 获取网络资源

互联网如同一个庞大的数字资源宝库，其中的信息资源丰富多样，涵盖了我们生活、学习和工作的各个领域。认识并掌握获取这些资源的方法，对我们在信息时代的发展至关重要。在当今数字化学习与研究的大环境下，网络资源已成为我们探索知识、开展学术工作的重要基石。比如在学术研究领域，当大家着手撰写科技创新报告时，需从网络获取前沿理论、实验数据等关键资料。然而，面对互联网的海量信息，精准定位所需内容的难度与日俱增。就像不少学生反馈的那样，为完成科技创新报告四处搜罗资料，却因信息繁杂而陷入困境，关键数据更是难以寻觅。同样，在拓展知识视野方面，例如有同学听闻一部极具价值的国外学术纪录片，却在主流视频平台遍寻无果。可见，在看似资源丰富的网络世界中，高效获取资源成为亟待解决的难题。那么，如何突破这一困境，实现网络资源的精准挖掘与高效利用呢？本节将系统地为大家揭开网络资源获取的神秘面纱，传授专业技巧与方法，助力大家在网络资源的海洋中精准"捕鱼"，开启高效获取资源的新征程。

2.3.1 目标导航

（1）能够识别网络资源的类型，区分网络开放资源、免费资源和收费认证资源；

（2）根据实际需求获取网络资源，能合法使用网络信息资源，树立知识产权保护意识；

（3）会辨识有益或不良网络信息，能对信息的安全性、准确性和可信度进行评价。

2.3.2 知识图谱

具体如图 2.5 所示。

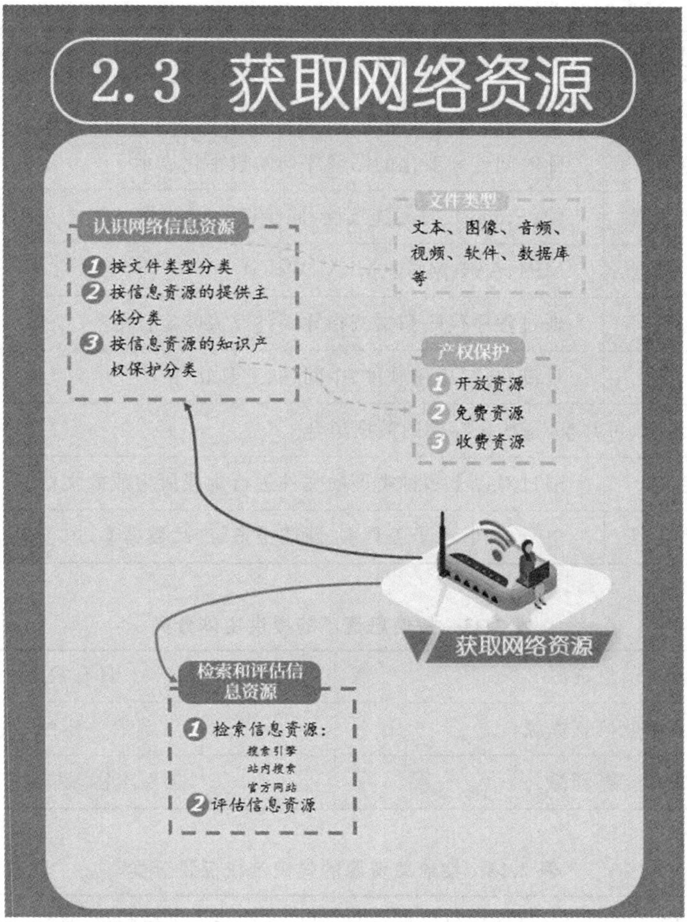

图 2.5 思维导图——获取网络资源

2.3.3 认识网络信息资源

2.3.3.1 必备知识清单

具体内容见表 2.22 至表 2.24。

表 2.22 按文件的类型分类

文本	定义	由字符构成的序列，用于表示人类可读的信息
	文本类型	字母(A—Z，a—z)、数字(0—9)、标点符号(，、!)、换行符(\n)、制表符(\t)、空格
图像	定义	二维或三维空间中视觉信息的数字化表示
	基本要素	像素、分辨率
	图像格式	BMP、JPEG、PNG、GIF

续表2.22

音频	定义	声音的数字化表示
	音频类型	MP3、WAV、FLAC、Opus、MIDI
视频	定义	随时间连续变化的图像序列的数字化表示
	基本要素	帧(Frame)、时间连续性、同步性
	视频类型	MP4、AVI、MOV、MKV、WebM
软件	定义	通过程序代码和文档指导硬件完成特定任务
	分类	系统软件、应用软件、中间件、工具软件
数据库	有组织、可共享、持久化存储的数据集合	
复杂文档	定义	通过对以上多种类型的文件进行集成所生成的文档
	文档类型	电子报刊、电子工具书、新闻报道、产品数据库、电子地图

表 2.23　按信息资源的提供主体分类

政府信息资源	具有权威性
行业企业信息资源	具有一定的专业性
大众传媒资源	类型丰富多样、个性鲜明

表 2.24　按信息资源的知识产权保护分类

开放资源	在因特网等公共领域内可以被免费获取,允许任何用户阅读、复制、传递、打印、检索等
免费资源	信息资源可以在一定的许可范围内免费使用
收费资源	需付费获取使用权限

2.3.3.2　要点解析

要点 1:网络信息资源及其分类

(1) 定义与作用

网络资源主要是指网络信息资源,是以数字化形式记录且以多种媒体形式表示的,分别存储在因特网不同主机上,并通过计算机网络通信方式进行传递的资源的集合。

(2) 核心要素

① 按文件的类型分类:文本、图像、音频、视频、软件、数据库等。

② 按信息资源的提供主体分类:政府信息资源、行业(企业)信息资源、大众传媒资源、个人自媒体资源等。

③ 按信息资源的知识产权保护分类:开放资源、免费资源、收费资源。

【典型例题】

【例 2.25】抖音、哔哩哔哩等网站上的免费视频教程属于下列哪类资源?(　　)

A.开放资源　　B.免费资源　　C.收费资源　　D.不知道

【答案】B

【解析】平台的免费视频本质是免费资源（B选项），而非开放资源（A选项）。二者的关键区别在于是否允许用户自由再利用。若需合法转载、使用视频，则需遵守平台规则或联系创作者授权。

【例2.26】小明在网上查找某企业的产品资料，他获取的是（　　）。

A.大众传媒资源　　B.政府信息资源

C.行业（企业）信息资源　　D.开放资源

【答案】C

【解析】因为查找的是企业的产品资料，所以对应的是行业（企业）信息资源。大众传媒资源主要是广播、电视、报刊等传播的资源；政府信息资源由政府部门提供；开放资源侧重于知识产权保护分类，与企业资料不对应。

【知识强化】

(1) 中国互联网协会发布的中国互联网发展报告属于下列哪类资源？（　　）

A.政府信息资源　　B.行业（企业）信息资源

C.大众传媒资源　　D.个人自媒体资源

(2) 一位研究人员在网络上检索专业领域的前沿数据，他发现某数据库中的数据需付费订阅，但其数据由权威机构收集整理、更新。从网络资源分类及特性综合考量，以下对该资源描述最准确的是（　　）。

A.属于收费资源，因付费属性降低了其可用性

B.归为数据库类资源，虽需付费但可信度高、可获取性在特定条件下良好

C.属于行业（企业）信息资源，付费模式限制了其在大众中的传播

D.属于开放资源，因其由权威机构整理，所以具有高可信度

2.3.3.3　综合实战

小明想了解“新能源汽车发展现状”，请告诉他可以通过哪些资源了解。

2.3.4　检索和评估网络信息资源

2.3.4.1　必备知识清单

具体内容见表2.25和表2.26。

表2.25　检索网络信息资源

搜索引擎	功能	从海量的网页中抓取和索引关键词，并依据相关性和重要性将搜索结果排序
	分类	全文搜索引擎、元搜索引擎、垂直搜索引擎、目录搜索引擎

续表2.25

站内检索	功能	通过专题网站或官方网站搜索专业性内容
	分类	学术期刊库，12306 网站，购物网站，音乐、电影网站，旅行网站，在线课程网站，求职网站
官方网站	是团体或组织的主办者体现其意志想法，公开信息，并带有专用、权威、公开性质的一种网站，相对来说可靠性更高	

表 2.26 评估网络信息资源

检索过程	初选	搜索与目标相关的网络信息
		分析、评估该资源发布网站的可靠性、信息的真实性
	精选	分析信息的合理性，初步筛选
		从科学性、全面性、适用性、时效性等方面评估该网络信息资源的内容，精选出适用的信息资源
	终选	评估信息的易用性
		获取最合适的有效信息资源
评价维度	可信度	指内容真实可靠的程度，是衡量网络信息资源真实有效、可信赖的评估指标
	可用性	能够被有效、高效使用的程度
	合理性	资源配置内容符合规范
	可获取性	获取网络资源的难易程度，能否顺利使用的指标

2.3.4.2 要点解析

要点 1：检索网络信息资源

（1）定义与作用

通过系统化方法从海量网络资源中快速定位、获取所需信息的过程。用于提高信息获取效率；确保内容的精准性和权威性；支持学习、工作决策。

（2）核心要素

① 搜索引擎：大致分为全文搜索引擎、元搜索引擎、垂直搜索引擎和目录搜索引擎四大类。它的基本功能就是从海量的网页中抓取和索引关键词，并依据相关性和重要性将搜索结果排序。

② 站内检索：一些专业性的内容通常需要到专题网站或官方网站上进行站内搜索，这些网站通常通过垂直搜索和目录搜索来实现。

③ 官方网站，简称官网，是团体或组织的主办者体现其意志想法，公开其信息，并带有专用、权威、公开性质的一种网站。为了查询相关的权威信息，可以登录官方网站查询，相对来说可信度更高。

【典型例题】

【例 2.27】某用户需查询“2023 年个人所得税专项附加扣除政策”，以下哪种方式最可靠？(　　)

A.百度百科词条　　B.国家税务总局官网

C.某财经博主微信公众号文章　　D.知乎网友回答

【答案】B

【解析】平台的国家税务总局官网是政策发布的官方渠道，信息权威且实时更新。百度百科、自媒体文章和网友回答可能滞后或存在解读偏差。

【例 2.28】以下关于网络信息检索核心要素的说法，错误的是(　　)。

A.全文搜索引擎能抓取和索引网页关键词并排序结果

B.站内检索只能在专题网站实现，官方网站无法进行

C.官方网站信息相对来说可信度更高

D.垂直搜索引擎属于搜索引擎的其中一类

【答案】B

【解析】一些专业性的内容通常需要到专题网站或官方网站上进行站内搜索，说明 B 选项说法错误。

【知识强化】

(1) 小王想查找关于“如何解决笔记本电脑电池耗电过快”的教程，以下哪种关键词组合最有效？(　　)

A.“电脑 电池”　　B.“笔记本电脑 电池 耗电快 解决方法”

C.“电池问题”　　D.“2023 年最新电脑技术”

(2) 小李想查询某知名电子产品最新款的技术参数。以下获取信息方式中，最符合精准性和权威性要求的是(　　)。

A.使用全文搜索引擎，随意点击搜索结果中的网页查看

B.利用元搜索引擎，等待其整合多个搜索引擎结果

C.进入该电子产品品牌的官方网站，通过站内检索查找

D.尝试在目录搜索引擎中按电子产品类目逐层查找

要点 2：评估网络信息资源

(1) 定义与作用

通过系统化标准判断网络信息的真实性、适用性和价值，避免误导性信息，筛选出科学、有效、安全的内容。

(2) 核心要素

① 评价维度

可信度：来源是否权威(如官网、专家发布)。

可用性：信息是否清晰易用(如排版、技术支持)。

合理性：逻辑是否自洽，数据是否科学。

可获取性：能否长期稳定访问(如链接有效性)。

② 评估流程

初选：搜索目标信息，初步筛选；判断网站可靠性(如域名后缀.gov/.edu)。

精选：分析内容的科学性、全面性、时效性；对比同类资源，验证一致性。

终选：确认易用性（如无广告干扰、加载速度）；结合自身知识储备，排除低质量信息。

【典型例题】

【例 2.29】在评估网络信息资源时，不属于评估内容的是（　　）。

A.可信度　　B.可用性　　C.合理性　　D.价格

【答案】D

【解析】本题考查学生对网络信息资源评估维度的理解。评估网络信息资源时，通常从可信度、可用性、合理性及可获取性四个维度进行。价格虽然在某些情况下可能影响资源的获取，但不属于评估信息内容的主要维度。因此，本题的正确答案为“价格”。

【例 2.30】在对网络信息进行评估流程的精选环节中，不涉及以下哪项操作？（　　）

A.查看信息发布网站的域名后缀　　B.分析信息内容的科学性和全面性

C.对比同类资源，验证信息一致性　　D.确认信息内容的时效性

【答案】A

【解析】查看信息发布网站的域名后缀属于初选环节判断网站可靠性的操作。而精选环节需要分析内容的科学性、全面性、时效性，并对比同类资源验证其一致性。

【知识强化】

(1) 一名初中生想了解关于“气候变化”的知识，以下哪种资源最适用？（　　）

A.联合国 IPCC 发布的第六次评估报告(英文版)

B.中国气象局官网“气象科普”专栏

C.《自然》期刊关于气候模型的论文

D.某博主“全球变暖阴谋论”长文

(2) 小张在查找关于健康饮食的网络信息时，以下信息中从可信度维度看最值得信赖的是（　　）。

A.某个人博客上发布的“独家健康饮食秘诀”

B.某商业网站上推广的一款减肥食品

C.国家卫生健康委员会官网发布的“健康饮食指南”

D.社交平台上网友分享的未经证实的饮食偏方

2.3.4.3 综合实战

(1) 对比不同类型搜索引擎，探究其在信息检索中的优势与局限。

(2) 分析官网信息检索与站内检索的特点，设计高效信息获取方案。

(3) 小明想了解“新能源汽车发展现状”，请告诉他哪些资源更加可信。

(4) 针对网络上热门的电子产品评测信息，按照可信度、可用性、合理性、可获取性的评价维度阐述评估流程，分析这些信息对消费者购买决策的影响。

2.4　进行网络交流

“烽火连三月，家书抵万金。”古时战火纷飞，一封饱含牵挂的家书，往往要历经千难万险、长途跋涉，才能送到亲人手中，承载着无尽思念与担忧。如今，互联网让沟通突破时空局限。轻点屏幕，即时通信让亲情友情时刻在线；编辑邮件，工作学习事务精准对接；刷微博、公众号，天下资讯尽收眼底；刷短视频，多元精彩扑面而来。熟练运用这些网络交流工具，是当代人的必备技能，助我们学业精进、事业有成。使用时，希望大家秉持真诚友善、求真务实，尊重差异、传播真实的原则，共同营造温暖、积极的网络家园。

2.4.1　目标导航

(1) 会使用电子邮件和即时通信软件；

(2) 会编辑、加工和发布网络信息；

(3) 能在网络交流、网络信息发布等活动中，坚持正确的网络文化导向，弘扬社会主义核心价值观；

(4) 会使用远程桌面和远程协助工具进行网络远程操作。

2.4.2　知识图谱

具体如图 2.6 所示。

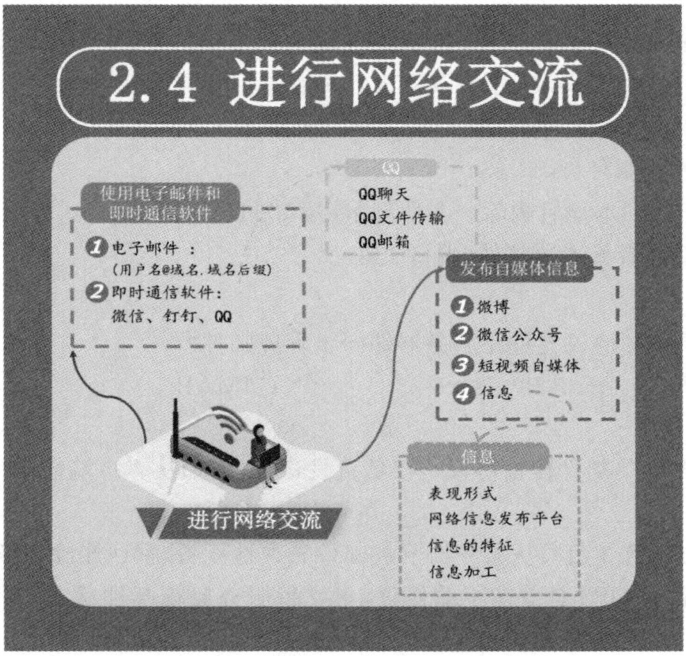

图 2.6　思维导图——进行网络交流

2.4.3　使用电子邮件和即时通信软件

2.4.3.1　必备知识清单

具体内容见表 2.27 和表 2.28。

表 2.27　电子邮件

定义	通过计算机网络传输的电子化信件，及支持文本、附件等内容，基于 SMTP（发送）、POP3/IMAP（接收）协议实现异步通信
优点	使用简易，投递迅速，易于保存，全球畅通，一对多发送，应用广泛
地址格式	用户名@域名.域名后缀
核心术语	发件人、收件人、抄送（CC）、密送（BCC）、主题、正文、附件
工作原理	基于邮件协议传输（SMTP，发送协议；POP3/IMAP，接收协议）； 邮件服务器负责存储与转发邮件

表 2.28　即时通信软件

分类	社交型
	办公型
优点	大大降低沟通成本；使用语音沟通、立体直观；极大地缩小了信息存储空间；工作更顺利；跨平台，容易集成；生活方式更加丰富多彩

2.4.3.2　要点解析

要点 1：电子邮件的定义、核心术语和协议

（1）定义

电子邮件（E-mail）是指通过计算机网络传输的电子化信件，支持文本、附件等内容，基于 SMTP（发送）、POP3/IMAP（接收）协议实现异步通信。

（2）协议对比

SMTP：负责发送邮件（端口 25）。

POP3：下载邮件到本地后删除服务器副本（端口 110）。

IMAP：同步管理服务器端邮件（端口 143）。

【典型例题】

【例 2.31】以下哪种协议支持在服务器端同步管理邮件？（　　）

A.SMTP　　B.POP3　　C.IMAP　　D.HTTP

【答案】C

【解析】SMTP（简单邮件传输协议）：仅负责发送邮件（如从客户端向邮件服务器或服务器间传输）。

POP3（邮局协议第 3 版）：从服务器下载邮件到本地设备，默认删除服务器副本（可设置为保留）。不适用原因：POP3 是单向下载协议，不支持服务器端邮件状态同步（如删除、标记已读等操作不会反馈到服务器）。

IMAP(互联网邮件访问协议):在服务器端同步管理邮件(如分类、删除、标记状态),多设备登录时保持操作一致性。

关键特点:邮件始终存储在服务器,设备仅同步操作指令;支持跨终端实时更新(如手机端删除邮件后,电脑端同步消失)。

HTTP(超文本传输协议):用于网页浏览,与邮件管理无直接关联。不适用原因:网页邮箱(如E-mail网页版)通过HTTP访问,但底层仍依赖IMAP/POP3协议管理邮件。

【例2.32】因工作需要,小赵现需通过电子邮件将一份文件发送给相关领域的各负责人,为节约时间,他利用电子邮件一对多的特点,一次发给多个人,电子邮件地址之间用(　　)分隔。

A.;　　B.空格　　C.:　　D.、

【答案】A

【解析】本题考查点是使用电子邮件。电子邮件的特点为使用简易、投递迅速、易于保存、全球畅通、一对多发送等。电子邮箱是存储电子邮件的网络交流电子信息空间,每个用户的电子邮箱都有唯一的地址。电子邮箱地址格式为“用户名@域名.域名后缀”,在一对多发送时,地址之间可用分号“;”进行分隔。

【知识强化】

(1) 电子邮件地址为zz_dzyj@163.com。其中163.com属于(　　)。

A.用户名　　B.电子邮箱服务器

C.域名　　D.域名后缀

(2) IMAP协议主要用于(　　)。

A.发送电子邮件　　B.接收电子邮件

C.接收和发送电子邮件　　D.以上都不是

要点2:即时通信软件的定义

即时通信软件(Instant Messaging,IM)是指支持实时文字、语音、视频交互的在线工具(如微信、钉钉),依赖TCP/UDP协议实现即时传输。

【典型例题】

【例2.33】以下哪项是即时通信软件的核心功能?(　　)

A.发送电子邮件　　B.实时视频通话

C.生成Excel表格　　D.编辑PDF文档

【答案】B

【解析】即时通信软件(如微信、QQ)的核心功能是实时交互(文字、语音、视频);电子邮件属于异步通信工具;表格和PDF编辑与通信无关。

【例2.34】微信消息传输主要依赖以下哪种协议?(　　)

A.HTTP　　B.SMTP　　C.TCP/UDP　　D.FTP

【答案】C

【解析】即时通信软件通常结合TCP(保证可靠性)和UDP(降低延迟)实现消息传输;SMTP和HTTP分别用于邮件和网页;FTP用于文件传输。

【知识强化】

(1) ________是一种网络服务,允许两人或多人使用网络进行各类信息即时交流,包括文字、语音、视频交流,文件共享和短信发送等功能。

(2)(多选)以下哪些措施能提升即时通信软件的使用安全性?(　　)

A.使用高强度密码并定期更换　　B.开启“二次验证”功能

C.随意点击陌生人发送的链接　　D.禁用位置共享和自动保存密码功能

2.4.3.3　综合实战

(1) 假设你是一名中职学校信息技术社团的成员,社团计划组织一次“企业参观学习活动”,需要向某科技公司(邮箱:hr@techfuture.com)发送正式申请邮件,并附上活动策划书(文件名为“校园科技参观活动策划书.docx”)。请根据以下要求完成邮件相关操作。

① 操作步骤与要求

注册与登录邮箱:使用任意邮箱平台(如网易邮箱、QQ 邮箱、Outlook)注册一个新邮箱账号,格式为姓名全拼+学号后 4 位@域名(示例:zhangsan2023@163.com)。登录邮箱,截图保存登录成功界面(需显示邮箱地址)。

② 撰写正式邮件

主题:明确简洁,包含“申请”关键词(如“关于组织校园科技参观活动的申请函”)。

正文:开头使用规范称呼(如“尊敬的 TechFuture 公司人力资源部负责人:您好!”)。正文分段落说明申请目的(活动背景)、时间安排(拟于 2025 年×月×日)、参与人数(30 人)及合作需求(需企业提供讲解人员)。结尾礼貌致谢(如“期待您的回复,祝工作顺利!”),并添加个人签名(包含姓名、职务、联系方式)。

附件:上传“校园科技参观活动策划书.docx”(模拟文件,文件大小不超过 20MB)。检查附件是否成功添加,并在正文中注明“附件为活动策划书,请查收”。

③ 邮件发送与管理

将邮件同时抄送(CC)给社团指导老师。发送成功后,在“已发送”文件夹中截图保存邮件记录。

(2) 你作为班级活动负责人,需通过即时通信软件(如微信或钉钉)组织一次“校园环保公益宣传活动”。活动需完成以下任务:

创建活动通知群组,邀请 30 名同学加入。

发布活动安排、收集报名信息并共享活动资料。

处理群内突发问题(如虚假信息传播)。

① 操作步骤与要求

a. 账号准备与设置。注册与实名:使用手机号注册微信/钉钉账号,设置真实姓名和班级信息(如“张三—2025 级 3 班”)。隐私设置:关闭“允许陌生人查看朋友圈”(微信)或“公开手机号”(钉钉),截图保存设置界面。

b. 创建群聊。群名称:“2025 校园环保活动通知群”。设置群公告:“请修改群昵称为‘姓名+联系方式’(如‘李四—138××××1234’)”。

c. 成员管理。邀请班主任(账号:Teacher_Wang)和 30 名同学入群(模拟操作,截图显示邀请界面)。设置 2 名群管理员,禁止成员随意邀请他人入群。

d. 文件共享。上传活动策划书(文件名为“环保活动方案.pdf”,模拟文件大小不超过

50MB)。通过“群公告”发布活动时间地点(如2025年10月15日14:00,学校操场)。

e. 报名接龙:使用微信群“接龙”功能或“在线表格”收集报名信息(至少包含姓名、电话、负责任务)。

f. 紧急通知:通过“@全体成员”功能发布“因天气原因,活动改为10月16日14:00,请确认回复”。

② 提交要求

提交所有操作步骤的截图(需标注关键步骤,如群设置、文件上传、接龙界面)。

操作提示:

注重沟通礼仪(如避免刷屏、使用清晰文字说明)。

敏感信息(电话、身份证号)需脱敏处理(如“138××××5678”)。

定期备份群文件,防止资料丢失。

2.4.4 发布自媒体信息

2.4.4.1 必备知识清单

具体内容见表2.29至表2.32。

表2.29 网络信息

信息的表现形式	信息本身是以文字、图片、图表、音(视)频形式存在的
信息的分类	信息内容按照传播渠道可分为电子邮件、网络云盘、web站点、微博、微信等; 按照信息用途可分为新闻类、学术类、服务类、教育类等
信息的特征	客观性、时效性、共享性、传递性、价值相对性、可处理性
信息加工的定义	信息加工(Information Processing,又称信息处理)是对信息的接收、存储、操作、运算和传送
网络信息发布系统的定义	网络信息发布系统由服务器、网络等组成,将服务器上的信息通过网络技术发送给中间处理系统,再由中间处理系统组合音(视)频、图片、文字等信息,传送给终端用户,最终形成用户所看到的网页、音(视)频文件及其他电子文本材料
网络信息发布平台分类	微平台、团队协作软件、各种视频平台

表2.30 微博

定义	微博是指开放式社交媒体平台,以短文本、图片、视频为核心,支持热点传播与实时互动,用户通过关注、转发、评论形成信息扩散网络
核心特点	实时性、开放性、裂变传播(转发扩散)
核心功能	发微博、转发、评论、点赞、热搜榜、超话社区

续表2.30

账号类型	个人账号：普通用户日常分享
	官方认证账号（蓝 V）：企业、机构、媒体等权威主体
	达人账号（黄 V）：垂直领域影响力用户（如美食、科技博主）

表 2.31　微信公众号

定义	微信公众号：通过微信平台发布图文、音（视）频内容的媒体账号
类型	订阅号：每日 1 次群发，适合资讯传播（如新闻、教育类）
	服务号：每月 4 次群发，支持高级接口（如支付、会员系统）
	企业微信：内部员工管理与外部客户服务
核心功能	图文消息编辑（含封面、摘要、原文链接）
	自动回复（关键词触发、欢迎语）
	菜单栏设置（跳转网页、小程序、联系方式）
运营特点	私域流量：内容依赖朋友圈和群聊传播，形成闭环生态
	深度阅读：适合长文、专业内容，用户停留时间长

表 2.32　短视频自媒体内容创作与运营

工具推荐	剪映、快影、Premiere
创作要点	前 3 秒吸引眼球（悬念、冲突、反转）
	添加热门背景音乐（BGM）、特效字幕
算法机制	流量池分级：初始曝光→互动数据（完播率、点赞、评论）→进入更大流量池
标签系统	通过内容关键词（如“科技”“美食”）匹配用户兴趣
粉丝运营	定期直播互动，增强粉丝黏性
	建立粉丝群，发布专属福利或预告
内容真实性	禁止虚假摆拍（如伪造贫困剧情）
科技向善	利用短视频传播科学知识

注：网络不是法外之地，不同平台均须按照国家相关法律制定使用规范。网络交流信息发布中不得发布、传播、传送违反国家法律法规的内容。在网络交流、网络信息发布等活动中，应坚持正确的网络文化导向，弘扬社会主义核心价值观。

2.4.4.2　要点解析

要点 1：信息的存在形式、特征和分类

信息的表现形式、特征、分类等见表 2.29。

制作网络信息的实现技术见表 2.33。

表 2.33 制作网络信息的实现技术

实现技术	技术说明	文件格式
图形图像处理技术	利用计算机对图像信息进行处理的技术。主要包括图像数字化、图像增强和复原、图像数据编码、图像分割和图像识别	BMP、GIF、JPG、TIF、PNG 等
音(视)频处理技术	声音是多媒体的重要组成部分。在多媒体系统中,声音是不可缺少的,因为它会使视频图像更具真实性,使静态图像变得更加丰富多彩	音频:WAV、MP3、MIDI、RealAudio;视频:AVI、MOV、ASF、MP4
流媒体技术	可实现流式传输,将声音、影像或动画经服务器向用户计算机进行连续、不间断的传送,不必等整个文件全部下载完再观看,只需经过几秒或十几秒的启动延时即可观看	ASF、RealMedia、QuickTime
动画制作技术	可以分为二维动画制作、三维动画制作和定格动画制作。二维动画和三维动画是运用得比较广泛的动画形式。动画应用不仅是动画片制作,还用于影视后期、广告等方面	Flash 等

【典型例题】

【例 2.35】某机构发布一篇含图表的研究报告,被多家媒体转载,但一年后部分结论因新发现被推翻。这最能体现信息的哪两个特征?(　　)

A.客观性与时效性　　B.共享性与价值相对性

C.时效性与可处理性　　D.传递性与共享性

【答案】C

【解析】"被推翻"说明信息随时间失效(时效性),"含图表"体现信息可加工(可处理性)。共享性虽存在,但题干更强调信息失效和形式处理,故 C 更准确。

【知识强化】

下列选项中,属于信息传播渠道分类的是(　　)。

A.新闻类　　B.微博　　C.教育类　　D.客观性

要点 2:微博的定义、特点与账号分类

微博的定义、核心特点、核心功能、账号类型等见表 2.30。

(1) 微博的内容发布

格式规范:添加话题标签提高曝光度;结合图片(1～9 张)或短视频(15 秒～15 分钟)以增强吸引力。

互动技巧:使用@功能提及相关账号;回复粉丝评论,维护用户黏性。

(2) 微博的安全与规范

禁止传播谣言、暴力、虚假广告等内容。转载需注明来源,避免侵犯版权。

绑定手机号与邮箱,开启登录保护。警惕"刷粉""代运营"等第三方违规服务。

【典型例题】

【例 2.36】以下关于微博的日常使用描述中,哪一项是正确的?(　　)

A.微博的每条内容最多只能写 500 个字

B.发微博时,可以同时添加的图片最多是 9 张

C.微博不能进行一对一的私人聊天

D.微博账号必须绑定手机号才能关注其他用户

【答案】B

【解析】A 选项错误:微博的普通文本内容字数上限是 140 字(长微博可通过特定功能突破限制)。B 选项正确:用户发布微博时,默认最多可添加 9 张图片(需手动点击“多图上传”才能扩展至 18 张)。C 选项错误:微博可以与关注的人或机构进行一对一的私人聊天。D 选项错误:未绑定手机号的用户仍可正常关注他人,但部分功能会受限。

【知识强化】

(1) 微博的“转发”功能主要目的是什么?(　　)

A.发布原创内容　　B.分享他人内容并添加评论

C.私密发送消息　　D.删除已发布内容

(2) 微博的“热搜榜”是根据什么数据生成的?(　　)

A.用户个人兴趣　　B.话题的实时讨论量和传播速度

C.广告投放量　　D.明星粉丝数量

要点 3:微信公众号的定义、类型与创作运营

微信公众号的定义、类型、核心功能、运营特点见表 2.31。

(1) 图文排版

工具推荐:秀米、135 编辑器、i 排版。

排版规范:正文字号 14～16px,行间距 1.5～1.75 倍。段落之间空行,重点内容加粗或使用醒目颜色。

(2) 微信公众号的内容创作与运营

用户增长策略:通过朋友圈分享、社群转发、互推合作引流;策划裂变活动(如“转发海报领资料”)。

数据分析:阅读量、分享量、用户地域/性别画像分析;通过“用户留言”收集反馈,优化内容方向。

【典型例题】

【例 2.37】以下关于微信公众号日常使用的描述中,(　　)是正确的。

A.微信公众号文章正文最多只能写 5000 字

B.发布文章时,单次最多可插入 10 张图片

C.微信公众号后台的“图文排版”工具支持直接使用 Markdown 语法

D.新注册的公众号可直接开通留言功能

【答案】B

【解析】A 选项错误:微信公众号文章没有严格的字数限制(可超过万字),但过长的内容会影响阅读体验,且系统会提示“文章过长”。B 选项正确:微信公众号单篇文章最多支持插入 10 张图片(超出时需分多篇发布或插入后删除部分)。C 选项错误:微信公众号后台排版工具不支持 Markdown,需依赖内置的富文本编辑器或第三方排版工具(如 135 编辑器)。D 选项错误:2018 年以后新注册的公众号已无法直接开通留言功能,需通过账号迁移等复杂操作实现。

【知识强化】

(1) 微信公众号一天内最多可群发多少条消息？(　　)

A.1 条　　B.2 条　　C.3 条　　D.无限制

(2) 微信公众号的自动回复功能中，支持设置的自动回复类型共有几种？分别是什么？

要点 4：短视频自媒体定义、变现模式和风险

(1) 短视频自媒体的定义和互动模式

短视频自媒体是指以 15～60 秒短视频为核心的内容平台，依托算法推荐实现精准分发，支持创意表达、直播带货、挑战赛等互动形式。

(2) 短视频自媒体的变现与风险

变现模式：直播打赏、带货佣金、广告合作、知识付费、品牌代言。

内容风险：避免低俗、抄袭、虚假宣传(如夸大产品效果)；未成年出镜需遵守平台保护政策。

隐私保护：拍摄场景应避免泄露家庭住址、车牌号等敏感信息；关闭“同城定位”，防止陌生人骚扰。

【典型例题】

【例 2.38】抖音推荐算法的核心指标不包括以下哪一项？(　　)

A.完播率　　B.粉丝数　　C.点赞量　　D.转发率

【答案】B

【解析】抖音算法优先考虑内容质量(完播率、互动率)，而非创作者的粉丝基数。

【例 2.39】小王爱好写作与摄影，在互联网时代，他想通过自媒体平台分享和展示自己的作品。发布作品前，下列环节不是必需的是(　　)。

A.选定自媒体平台　　B.申请账号

C.审核发布内容　　D.建立团队

【答案】D

【解析】本题考查的是会编辑、加工和发布自媒体信息。无论是通过微博、微信公众号、微视频、抖音等发布网络信息，第一步都要申请账号。同时，用好自媒体需要有系统的思考与策划，尤其是需要团队管理自媒体时，就需要确定自媒体建设的目标和主题，确定信息内容的采集、编辑加工、审核发布、推广等方案；另外，在网络交流与信息发布过程中不得发布、传送、传播违反国家法律法规的内容。小王因是个人行为，故建立团队不是必需的。

【知识强化】

(1) 抖音普通用户单条视频时长上限通常是(　　)。

A.15 秒　　B.30 秒　　C.1 分钟　　D.3 分钟

(2) B 站视频的(　　)功能允许观众发送弹幕实时互动。

A.弹幕　　B.评论　　C.点赞　　D.分享

2.4.4.3 综合实战

(1) 创建微信公众号

① 任务背景

你作为学校“绿色校园”社团的负责人，需创建并运营一个微信公众号(订阅号)，用于宣传环保活动、发布科普文章及招募志愿者。现有以下任务需完成：

注册并设置公众号基础信息；编辑并发布一篇图文推送，内容为“校园垃圾分类指南”；设计用户互动与推广活动；处理账号安全问题。

② 操作步骤与要求

a. 公众号注册与基础设置

注册流程：使用未注册过公众号的邮箱（如 green_campus@163.com）申请订阅号，账号名称“绿色校园行动”。上传头像（需体现环保主题，如绿叶图标），填写简介“倡导绿色生活，共建生态校园。”

功能设置：先自定义菜单栏，如一级菜单 1 为“活动报名”→跳转在线报名表单链接（模拟链接 https://example.com）；一级菜单 2 为“分类指南”→跳转往期垃圾分类文章合集。设置关注后自动回复“欢迎关注！回复‘指南’获取最新垃圾分类手册。”

b. 图文内容创作

标题：“校园垃圾分类指南|手把手教你变废为宝!”。

封面图：设计一张包含垃圾桶图标和标题文字的图片（可截图模拟）。

图文排版：使用秀米或 135 编辑器完成排版。正文分 4 部分：分类意义、分类标准、常见误区、行动倡议。插入至少 2 张配图（如分类流程图、校园实拍图）和 1 个科普视频链接（模拟链接）。关键段落用绿色高亮或加粗标注。添加“原文链接”，跳转至社团官网（模拟网址：www.greencampus.com）。

群发设置：定时发布时间为周五下午 18:00，并选择“允许用户留言”。

c. 用户互动与推广

设计裂变活动。发布推文，并在推文末尾添加“转发本文至朋友圈，集满 20 个赞截图发送至公众号，领取环保帆布袋（限量 50 份）。”通过“关键词自动回复”设置：用户发送“帆布袋”时，回复领取规则及登记表单链接。

数据分析：截图 24 小时内的阅读量、分享量数据，分析传播效果（如“80%阅读来自朋友圈分享”）。

(2) 短视频平台（任选抖音/快手）：使用“________”模板（填功能名称），制作一条时长 15 秒的卡点视频。

提交要求：

用文字描述每步关键操作路径（如：点击按钮名称、输入框位置）。

标注各平台的核心限制条件（如：字数、图片数量）。

2.5 运用网络工具

当你们用手机远程开启空调、在钉钉群直播分享作业，甚至用 AI 生成班级表情包时，这些数字生活正是二十大报告中“推进教育数字化”“发展数字贸易”战略的青春注脚！国家在布局一盘数字大棋：网络课程支撑我们学习的“云端黑板”，对应着“建设全民终身学习的学习型社会”；故宫用 VR 技术让文物开口说话，更是“实施国家文化数字化战略”的惊艳实践。二十大报告明确提出“加快发展数字经济”，这意味着你们现在用于学习的网络工具，未来可能用于解决智慧医疗、低碳城市等国家重大需求。让我们从这节课开启这次探索之旅，掌握工具背后的时代脉搏，或许下一次改变生活的数字创意，就诞生在你们手中！

2.5.1　目标导航

(1) 会运用云盘等网络工具进行多终端信息资料的传送、同步与共享；
(2) 了解网络学习的类型与途径，掌握数字化学习的方法；
(3) 了解网络对生活的影响，能熟练应用生活类网络工具；
(4) 能借助在线协作网络工具通过多人协作完成任务。

2.5.2　知识图谱

具体如图 2.7 所示。

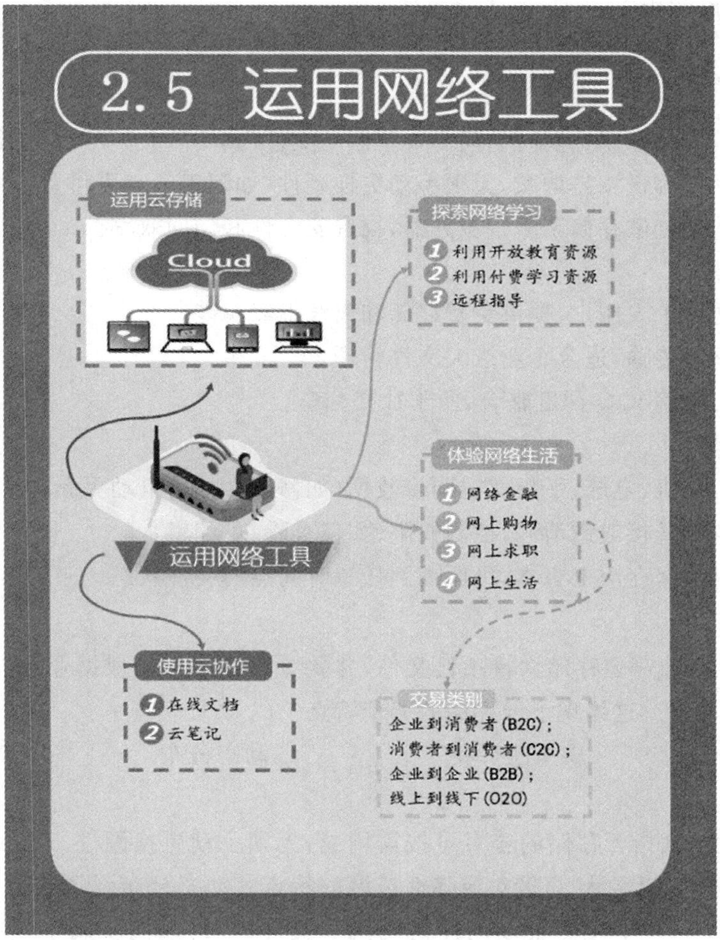

图 2.7　思维导图——运用网络工具

2.5.3 运用云存储

2.5.3.1 必备知识清单

具体内容见表 2.34。

表 2.34 云存储

定义	云存储是一种基于互联网的数据存储模式，用户通过服务商提供的分布式存储系统（如服务器集群）将数据存储在云端。用户可通过网络随时随地访问、管理和分享数据，无须依赖本地物理设备
特点	资源共享性、弹性扩展、动态分布
常用工具	百度网盘、阿里云盘、腾讯微云
核心功能	多终端同步、文件共享、版本管理

2.5.3.2 要点解析

要点 1：云存储详解

(1) 特点

资源共享性：支持多用户同时访问和共享同一文件（如团队共享项目文档）。

弹性扩展：存储容量按需增减，无须手动更换硬件（如阿里云盘可付费扩容）。

动态分布：数据分散存储于多台服务器，提升安全性和访问效率。

(2) 常用工具

百度网盘：适合个人用户，提供免费存储和离线下载功能。

阿里云盘：高速传输，适合企业级大文件管理。

腾讯微云：与微信、QQ 深度整合，便于社交分享。

(3) 核心功能

多终端同步：手机、电脑、平板实时同步数据（如修改文档后自动更新）。

文件共享：生成链接或邀请码，控制权限（如仅查看/可编辑）。

版本管理：自动保存历史版本，可回溯到任意时间点的文件状态。

【典型例题】

【例 2.40】 某企业需要存储大量项目文件，并要求存储容量能根据业务需求随时调整，避免频繁更换硬件设备。这体现了云存储的哪个特点？（ ）

A.资源共享性　　B.弹性扩展　　C.动态分布　　D.多终端同步

【答案】 B

【解析】 弹性扩展指云存储的容量可按需增减，无须手动更换硬件。题目中提到的“根据业务需求随时调整存储容量”直接对应弹性扩展的特点。动态分布强调数据分散存储以提升安全性和效率；资源共享性侧重多用户访问同一文件；多终端同步属于核心功能而非存储特点。

【知识强化】

(1) 用户在云存储中误删了文档的部分内容，但系统保留了该文档的历史版本。用户可通过(　　)功能恢复文件到之前的版本?

A.多终端同步　　B.文件共享　　C.版本管理　　D.动态分布

(2) 某公司使用云存储后,发现即使某台服务器发生故障,数据仍可正常访问,且跨地区访问速度显著提升。这主要体现了云存储的(　　)特点。

A.资源共享性　　B.弹性扩展　　C.动态分布　　D.文件共享

要点2:云存储与传统存储(表2.35)

表2.35　云存储与传统存储的对比

对比项	云存储	传统存储(如硬盘)
数据位置	动态分布,多服务器存储	固定于单一设备
访问方式	依赖网络,支持远程访问	需物理连接设备
协作能力	多用户实时协作	仅限本地单用户操作
容灾能力	数据冗余备份,安全性高	易受硬件损坏或丢失影响

【典型例题】

【例2.41】与传统存储方式相比,云存储不具有的特点是(　　)。

A.资源共享性

B.面向多种类型的网络在线存储服务

C.存储容量弹性拓展

D.数据存储位置固定不变

【答案】D

【解析】云存储数据可能分布在多台服务器上,位置不固定,支持资源共享和弹性扩展。

【知识强化】

(1) 以下数据存储方式能够通过网络随时随地访问数据、分享数据的是(　　)。

A.硬盘存储　　B.光盘存储　　C.云存储　　D.U盘存储

(2) 云存储的数据可能分布在(　　)。

A.单一服务器　　B.多台服务器

C.用户本地硬盘　　D.光盘

要点3:云存储的典型应用场景

团队协作:项目组通过共享文件夹同步代码、设计稿。

跨设备办公:在家用电脑编辑文件,到公司继续处理。

大文件传输:通过生成外链发送素材,避免邮箱附件限制。

【典型例题】

【例2.42】以下情况中最适合使用云存储的是(　　)。

A.团队成员需要通过共享文件夹同步最新的代码和设计稿

B.需要在没有网络的情况下编辑文件

C.需要通过邮件发送大文件并附加到邮件中

D.需要在本地硬盘上存储和处理个人文件

【答案】A

【解析】团队协作是云存储的典型应用之一。通过云存储,团队成员可以在共享文件夹中实时同步代码和设计稿,确保每个人都能访问到最新版本,避免了版本混乱和传输延迟。而其他选项并不涉及云存储的优势,例如没有网络时无法使用云存储,发送大文件时不适合使用邮箱附件,且个人文件存储通常无须依赖云存储。

【知识强化】

(1) 下列情形中最能体现云存储的跨设备办公优势的是(　　)。

A.使用本地计算机存储所有工作文件

B.在家用电脑编辑文件并通过云存储继续在公司电脑上处理

C.通过 USB 闪存盘传输文件

D.在手机上编辑文档并保存至本地硬盘

(2) 如果你需要发送一个大文件给同事,且超过了电子邮件的附件大小限制,(　　)方法最为合适。

A.将文件分割成多个小文件发送

B.通过云存储生成外链并分享给同事

C.将文件压缩成 ZIP 格式并发送

D.通过邮寄光盘发送文件

2.5.3.3　综合实战

某广告设计公司有一个团队项目,团队成员分布在不同的城市。他们需要共同协作完成一系列设计文件的编辑和审核工作。由于文件较大,传统的邮件传输方式效率低下,且容易出现版本混乱的问题。此外,团队希望能够随时随地访问最新的文件版本,并确保数据的安全性。

任务要求:

① 选择合适的云存储工具:根据上述需求,选择一个适合该团队的云存储工具,并说明选择理由。

② 设置共享文件夹:在所选的云存储工具中创建一个共享文件夹,邀请团队成员加入,并设置相应的访问权限(如查看、编辑权限)。

③ 实现多终端同步:确保团队成员在不同设备(如电脑、平板、手机)上安装并登录云存储工具,实现文件的实时同步。

④ 启用版本管理功能:开启云存储工具的版本管理功能,确保在文件被修改或删除时,可以恢复到之前的版本。

⑤ 制定协作规范:制定团队协作规范,包括文件命名规则、修改记录方式等,以提高协作效率,避免版本冲突。

2.5.4　探索网络学习

2.5.4.1　必备知识清单

具体内容见表 2.36。

表 2.36 网络学习

定义	网络学习是指通过互联网平台(如中国大学 MOOC、哔哩哔哩、腾讯会议等)获取、管理和应用教育资源的学习方式
类型与工具	开放教育资源、付费学习资源、远程指导
核心功能	自主筛选课程、账号管理、制订计划

2.5.4.2 要点解析

要点1:网络学习详解

(1) 类型与工具

① 开放性教育资源:

平台:中国大学 MOOC(高校课程)、哔哩哔哩(技能类视频)。

特点:免费、内容广泛,但缺乏系统性(如碎片化学习 Python 基础)。

② 付费学习资源:

平台:得到(职场技能)、粉笔(公考培训)。

特点:课程结构化,含配套服务(如作业批改、导师答疑)。

③ 远程指导:

工具:腾讯会议(直播授课)、ToDesk(远程操作指导)。

特点:实时互动,个性化解决问题(如在线编程辅导)。

(2) 核心能力

自主筛选课程:根据学习目标评估课程质量(如查看评分、试听章节)。

账号管理:注册后绑定邮箱/手机,设置学习提醒(如每日打卡)。

制订计划:拆分学习任务(如每周完成2节视频课+1次测验)。

【典型例题】

【例 2.43】一般网上学习不需要(　　)。

A.资格认定　　B.筛选课程　　C.注册账号　　D.确定学习主题

【答案】A

【解析】网上学习具有开放性,无须资格认定,流程包括注册账号、确定主题、筛选课程等。

【知识强化】

(1) 在选择网络学习课程时,以下哪项能力最为关键?(　　)

A.账号管理　　B.制订学习计划

C.自主筛选课程　　D.参加远程指导

(2) 某职场人士计划提升演讲能力,注册学习平台后应(　　)确保学习持续性。

A.随意观看课程,无须规划

B.绑定邮箱/手机,并设置每日学习提醒

C.仅依赖直播课实时互动

D.将所有课程一次性下载到本地

要点 2：开放资源与付费资源（表 2.37）

表 2.37　开放资源与付费资源的对比

对比项	开放资源	付费资源
成本	免费	需购买课程或会员
内容深度	泛知识，适合入门	系统化，适合深度学习
支持服务	无专属辅导	含答疑、作业批改等

【典型例题】

【例 2.44】关于开放资源与付费资源的对比，以下描述正确的是（　　）。

A.开放资源通常提供专属导师答疑服务

B.付费资源的内容深度较浅，适合碎片化学习

C.开放资源适合入门，付费资源适合深度学习

D.付费资源完全免费，但课程质量较低

【答案】C

【解析】本题考查两者的核心区别：

开放资源：免费＋泛知识（A 选项错误，无专属服务；D 选项错误，付费资源需购买）。

付费资源：系统化＋深度支持（B 选项错误，内容深度更高）。

【知识强化】

(1) 某用户想利用碎片时间学习 Python 基础，但预算有限。以下（　　）方式最符合需求。

A.报名“得到”的编程课程　　B.在哔哩哔哩搜索免费教学视频

C.通过 ToDesk 联系一对一辅导　　D.使用粉笔 APP 刷题

(2)（　　）最能体现付费学习资源相较于开放资源的优势。

A.内容泛知识　　B.系统化深度学习

C.无专属辅导　　D.免费

2.5.4.3　综合实战

假设你是一名职场新人，计划在 3 个月内系统提升 Excel 数据分析能力。请根据以下要求制定学习方案：

① 选择资源类型：说明选择开放资源、付费资源还是远程指导，并解释理由；

② 推荐具体平台/工具：结合该资源类型的特点，推荐一个合适的平台；

③ 制订学习计划：列出两项核心能力的具体实施步骤（如账号管理、计划制订）。

2.5.5　体验网络生活

2.5.5.1　必备知识清单

具体内容见表 2.38。

表 2.38　网络生活

定义	网络生活是指通过互联网技术及相关工具，实现日常活动数字化、在线化的生活方式

续表2.38

领域与工具	网络金融	数字货币
		网上银行、网上支付、网络证券、网络保险
	网上购物	B2C(Business to Customer)
		C2C(Customer to Customer)
		B2B(Business to Business)
		O2O(Online to Offline)
	网上求职	招聘网站
		地方就业管理服务机构
		行业推出的就业服务网络平台
		企业网站上的相关招聘专区
	生活服务	交通出行、旅游餐饮

2.5.5.2　要点解析

要点 1：网络生活详解

(1) 网络金融

工具：支付宝(扫码支付)、数字人民币(央行数字货币)。

应用：在线理财、跨境转账(如支付宝中的余额宝)。

(2) 网上购物

平台：淘宝(C2C)、京东(B2C)。

特色：比价功能、用户评价系统、七天无理由退货。

(3) 网上求职

平台：BOSS 直聘(直接沟通 HR)、中国公共招聘网(政府认证岗位)。

优势：AI 匹配职位、在线面试。

(4) 生活服务

工具：高德地图、铁路 12306、大众点评等。

功能：实时导航、在线购票、预约挂号、外卖点餐、水电费缴纳等。

要点 2：网络金融安全措施

身份验证：指纹/人脸识别登录。

数字证书：银行提供的电子签名，确保交易合法性。

保密协议：不向他人透露支付密码、短信验证码。

辨别真假：不点击陌生链接，不相信任何要求转账的电话，谨防电信诈骗。

【典型例题】

【例 2.45】在进行网络支付时，以下措施中最能有效保护个人账户安全的是(　　)。

A.定期更改支付密码，并使用复杂度高的密码组合

B.将支付密码告知亲密的朋友或家人，以备忘记时查询

C.在公共场所连接免费 Wi-Fi 时进行大额转账操作

D.点击短信中的链接，快速登录银行账户进行操作

【答案】A

【解析】定期更改支付密码并使用高复杂度的密码组合，可以有效防止密码被破解，提升账户安全性。将支付密码告知他人（选项 B）存在泄露风险；在公共 Wi-Fi 环境下进行敏感操作（选项 C）容易被黑客窃取信息；点击陌生短信链接（选项 D）可能导致被钓鱼网站诈骗。

【知识强化】

(1) 以下关于数字证书在网络交易中作用的描述，正确的是（　　）。

A.数字证书用于存储用户的所有交易记录，方便日后查询

B.数字证书由银行提供，主要用于电子签名，确保交易的合法性和安全性

C.拥有数字证书即可免除其他身份验证步骤，如密码输入

D.数字证书可以随意复制和分享给他人使用

(2) 在防范电信诈骗时，以下做法中正确的是（　　）。

A.接到自称银行客服的电话，且要求提供验证码时，立即提供以防账户被锁定

B.收到的陌生短信包含链接，点击查看详情以确认是否有重要信息

C.定期更新手机操作系统和应用程序，修复已知安全漏洞

D.在社交媒体上公开自己的电话号码和身份证号码，方便朋友联系

要点 3：网上购物流程

注册账号：填写手机号、设置密码，完成实名认证。

搜索商品：使用关键词筛选（如“无线耳机 降噪”），按销量/评价排序。

协商交易：与卖家沟通优惠、发货时间（如淘宝旺旺）。

支付方式：支付宝（即时到账）、微信支付、货到付款（验货后现金支付）。

物流追踪：通过平台查看快递进度，确认收货后评价。

【典型例题】

【例 2.46】小王想在网上购买一台笔记本电脑，希望能在正规商家购买并享受完善的售后服务。以下哪个平台最符合他的需求？（　　）

A.淘宝（C2C 模式）　　B.京东（B2C 模式）

C.闲鱼（二手交易）　　D.拼多多（社交拼团）

【答案】B

【解析】题目关键词是“正规商家”+“完善售后服务”，京东作为 B2C 平台（企业对消费者），主打正品保障和售后服务体系（如七天无理由退货），最符合需求。淘宝是 C2C 模式（个人商家），售后可能参差不齐；闲鱼和拼多多不适用上述题干场景。

【知识强化】

(1) 网上购物的一般支付方式不包括（　　）。

A.网上银行　　B.私人转账　　C.货到付款　　D.支付宝

(2) 以下属于网络金融工具的是（　　）。

A.淘宝　　B.微信支付　　C.高德地图　　D.腾讯文档

要点 4：网上求职流程

简历创建：上传证件照+教育/工作经历，可使用 AI 优化关键词。

职位筛选：按行业/薪资/地点过滤，可优先选“急聘”“政府认证”标签。

在线沟通：对话 HR，确认薪资/试用期细节。

远程面试：初试用腾讯会议，复试可以用线上笔试。

签约入职：签订电子劳动合同，核查待遇和企业资质。

【典型例题】

【例 2.47】在筛选职位时，以下策略最有助于找到符合自身期望的工作的是(　　)。

A.仅关注薪资最高的职位

B.优先考虑标有“急聘”或“政府认证”标签的职位

C.随机投递简历，增加被录取的可能性

D.只申请与自己当前职位完全相同的岗位

【答案】B

【解析】标有“急聘”标签的职位通常表示公司有紧急用人需求，招聘流程可能更快；“政府认证”标签则意味着职位信息经过官方审核，可靠性更高。因此，优先考虑这些职位有助于提高求职效率和成功率。

【知识强化】

(1) 在创建在线简历时，以下做法有助于提高简历在筛选系统中的匹配度的是(　　)。

A.使用复杂的排版和多种字体

B.详细描述所有工作经历，无论是否相关

C.针对目标职位，优化关键词以匹配职位描述

D.避免使用行业术语，使内容通俗易懂

(2) 在进行远程面试时，以下选项中最能体现专业态度的是(　　)。

A.使用虚拟背景以隐藏真实环境

B.提前测试设备和网络，确保面试顺利进行

C.穿着随意，以体现居家办公的轻松氛围

D.在面试过程中同时处理其他事务

要点 5：生活服务指南

(1) 出行。高德地图，实时导航＋路况预警；12306，候补购票/电子客票刷证进站。

(2) 医疗：预约挂号(支付宝选医院—科室—医生)，在线问诊开药。

(3) 缴费：水、电、燃气/物业费在线缴付，支持自动扣费。

(4) 外卖：自选餐食品类，备注特殊需求。

【典型例题】

【例 2.48】使用支付宝进行水电费缴纳时，以下哪项操作可以确保按时缴费且避免逾期？(　　)

A.每月手动登录支付宝查询并缴纳费用

B.开通自动缴费功能，系统将在账单生成后自动扣款

C.通过支付宝预约挂号功能设置缴费提醒

D.在支付宝中添加缴费单位为好友，以便接收通知

【答案】B

【解析】支付宝提供自动缴费功能，用户可设置在账单生成后自动扣款，确保按时缴纳水电费，避免逾期带来的不便。

【知识强化】

(1) 通过铁路 12306 网站购买车票后,若乘车站和下车站均支持电子客票,旅客应如何进站乘车?(　　)

A.持纸质车票通过人工检票口进站

B.凭购票时使用的有效身份证件直接通过自动检票机进站

C.在车站窗口领取电子客票凭证后进站

D.使用手机短信通知的订单号在自动售票机上取票后进站

(2) 小王想预约某三甲医院消化内科的专家号,以下操作流程中正确的是(　　)。

A.打开高德地图,搜索医院名称

B.在支付宝中选择医院—科室—医生—时间段

C.直接前往医院挂号窗口排队

D.在 BOSS 直聘 App 联系医院 HR

2.5.5.3　综合实战

使用支付宝缴纳家庭电费,并写明任务流程。

2.5.6　使用云协作

2.5.6.1　必备知识清单

具体内容见表 2.39。

表 2.39　云协作

定义	云协作是指通过云端平台(如腾讯文档、金山文档、有道云笔记等),实现多人在线实时编辑、数据共享与任务协同的工作方式
工具	在线文档、云笔记
优势	效率提升、跨平台支持、自动保存

2.5.6.2　要点解析

要点 1:云协作详解

(1) 工具与功能

在线文档主要有金山文档(国产化)、腾讯文档(微信生态兼容)。其功能为多人实时编辑、评论批注、历史版本恢复。

云笔记主要有有道云笔记(OCR 文字识别)、印象笔记(知识管理模板)。其功能为多端同步(手机→电脑)、分类标签、信息加密。

(2) 优点

效率提升:减少文件来回传输,避免版本冲突。

跨平台支持:Windows、iOS、Android 平台均可访问。

自动保存:编辑内容实时在云端存储,防止数据丢失。

【典型例题】

【例 2.49】使用云协作工具进行团队合作时,最能体现其核心价值的是(　　)。

A.减少文件来回传输次数,避免版本冲突

B.仅支持单人编辑,提高个人工作效率

C.限制跨平台访问,确保数据安全

D.手动保存编辑内容,防止数据丢失

【答案】A

【解析】云协作工具通过多人实时编辑和自动保存功能,减少了文件在团队成员之间的传输次数,避免了版本冲突,提高了协作效率。

【知识强化】

(1) 以下关于云笔记工具的说法,正确的是(　　)。

A.有道云笔记和印象笔记均支持多端同步和信息加密功能

B.有道云笔记不支持 OCR 文字识别功能

C.印象笔记仅支持在移动端访问,无法在电脑端使用

D.有道云笔记和印象笔记均不支持分类标签功能

(2) 关于在线文档工具的功能,以下说法正确的是(　　)。

A.金山文档和腾讯文档均支持多人实时编辑和历史版本恢复功能

B.金山文档仅支持单人编辑,不具备历史版本恢复功能

C.腾讯文档不支持评论批注功能

D.金山文档和腾讯文档仅限于 Windows 平台使用

要点 2:云笔记与本地笔记(表 2.40)

表 2.40　云笔记与本地笔记的对比

对比项	云笔记	本地笔记(如 Word)
存储位置	云端服务器,多设备同步	单设备本地存储
协作能力	支持分享与多人编辑	仅限单人操作
数据安全	依赖服务商安全措施(如加密)	易受设备故障影响

【典型例题】

【例 2.50】以下关于协作能力的描述中,给出了云笔记与本地笔记区别的是(　　)。

A.云笔记支持多人实时编辑和分享,本地笔记通常仅限单人操作

B.本地笔记支持多人实时编辑和分享,云笔记通常仅限单人操作

C.云笔记和本地笔记都支持多人实时编辑和分享

D.云笔记和本地笔记都不支持多人实时编辑和分享

【答案】A

【解析】云笔记通常具备分享与多人编辑的功能,支持团队协作,提高工作效率。本地笔记(如 Word)主要用于单人操作,缺乏实时协作的能力。

【知识强化】

(1) 在数据安全性方面,(　　)是云笔记相较于本地笔记的优势。

A.数据存储在云端服务器，受服务商加密保护
B.数据仅存储在个人设备上，避免网络攻击
C.无须依赖第三方服务，完全自主控制数据
D.不受网络环境影响，随时访问数据
(2) 在存储位置方面，描述正确的是(　　)。
A.云笔记的数据存储在本地设备上，可多设备同步
B.本地笔记的数据存储在云端服务器上，可多设备同步
C.云笔记的数据存储在云端服务器上，可实现多设备同步
D.本地笔记的数据存储在云端服务器上，但不支持多设备同步

要点3：在线文档协作流程

创建文档：新建表格/PPT，命名并保存至云端。
生成链接：点击“分享”获取链接，设置权限(如仅编辑/仅查看)。
多人协作：成员通过链接进入文档，实时修改并同步显示(如标注修改人)。
版本管理：管理员可查看编辑记录，回退到任意版本。

【典型例题】

【例2.51】利用金山文档协作编辑文档，需要先创建分享文档，然后通过(　　)进行分享。
A.标签　　B.链接　　C.转发　　D.文件夹
【答案】B
【解析】金山文档支持多人实时协作编辑，需通过生成链接来分享文档并设置权限。

【知识强化】

(1) 以下不支持多人协作的工具是(　　)。
A.腾讯文档　　B.有道云笔记　　C.Word 2016　　D.金山文档
(2) 多人协作编辑在线文档时，如何查看并恢复之前的编辑版本？(　　)
A.在文档中添加备注，记录每次的修改内容
B.定期将文档另存为不同的文件名
C.使用文档的版本管理功能，查看编辑记录并回退到任意版本
D.通过聊天工具询问其他协作者之前的修改内容

2.5.6.3　综合实战

(1) 使用腾讯文档进行团队协作
您和团队成员需要共同编辑一份项目计划书，确保每个成员可以实时查看和修改文档内容。要求如下：
确保文档在编辑过程中不会丢失数据，充分利用云端自动保存功能。
通过查看编辑历史，能够追溯到每一次修改，确保文档的版本可控。

(2) 使用有道云笔记进行个人知识管理
您希望整理学习笔记，方便在不同设备间同步查看，并确保笔记内容的安全性。要求如下：
确保所有笔记在不同设备间保持同步，利用云端存储的跨平台优势。
通过标签和加密功能，有效管理和保护个人知识信息。

2.6 探索物联网

同学们，今天我们将开启一段关于物联网的探索之旅。物联网作为继计算机、互联网之后的信息产业第三次浪潮，正改变着我们的生活与工作方式。从智能穿戴设备到智慧城市的构建，物联网通过连接万物实现了信息世界与现实世界的深度融合。在学习物联网技术的同时，我们也要认识到它背后蕴含的责任与使命。科技创新需要服务于国家现代化建设大局，服务于社会发展的各个方面，同时促进公平正义，保障人民福祉。而这些，正是党的二十大报告中强调的创新驱动发展战略。在本节中，让我们一起探讨物联网如何成为新时代发展的重要引擎，并思考应如何贡献自己的力量。

2.6.1 目标导航

(1) 了解物联网的概念、发展，以及智慧城市等相关知识；
(2) 了解典型的物联网应用场景；
(3) 了解物联网的常见设备及软件配置。

2.6.2 知识图谱

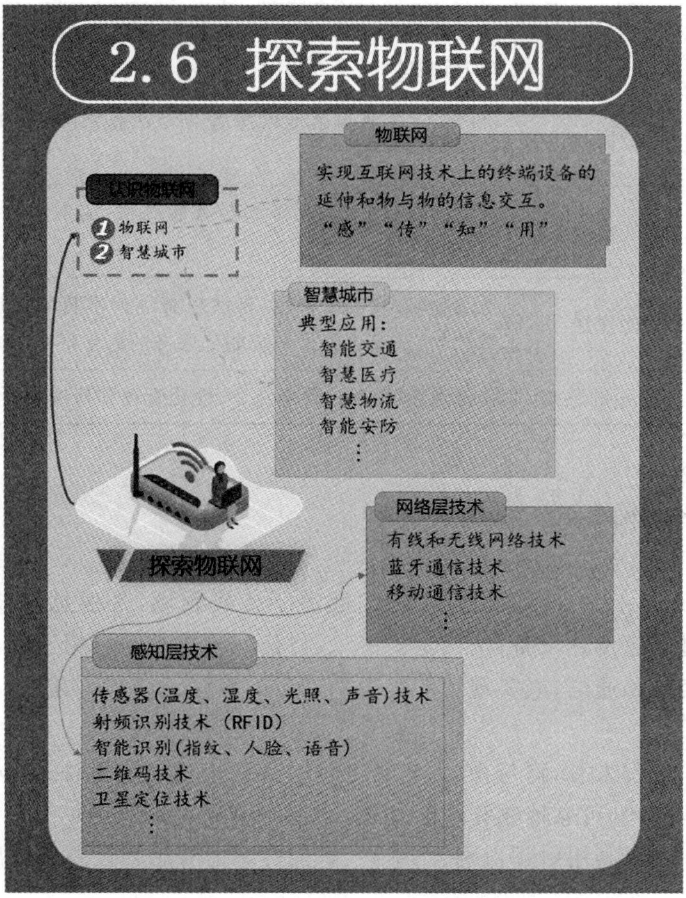

图 2.8 思维导图——探索物联网

2.6.3 认识物联网

2.6.3.1 必备知识清单

具体内容见表 2.41 和表 2.42。

表 2.41 物联网

概念	实现互联网技术上的终端设备的延伸和物与物的信息交互
主要技术应用	通信技术、传感技术、标签技术、嵌入式技术、云计算技术
简要描述	感:感知物理世界
	传:传送信息到网络
	知:通过云计算作出决策
	用:对物理世界实现智能控制和应用服务

表 2.42 智慧城市

定义	利用物联网、大数据、人工智能、5G 等技术,通过数据互联和智能分析,优化城市管理、提升公共服务效率,并改善居民生活质量的现代化城市	
应用	智慧交通	通过摄像头、地磁传感器和 AI 算法分析车流量,动态调整红绿灯时长(如杭州的"城市大脑")
	智慧医疗	5G+IoT 实现偏远地区患者与专家视频问诊(如中国"5G+远程手术")
	智能农业	通过设备互联、数据感知与智能决策,实现农业生产全流程的精准化、自动化管理
	智能家居	通过物联网、人工智能、自动控制等技术将家居设备互联互通,实现远程控制、自动化管理和智能化服务的居住环境
重要特征	全面的感知、可靠的传递、高度的智能化、人性化管理和持续创新	

2.6.3.2 要点解析

要点 1:物联网的概念与特征

(1) 定义

物联网(Internet of Things,简称为 IoT)起源于传媒领域,是信息科技产业的第三次革命。物联网可通过信息传感设备,按约定的协议,将任何物体与网络相连接。物体通过信息传播媒介进行信息交换和通信,以实现智能化识别、定位、跟踪、监管等功能。

(2) 基本特征

从通信对象和过程来看,物与物、人与物之间的信息交互是物联网的核心。物联网的基本特征可概括为整体感知、可靠传输和智能处理。

整体感知——可以利用射频识别、二维码、智能传感器等感知设备通过感知来获取物体的各类信息。

可靠传输——通过对互联网、无线网络的融合，将物体的信息实时、准确地传送，以便信息交流与分享。

智能处理——使用各种智能技术，对感知和传送到的数据、信息进行分析处理，实现监测与控制的智能化。

【典型例题】

【例 2.52】支撑物联网正常运行的基础是(　　)。

A.感知　　B.智能　　C.传输　　D.网络

【答案】D

【解析】本题考查点是了解物联网的本质特征。物联网(IoT)的本质是“物与物相连的网络”，其基础架构依赖于网络(如互联网、移动通信网、局域网等)。没有网络支撑，设备之间无法实现互联互通和数据交互。

【知识强化】

(1) 下列哪一项不属于物联网定义的核心要素？(　　)

A.通过信息传感设备互联　　B.遵循特定协议实现连接

C.依赖人工智能自主决策　　D.实现智能化识别与管理

(2) 物联网的基本特征通常不包括以下哪一项？(　　)

A.全面感知　　B.可靠传输

C.自动修复硬件故障　　D.智能处理

要点 2：智慧城市的概念

智慧城市(Smart City)起源于传媒领域，是指在城市规划、设计、建设、管理与运营等领域，通过物联网、云计算、大数据、空间地理信息集成等智能计算技术的应用，使得城市管理、教育、医疗、房地产、交通运输、公用事业和公众安全等的关键基础设施和服务更互联、高效和智能，从而为市民提供更美好的生活和工作服务、为企业创造更有利的商业发展环境、为政府更高效的运营与管理机制赋能。

【典型例题】

【例 2.53】智慧城市的核心技术支撑通常不包括以下哪项？(　　)

A.物联网(IoT)　　B.大数据分析

C.蒸汽机技术　　D.云计算

【答案】C

【解析】智慧城市的建设依赖于新一代信息技术的综合应用，其核心技术包括：

物联网——实现万物互联的基础，通过传感器、智能设备实时采集城市运行数据。

大数据分析——对海量城市数据进行挖掘分析，支撑智能决策。

云计算——提供弹性计算和存储资源，处理物联网产生的大规模数据。

人工智能——用于图像识别、自然语言处理等场景。

5G 通信——保障低延迟、高带宽的数据传输。

蒸汽机技术属于传统工业时代，而智慧城市是数字时代的产物。蒸汽机解决物理动力问题；智慧城市需解决数据互联与智能决策问题。

【知识强化】

（1）下列哪项是智慧城市中智能交通系统的典型应用？（　　）

A.实时监控交通流量并调整信号灯　　B.公交车人工售票系统

C.纸质地图导航　　D.传统路灯定时开关

（2）智慧城市中，用于整合和分析城市运行数据的关键技术是（　　）。

A.区块链　　B.大数据分析　　C.机械齿轮传动　　D.手写记录

2.6.3.3　综合实战

（1）分析生活场景中的物联网应用

① 乘坐公交车时，只需要上车刷卡，就能自动缴费。

② 装有 ETC 标签的汽车，在通过收费站 ETC 通道时，无须停车，便可自动结算高速公路或桥梁通行费用。

③ 智能农业大棚中，自动控制棚内温度、土壤湿度等。

画出这些场景中的感、传、知、用过程。

（2）假设你要设计一个智能停车场系统，请说明需要哪些物联网技术，并描述工作流程。

2.6.4　体验物联网

2.6.4.1　必备知识清单

具体内容见表 2.43。

表 2.43　物联网体系结构

感知层相关技术	传感器（温度、湿度、光照、声音等）技术；射频识别（RFID）技术；智能识别（指纹、人脸、语言）技术；二维码技术；卫星定位技术		
网络层相关技术	通信技术	有线和无线网络技术	
		蓝牙通信技术	
		移动通信技术	
		NB-IoT、LoRa、ZigBee	
	网关作用	协议转换	连接不同通信协议的设备
		数据聚合	汇总多个传感器数据，统一上传至云端
		边缘计算	本地预处理数据，减少云端负载
		网络桥接	实现局域网与广域网（如 4G/5G）的互联
	应用实例	家电设备	电视机、洗衣机、空调、电冰箱等
		安防设备	门禁、烟雾探测器、摄像头等
		采光照明设备	吊灯、电动窗帘等

2.6.4.2　要点解析

要点 1：感知层的作用及关键技术

物联网感知层通常被比喻为物联网的“皮肤”和“五官”，它的主要作用是识别物体和采集信息。感知层位于物联网的最底层，负责通过传感网络获取环境信息，是物联网信息采集的关键部分。

感知层的关键技术包括检测技术和短距离无线通信技术。传感器作为物联网中获取信息的主要设备，通过各种机制将被测量的物理变化转换为电信号。RFID 技术则通过无线电信号识别特定目标并读写相关数据，为物联网中的物体建立唯一的身份标识。

【典型例题】

【例 2.54】物联网的感知层包括传感器等数据采集终端，是数据之源，以下不属于感知层相关技术的是（　　）。

A.传感器技术　　B.智能识别技术　　C.无线网络技术　　D.射频识别技术

【答案】C

【解析】本题考查点是了解物联网不同层级的相关技术。物联网的体系结构可以分为感知层、网络层和应用层。感知层中主要的技术是传感器技术、射频识别技术、智能识别技术、二维码技术、卫星定位技术等。无线网络技术是网络层相关技术。

【知识强化】

（1）下列哪种设备属于感知层的典型组件？（　　）

A.温湿度传感器　　B.4G 通信模块　　C.云服务器　　D.路由器

（2）以下哪项技术常用于感知层中的物体信息识别？（　　）

A.二维码　　B.HTTP 协议　　C.数据库管理系统　　D.光纤通信

要点 2：网络层的作用及关键技术

物联网的网络层作为纽带连接着感知层和应用层，它由各种私有网络、互联网、有线和无线通信网等组成，相当于人的神经中枢系统，负责将感知层获取的信息安全可靠地传输到应用层，然后根据不同的应用需求进行信息处理。

物联网的网络层包含接入网和传输网，分别实现接入功能和传输功能。传输网由公网与专网组成，典型传输网络包括电信网（固网、移动通信网）、广电网、互联网、电力通信网、专用网（数字集群）。接入网包括光纤接入、无线接入、以太网接入、卫星接入等各类接入方式，实现底层的传感器网络、RFID 网络最后一千米的接入。

【典型例题】

【例 2.55】物联网的网络层的主要功能是（　　）。

A.数据采集与感知　　B.数据转发与远程传输

C.用户界面交互　　D.数据存储与计算

【答案】B

【解析】本题考查的是网络层的“主要功能”，“数据转发与远程传输”是网络层的本质作用。网络层负责将感知层采集的数据通过通信技术（如 4G/5G、Wi-Fi、LoRa 等）传输到应用层，数据采集属于感知层，存储与计算属于应用层。

【知识强化】

(1) 以下哪种技术常用于物联网的网络层的数据传输？(　　)

A.RFID　　B.LoRaWAN　　C.区块链　　D.机器学习

(2) 下列设备中属于网络层核心组件的是(　　)。

A.传感器　　B.网关　　C.云服务器　　D.二维码

要点 3：应用层的功能及结构

(1) 核心功能

应用层的核心功能主要有两个方面：数据管理和处理以及智能应用。首先，应用层需要完成数据的管理和处理。仅管理和处理数据还远远不够，还须将这些数据与各行业应用相结合。例如，在智能电网中的远程电力抄表应用中，感知层的传感器收集用户用电信息后，通过网络发送并汇总到发电厂的处理器上。该处理器及其对应工作就属于应用层，它将完成对用户用电信息的分析，并自动采取相关措施。

(2) 结构划分

从结构上划分，物联网的应用层包括以下三个部分：

物联网中间件：一种独立的系统软件或服务程序。中间件将各种可以公用的能力进行统一封装，提供给物联网应用使用。

物联网应用：用户直接使用的各种应用，如智能操控、安防、电力抄表、远程医疗、智能农业等。

云计算：可以助力物联网海量数据的存储和分析。

【典型例题】

【例 2.56】物联网的应用层的主要功能是(　　)。

A.物理设备的数据采集　　B.数据远程传输

C.实现智能化服务与用户交互　　D.网络信号覆盖优化

【答案】C

【解析】应用层负责对感知层采集的数据进行处理和分析，并转化为实际服务(如智能家居控制、环境监测系统)，用户交互与服务实现是其核心功能。数据采集属于感知层，传输属于网络层。

【知识强化】

(1) 下列哪项技术是应用层的典型支撑技术？(　　)

A.ZigBee　　B.云计算　　C.温度传感器　　D.光纤通信

(2) 以下场景中属于应用层功能的是(　　)。

A.通过摄像头识别人脸

B.使用 Wi-Fi 上传数据到服务器

C.在手机 App 上查看家庭能耗报告

D.RFID 标签记录货物位置

2.6.4.3　综合实战

(1) 设计一个“智能宠物喂食系统”，要求：

① 包含物联网三层架构(感知/网络/应用);

② 说明每层使用的具体技术;

③ 描述工作流程。

(2) 某社区需解决垃圾分类效率低的问题,计划部署智能回收站。设计要求:

① 设计回收站的物联网技术链(从投递到数据处理);

② 说明如何激励居民参与(结合物联网技术);

③ 列举可能遇到的技术挑战及解决方案。

3 文档创意与制作——图文编辑

本章旨在帮助学生学会综合选用文字处理、电子表格、图形绘制等不同类型的图文编辑软件，根据要求进行文、表、图等编辑排版。

内容要求

(1) 操作图文编辑软件

了解常用的图文编辑软件及工具的功能特点，并能根据需求综合选用；

会使用不同功能的图文编辑软件创建、编辑、保存和打印文档，会进行文档的类型转换与文档合并；

会查询、校对、修订和批注文档信息；

会对文档进行信息加密和保护。

(2) 设置文本格式

会设置文字、段落和页面格式；

能使用样式进行文本格式的快捷设置。

(3) 制作表格

会选用适用软件或工具制作不同类型的表格并设置格式；

会进行文本与表格的相互转换。

(4) 绘制图形

能绘制简单图形；

会使用适用软件或工具插件绘制数学公式、图形符号、示意图、结构图、二维和三维模型等。

(5) 编排图文

会使用目录、题注等文档引用工具；

会应用数据表格和相应工具自动生成批量图文内容；

了解图文版式的设计基本规范，会进行文、图、表的混合排版和美化处理。

教学提示

在学习过程中，学生通过生活中图文编辑应用的典型案例，以项目和任务的完成为目标来驱动知识的掌握。在进行图文编辑技能训练的同时，了解图文编辑相关的业务、版式规范和美学常识，积极进行创意设计，培养自我创新能力。

学生应学会综合选用办公、图形绘制等软件和功能插件，进行图文编排和版式设计。其中编辑的图文可以是文本、表格、图片或静态网页等不同类型，能展示或打印。兼顾桌面与移动终端等环境，熟练掌握其中几种软件的操作，并迁移到其他功能相近的软件、工具或平台中；了解不同类型业务文档图文版式的设计规范及不同类型图示的使用方法，并应用到图文编辑中。

核心素养目标

在信息技术迅速发展的今天，学生的综合素养显得尤为重要。为了使学生适应未来社会的需求，设定以下四个核心素养目标（表 3.1）：技术基础与实践能力、逻辑思维与问题解决能力、创新意识与实践精神、职业态度与社会责任感。这些目标不仅使学生在技术层面获得扎实的基础和实践能力，还能使学生在逻辑思维、创新意识、团队合作和社会责任等多个维度全面发展。通过实现这些目标，学生能够更好地应对未来的挑战，为职业生涯的成功奠定坚实的基础。

表 3.1 图文编辑的四大核心素养目标

内涵	具体内容
技术基础与实践能力	(1)掌握至少一种图文编辑软件(如 WPS Office)的操作界面，能够使用图文编辑软件创建、保存和打印文档，并进行文档的类型转换和文档合并。 (2)了解并能够运用图文编辑中的常见工具和功能(如文本格式设置、表格制作与编辑、图形绘制与插入等)，以满足实际需求
逻辑思维与问题解决能力	(1)全面掌握图文编辑软件中的基本功能(如制作表格、图文表混排等)，能够运用这些工具写出逻辑清晰的文档。 (2)在遇到图文编辑难题时，具备独立思考和解决问题的能力，能够查阅资料、利用网络资源寻找答案，并灵活运用所学知识解决问题
创新意识与实践精神	(1)鼓励学生发挥创造力，尝试不同的图文设计风格和排版方式，探索新颖的视觉效果和个性化的设计方案。 (2)通过项目实践，增强学生的动手能力和团队合作精神，使学生学会在团队中有效沟通、协作完成图文编辑任务，培养学生的创新实践能力
职业态度与社会责任感	(1)培养良好的图文编辑习惯(如规范的文档保存、信息加密与保护、文档修订与校对等)，为将来进入职场做好准备。 (2)了解图文编辑在不同领域的应用及其伦理道德和社会责任，认识到图文编辑对于信息传播的正面影响以及可能带来的误导性风险。 (3)激发学生对图文编辑的兴趣，鼓励他们关注行业发展趋势，学习新的编辑技术和工具，为未来职业生涯规划奠定基础

通过实现上述核心素养目标，学生不仅能够在技术层面上获得扎实的基础和丰富的实践经验，还能够在逻辑思维、创新意识、团队合作和社会责任等多个方面全面提升。这些素养的培养将使学生具备解决复杂问题的能力，激发学生的自我创造力和探索精神，培养学生良好的职业习惯和道德观念。最终，学生将能够更好地适应信息技术领域的快速发展，为未来的职业生涯做好充分准备，成为具有竞争力和责任感的专业人才。

3.1 图文编辑入门

从甲骨镌刻到简牍传书，从活字印刷到数字文档，中华民族始终以智慧和匠心守护文明的薪火。在信息时代，文字处理不仅是技术能力的体现，更是文化传承的纽带与社会责任的担当。一份规范的文档，承载着知识的严谨性；一次安全的保存，关系着信息主权的守护；一款软件的选择，折射出科技自立自强的民族意识。今天，我们将从文档编辑的基础技能出发，在学习文字处理技术的同时，思考如何以规范、安全、创新的态度践行数字时代的文化使命——让技术为文明护航，让责任为发展筑基。

3.1.1 目标导航

(1) 了解文档的基本构成；

(2) 了解常用图文编辑软件，能根据需要选择合适的软件及工具；

(3) 掌握新建、编辑、保存和打印文档的基本方法；

(4) 掌握文档类型转换及保存的基本方法；

(5) 理解文档保护的有关知识。

3.1.2 知识图谱

具体如图 3.1 所示。

图 3.1 知识图谱——图文编辑入门

3.1.3 了解图文编辑

3.1.3.1 知识清单

具体内容见表 3.2。

表 3.2 了解图文编辑

文字处理软件	用于文字的输入、编辑、格式化、图形处理及图文混排、表格处理、文档管理等，常见的有 Microsoft Office、WPS
专业桌面排版软件	用于报纸(杂志)出版、书籍装帧设计、广告制作、包装设计等，常见的有北大方正、InDesign
移动终端图文排版软件	用于快速合成图、文、音(视)频等各种信息，发布成可观看的文档等，常见的有美篇、易企秀
电子文档的基本元素	(1)文档页面布局：包括页面的纸张大小、纸张方向、页边距、页面边框、分栏，确定文档的整体布局。 (2)文档内容：由标题和正文构成。根据内容的不同，文档可分为公文、说明文档、电子小报等类型。 (3)文档格式：包括文本格式、段落格式、页面格式等

【典型例题】

【例 3.1】下列图文编辑软件中最适合用于制作报纸(杂志)的专业排版的是(　　)。

A.文字处理软件(如 WPS)　　B.专业桌面排版软件(如 InDesign)

C.移动终端图文排版软件(如美篇)　　D.图像处理软件(如 Photoshop)

【答案】B

【解析】本题考查不同类别图文编辑软件的应用场景。专业桌面排版软件(如 InDesign、北大方正)专为出版印刷行业设计，具有强大的版面控制、专业印刷支持等功能，最符合报纸(杂志)等专业排版需求。

【例 3.2】以下选项中不属于文档格式所包含内容的是(　　)。

A.字体、字形、字号　　B.页面布局　　C.页面边框　　D.图片内容

【答案】D

【解析】本题主要考查的是学生对于文档格式的掌握。文档格式包括文本格式、段落格式、页面格式等。其中，文本格式包括字体、字形、字号、字符颜色、字符间距等；段落格式包括段落对齐方式、段落缩进、行间距与段落间距、段落底纹颜色、段落边框等；页面格式包括文档页面布局、页面背景、文档页眉和页脚、页面边框等。而图片内容不是文档格式包含的内容。

【知识强化】

(1) 不属于图文编辑软件主要功能的是(　　)。

A.文字输入与编辑　　B.视频剪辑　　C.表格处理　　D.图文混排

(2) 某公司需要在微信公众号上发布一篇包含图片、文字和背景音乐的宣传文章，应该选择(　　)最合适。

A.文字处理软件　　B.专业桌面排版软件

C.移动终端图文排版软件　　D.电子表格软件

3.1.4　新建文档

3.1.4.1　知识清单

具体内容见表 3.3。

表 3.3　新建文档

制作文档的思路	(1)确定文档题材:确定文档种类。 (2)确定文档主题:要表达的信息是什么? (3)明确读者对象:信息给谁看? (4)确定内容呈现形式:如何才能更容易被读者接受? (5)编辑加工软件:选择合适的图文编辑工具。 (6)文件命名:文件名应体现文件内容,方便后期查找和使用
窗口界面常用对象	标题栏、快速访问工具栏、菜单栏、功能区、滚动条、状态栏、视图切换区、比例缩放区、水平标尺、垂直标尺、对话框启动器、文档编辑区
常用的文档类型	(1)Word 文档:Word 默认的文档保存格式,文件扩展名为.docx。为兼容以前 Word 版本而保存的文档格式,文件扩展名为.doc。 (2)WPS 文档:WPS 默认的文档保存格式,文件扩展名为.wps。 (3)PDF 文档:便携式文件格式,它的优点是跨平台、能保留文件原有格式。 (4)纯文本:只保存文本,不保存其格式设置,常用于保存程序源代码等
基本操作	新建空白文档;打开文档;保存文档;关闭文档
编辑文本	插入文本;选取文本;移动和复制文本;撤销恢复与重复输入;删除文本;查找和替换文本

3.1.4.2　要点解析

要点 1:Word 的窗口组成

Word 操作界面的常用对象包含标题栏、快速访问工具栏、菜单栏、功能区、状态栏、视图切换区、比例缩放区、水平标尺、垂直标尺、对话框启动器、文档编辑区等,如图 3.2 所示。

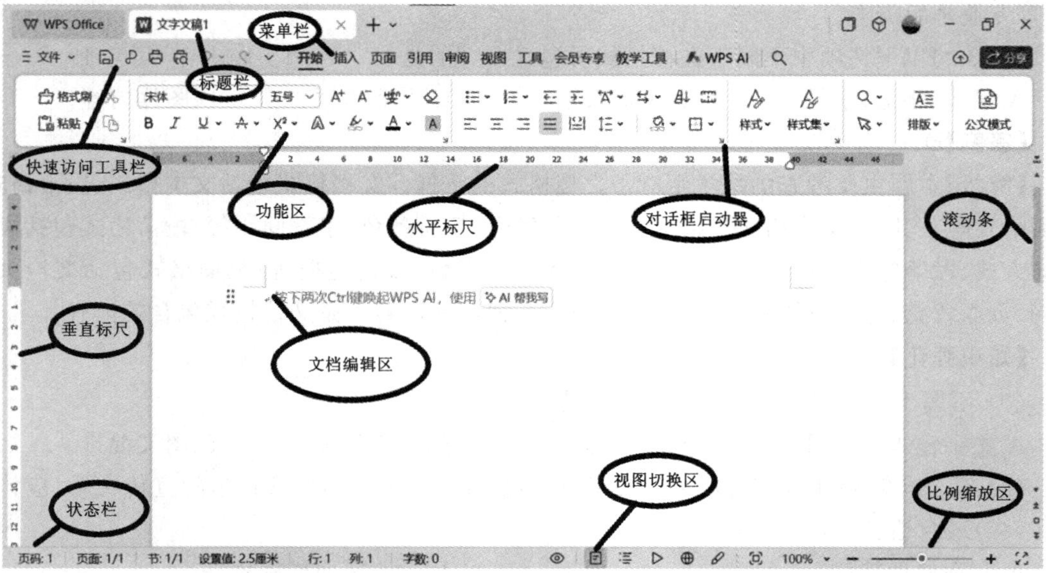

图 3.2　Word 操作界面

Word 窗口界面常用对象功能见表 3.4。

表 3.4　Word 窗口界面常用对象功能介绍

对象名称	基本功能
标题栏	显示当前文档的标题，右侧有“控制按钮”，能够实现窗口的“最小化”“最大化”和“关闭”操作
快速访问工具栏	提供常用命令的快捷方式，如保存、撤销、恢复等，可自定义添加常用功能
菜单栏	包含多个选项卡，每个选项卡对应不同的功能区
功能区	包含各种命令按钮和工具，按功能分类排列，方便用户快速找到所需功能
状态栏	显示当前文档的状态信息，如页码、字数等
视图切换区	提供不同文档视图的切换选项，如“页面视图”“阅读版式”“大纲视图”
比例缩放区	用于调整文档的显示比例，方便用户查看文档内容
水平标尺	显示在文档编辑区的上方，用于调整段落缩进、页边距等水平方向的格式设置。显示/隐藏标尺：在“视图”选项卡下勾选或去掉标尺
垂直标尺	显示在文档编辑区的左侧，用于调整页面的上下边距等垂直方向的格式设置
对话框启动器	位于功能区相关功能的右下角，点击后打开“详细设置”对话框
文档编辑区	用户输入和编辑文档内容的主要区域，显示文档的实际内容
滚动条	位于文档编辑区域的右侧，用户可以通过拖动垂直滚动条来上下移动文档的视图，查看文档的不同部分

【典型例题】

【例 3.3】在 Word 窗口中，(　　)区域可以显示当前文档的字数、页码等信息。

A.快速访问工具栏　　B.状态栏　　C.功能区　　D.视图切换区

【答案】B

【解析】本题考查的是状态栏的功能。状态栏位于 Word 窗口的底部，用于显示文档的状态信息，如页码、字数等。

【知识强化】

在 Word 窗口中，(　　)可以用于快速执行“撤销”或“恢复”操作。

A.快速访问工具栏　　B.水平标尺　　C.对话框启动器　　D.垂直标尺

要点 2:“文件”选项卡

“文件”选项卡包含文件操作命令，常用命令有“新建”“打开”“保存”“另存为”“打印”“退出”等。

【典型例题】

【例 3.4】在“文件”选项卡中，(　　)功能用于更改文件保存位置。

A.新建　　B.另存为　　C.打印　　D.打开

【答案】B

【解析】“另存为”功能允许用户更改保存位置、文件名或文件格式。

【例 3.5】Word 文档默认情况下的保存格式是(　　)。

A. .pdf　　B. .docx　　C. .txt　　D. .xlsx

【答案】B

【解析】Word 的默认保存格式是 .docx,其他格式需要手动选择。

【知识强化】

(1) 若要将文档另存为 PDF 格式,正确的操作顺序是(　　)。

A.“文件”选项卡→另存为→选择保存位置→输入文件名→选择.pdf 格式→保存

B.“文件”选项卡→新建→输入文件名→保存

C.“文件”选项卡→输出为 PPT

D.“文件”选项卡→关闭→另存为

(2) 在 Word 窗口中,使用(　　)选项卡可以实现文档“另存为”的功能。

A.单击“文件”选项卡→“另存为”　　B.单击“插入”选项卡→“另存为”

C.单击“开始”选项卡→“另存为”　　D.单击“引用”选项卡→“另存为”

要点 3:“开始”选项卡

“开始”选项卡可以设置字体格式和段落格式,进行查找、替换等操作。“开始”选项卡如图 3.3 所示。

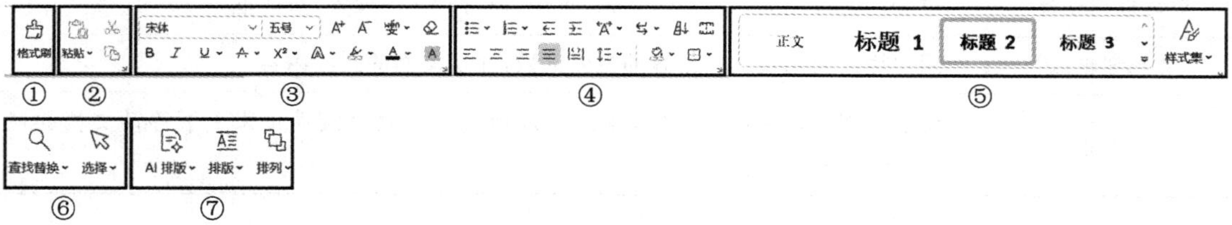

图 3.3　“开始”选项卡

(1) 格式刷用于快速复制文本或段落的格式并应用到其他内容上。

(2) 剪贴板用于执行移动、复制、粘贴等操作。

(3) 字体模块执行设置字体、字形、字号等操作。

(4) 段落模块执行对齐、底纹、边框、项目符号和编号等操作。

(5) 图 3.3 中模块⑤执行样式的选择等操作。

(6) 图 3.3 中模块⑥执行查找替换、选择等操作。

(7) 图 3.3 中模块⑦执行排版、排列等操作

【典型例题】

【例 3.6】快捷键(　　)可以打开“查找和替换”对话框。

A.“Ctrl+C”　　B.“Ctrl+H”　　C.“Ctrl+V”　　D.“Ctrl+S”

【答案】B

【解析】“Ctrl+H”是查找和替换的快捷键。“Ctrl+C”是复制的快捷键。“Ctrl+V”是粘贴的快捷键。“Ctrl+S”是保存的快捷键。

要点 4:“插入”选项卡

“插入”选项卡(图 3.4)可以插入表格、形状等对象。

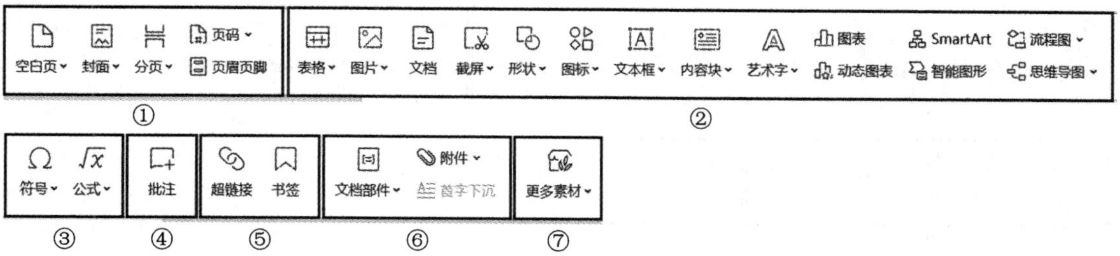

图 3.4 “插入”选项卡

(1) 图 3.4 中模块①可执行插入封面、空白页、分页、页眉页脚等操作。

(2) 图 3.4 中模块②可执行插入表格、图片、截屏、形状、文档、文本框、内容块、艺术字、图表、流程图、思维导图等操作。

(3) 图 3.4 中模块③可执行插入符号、公式等操作。

(4) 图 3.4 中模块④可执行插入批注操作。

(5) 图 3.4 中模块⑤可执行插入超链接、书签等操作。

(6) 图 3.4 中模块⑥可执行插入文档部件、附件、首字下沉等操作。

(7) 图 3.4 中模块⑦可执行插入更多素材等操作。

【典型例题】

【例 3.7】以下方法中可以快速插入图片的是(　　)。

A.按快捷键“Ctrl＋P”　　B.拖拽图片到文档中

C.点击“插入”→“艺术字”　　D.点击“插入”→“符号”

【答案】B

【解析】常用的插入图片的方法。第一种插入本地图片：定位光标→点击“插入”→“图片”→选择文件→点击“插入”。第二种拖拽插入：直接拖拽图片文件到文档中。拖拽图片到文档中是插入图片的快捷方法。

【知识强化】

(1) 插入本地图片的正确步骤是(　　)。

A.定位光标→点击“插入”→“图片”→“来自文件”→选择文件→点击“打开”

B.点击“插入”→定位光标→选择文件→点击“插入”

C.点击“插入”→“形状”

D.点击“插入”→“表格”→选择图片

(2) 在 Word 的“插入”选项卡中，关于插入表格的操作，以下说法正确的是(　　)。

A.插入表格后，表格的行列数不能再修改

B.可以通过“文本转换成表格”功能将已有文字转换为表格

C.插入表格时最多只能创建 10 行 10 列的表格

D.表格插入后无法调整单元格的大小和边框样式

要点 5：“页面”选项卡

“页面”选项卡(图 3.5)可以设置纸张方向、纸张大小等。

(1) 页面设置模块(图 3.5 中①)可执行设置文字方向、页边距、纸张方向、纸张大小、分栏等操作。

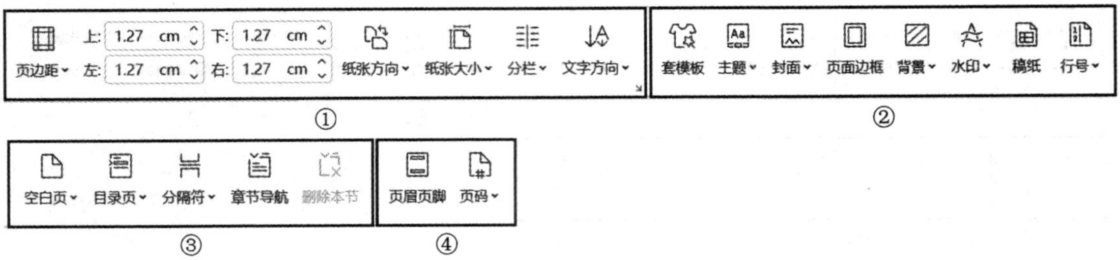

图 3.5　“页面”选项卡

(2) 图 3.5 中模块②可执行设置稿纸、套模板、主题、封面、页面边框、背景、水印、行号等操作。

(3) 图 3.5 中模块③可执行设置空白页、目录页、分隔符、章节导航、删除本节等操作。

(4) 页眉页脚模块(图 3.5 中④)可执行设置页眉页脚、页码等操作。

【典型例题】

【例 3.8】若要自定义页边距,需要点击(　　)。

A.“页面”→“页边距”→“自定义页边距”　　B.“页面”→“段落”→“间距”

C.“插入”→“页”→“边距”　　D.“视图”→“页面设置”

【答案】A

【解析】“页面”选项卡中可以执行设置文字方向、页边距、纸张方向、纸张大小、分栏等操作。页边距可通过选择预设方案(常规、窄、适中、宽、镜像)或自定义页边距调节。纸张方向可选择纵向或横向。纸张大小可选择 A4、A3 预设方案或自定义页面大小等。

【知识强化】

在 Word 的“页面”选项卡中,关于页面设置功能的描述,下列说法中错误的是(　　)。

A.可以设置页边距,包括预设方案和自定义边距选项

B.纸张方向只能设置为纵向,不能设置为横向

C.可以选择不同的纸张大小,如 A4、Letter 等

D.页边距预设方案中包括“常规”“窄”“宽”等选项

要点 6:“引用”选项卡

“引用”选项卡(图 3.6)可以在文档中插入目录、脚注等内容。

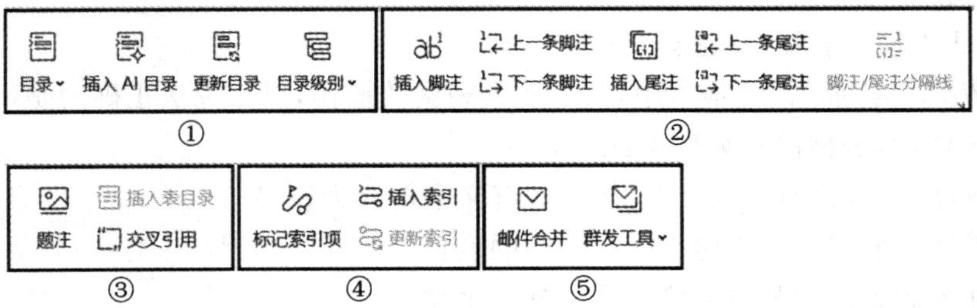

图 3.6　“引用”选项卡

(1) 目录模块(图 3.6 中①)可执行生成目录、更新目录、设置目录级别等操作。

(2) 图 3.6 中模块②可执行插入脚注、插入尾注、脚注/尾注分隔线等操作。

(3) 图 3.6 中模块③可执行插入题注、插入表目录、交叉引用等操作。

(4) 索引模块(图 3.6 中④)可执行标记索引项、插入索引、更新索引等操作。

(5) 邮件模块(图 3.6 中⑤)可执行邮件合并、群发工具等操作。

【典型例题】

【例 3.9】快捷键(　　)可以更新目录。

A."Ctrl+C"　　B."F9"　　C."Ctrl+A"　　D."Ctrl+V"

【答案】B

【解析】本题考查的是更新目录的快捷键,按"F9"可以达到目标要求。A 选项"Ctrl+C"是复制;C 选项"Ctrl+A"是全选;D 选项"Ctrl+V"是粘贴。

【知识强化】

(1) 若要自定义目录格式,需要点击(　　)。

A."引用"→"目录"→"自定义目录"

B."引用"→"脚注"→"自定义目录"

C."插入"→"目录"→"自定义目录"

D."视图"→"目录"→"自定义目录"

(2) 在 Word 的"引用"选项卡中,关于目录功能的操作,以下说法错误的是(　　)。

A.可以通过"引用"→"目录"直接选择智能目录样式生成目录

B.在自定义目录时,可以设置显示级别来控制目录的层级结构

C.更新目录时只能通过右键菜单选择"更新域",不能使用快捷键

D.删除目录需要通过目录左上角的"目录设置"选择"删除目录"

要点 7:"审阅"选项卡

"审阅"选项卡(图 3.7)可以对文档内容进行拼写和语法检查、内容修订等操作。

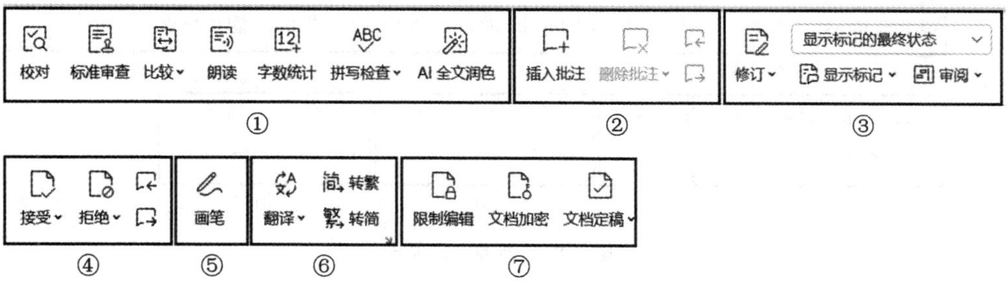

图 3.7　"审阅"选项卡

(1) 图 3.7 中模块①可执行校对、标准审查、比较、字数统计、拼写检查等操作。

(2) 图 3.7 中模块②可执行插入批注、删除批注等操作。

(3) 修订模块(图 3.7 中③)可执行修订、显示标记、审阅等操作。

(4) 更改模块(图 3.7 中④)可执行接受修订、拒绝修订等操作。

(5) 图 3.7 中模块⑤可以使用画笔进行操作。

(6) 图 3.7 中模块⑥可执行简体字和繁字体互相转换的操作。

(7) 图 3.7 中模块⑦可执行限制编辑、文档加密、文档定稿等操作。

【典型例题】

【例 3.10】在 Word 中，给选中的文本添加批注的快捷键是(　　)。

A.“Ctrl＋N”　　B.“Ctrl＋Alt＋M”　　C.“F7”　　D.“Ctrl＋Z”

【答案】B

【解析】添加批注需要先选中目标内容，即拖动鼠标选中需要批注的文本、表格或图片；再插入批注步骤，即点击“审阅”选项卡→“插入批注”，可通过快捷键“Ctrl＋Alt＋M”实现；最后输入批注内容，即在右侧边栏或弹出的批注框中输入说明或反馈。“Ctrl＋N”是新建空白文档的快捷键；“F7”是拼写检查；“Ctrl＋Z”是撤销。

【例 3.11】Word 的“修订”功能主要用于(　　)。

A.自动修正拼写错误　　B.统计文档字数

C.跟踪文档的修改记录　　D.插入页眉页脚

【答案】C

【解析】“修订”功能会标记所有增删改的内容，适合多人协作编辑。

【知识强化】

如果想隐藏修订标记(如下画线、删除线)，但保留修订功能，应该(　　)。

A.关闭“修订”模式

B.在“审阅”→“显示标记”中取消勾选“插入和删除”

C.删除所有批注

D.按“Ctrl＋S”保存文档

要点 8：“视图”选项卡

“视图”选项卡(图 3.8)可以调整文档视图、显示比例等内容。

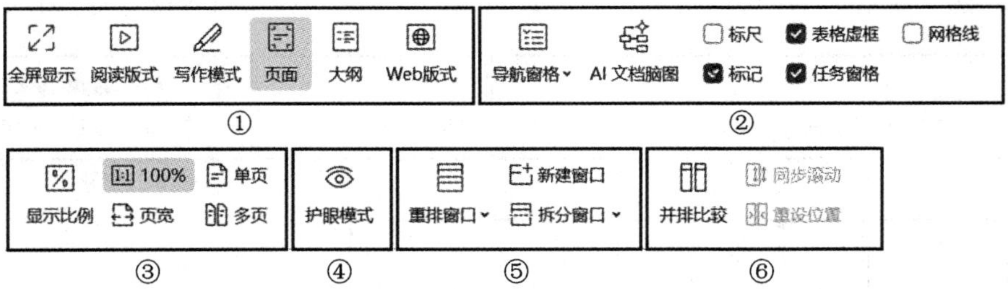

图 3.8　“视图”选项卡

(1) 文档视图模块(图 3.8 中①)可以设置全屏显示、阅读版式、写作模式，可以在页面视图、大纲视图、Web 版式视图等视图间切换。

(2) 图 3.8 中模块②可选择是否显示导航窗格、标尺、标记、表格虚框、任务窗格、网格线等。

(3) 图 3.8 中模块③可设置显示比例、文档缩放、单页、多页、页宽。

(4) 图 3.8 中模块④可设置护眼模式。

(5) 窗口模块(图 3.8 中⑤)可对窗口进行设置，可选择重排窗口、拆分窗口、新建窗口等操作。

(6) 图 3.8 中模块⑥可以进行并排比较、同步滚动、重设位置等操作。

【典型例题】

【例 3.12】Word 中标尺的作用不包括(　　)。

A.调整缩进　　B.设置制表位　　C.调整页边距　　D.统计文字

【答案】D

【解析】本题考查的是标尺的作用。标尺的作用包括调整缩进,即拖动标尺滑块→实时预览段落格式;设置制表位,即选择对齐方式→点击标尺位置→按“Tab”对齐文本;调整页边距,即拖动灰白交界处→页面布局自动更新。不包括统计文字,因此本题选择 D 选项。

【例 3.13】如果文档中标尺不见了,可以通过(　　)选项卡重新显示。

A.“视图”　　B.“审阅”　　C.“引用”　　D.“页面布局”

【答案】A

【解析】本题考查的是“视图”选项卡的基本功能。“视图”选项卡可以设置 Word 的浏览视图、导航窗格、标尺、标记、显示比例、拆分窗口等一系列操作。

【知识强化】

(1)“视图”选项卡中不能进行(　　)操作。

A.显示标尺　　B.重排窗口　　C.设置护眼模式　　D.插入尾注

(2)(　　)组件可以设置制表位,设置方式:选择对齐方式→点击标尺位置→按“Tab”对齐文本。

A.“页”　　B.“标尺”　　C.“文本”　　D.“脚注”

要点 9:新建空白文档

(1) 启动 WPS 程序,点击左上角的“新建”,选择“文字”按钮,在新建页面中选择“空白文档”,单击即可,其扩展名为“.docx”。

(2) 单击标题栏上的“+”按钮,选择“文字”。

(3) 也可使用快捷键“Ctrl+N”。

要点 10:打开 Word 文档

(1) 直接启动文档。在磁盘、文件夹中找到已保存的 Word 文档或其快捷方式,双击该文档即可打开并进入 Word 编辑环境。也可选中多个文档,然后单击鼠标右键选择“打开”或按“Enter”键进入 Word 编辑环境。

(2) 利用最近使用过的文档启动。点击左上角的“文件”选项卡,在左侧菜单中选择“打开”选项,在右侧即可选择要打开的文档。

(3) 也可使用快捷键“Ctrl+O”。

【典型例题】

【例 3.14】以下方法中不能用于直接启动 Word 的是(　　)。

A.在桌面最下方的任务栏中使用搜索命令搜索 Word 程序

B.双击磁盘中已保存的 Word 文档

C.利用“文件”选项卡中的“打开”选项

D.按键盘上的“Ctrl+Alt+Delete”组合键

【答案】D

【解析】启动 Word 的常用方法包括:双击磁盘中已保存的 Word 文档;在“文件”选项卡中

点击“打开”选项，选择最近打开过的 Word 文档；也可以使用桌面最下方的任务栏搜索 Word 应用程序。而“Ctrl＋Alt＋Delete”组合键通常用于打开任务管理器或执行系统操作，不能用于启动 Word。

【例 3.15】当同时选择多个 Word 文档时，按(　　)键可以将它们同时打开。

A.“Enter”　　B.“Ctrl”　　C.“Shift”　　D.“Alt”

【答案】A

【解析】本题考查的是同时打开多个 Word 文档的快捷键，应在选中后按“Enter”键。

要点 11：保存 Word 文档

(1) 单击“文件”选项卡，选择“保存”命令。

(2) 使用“Ctrl＋S”快捷键。

(3) 点击“文件”选项卡，选择“另存为”命令，即可将现文档保存在指定位置，原文档仍然存在。

(4) 单击“快速访问工具栏”中的“保存”按钮。

要点 12：关闭 Word 文档

(1) 单击“文件”选项卡下的“退出”命令。

(2) 使用组合键“Ctrl＋F4”或“Alt＋F4”。

(3) 单击窗口右上角的“×”按钮，即可退出 Word。

【知识强化】

(1) 退出 Word 时，(　　)操作可以退出当前文档。

A.直接单击窗口右上角的“×”按钮

B.选择“文件”选项卡→“退出”命令

C.按键盘上的“Alt＋F4”组合键

D.以上都可以

(2) 关于 Word 的启动与退出操作，下列说法中正确的是(　　)。

① 双击 Word 文档启动时，会自动进入该文档的编辑状态

② 退出 Word 文档只有单击窗口右上角“×”按钮一种方法

③ 退出 Word 文档时未保存，系统不会提示是否需要保存

④ 可以同时选中多个 Word 文档，按“Enter”键批量打开

A.①④　　B.②③　　C.①②　　D.③④

要点 13：插入文本

Word 中红色波浪线表示画线内容可能存在拼写错误；绿色或蓝色波浪线表示画线内容可能存在语法错误。

插入方式：将光标移动到要插入的位置，直接输入字符，新字符会插入光标左侧。

改写方式：光标右侧字符将被新输入字符所替代。

插入与改写切换方式：按“Insert”键切换；或在状态栏单击鼠标右键弹出的快捷菜单中选择“改写”，即可在状态栏中打开或关闭改写功能。

(1) 录入英文文本

切换至英文输入法，直接录入英文、数字及标点符号。

大写字母录入：按“Caps Lock”键切换大小写状态；

单个大写字母录入：按“Shift”键＋字母键。

按“Enter”键换行。

按空格键，在插入点的左侧插入空格。

(2) 录入中文文本

选择输入法(如微软拼音等)，通过输入法录入中文。

切换输入法：按“Ctrl＋Shift”组合键。

切换中英文：“Ctrl＋空格”组合键。

(3) 录入数字文本

通常使用软键盘录入数字符号和类似数字符号。

(4) 录入标点符号

英文标点：句号(.)、问号(?)、叹号(!)、逗号(,)等。

中文标点：句号(。)、问号(？)、叹号(！)、逗号(，)、顿号(、)等。

(5) 录入特殊符号

定位插入点，点击“插入”选项卡下的“符号”按钮，选择所需符号。若未找到符号，点击“其他符号”命令，在“字体”下拉列表中选择字体后找到需要的符号并插入。

【知识强化】

(1) 在文字处理软件中，要将输入方式从插入模式切换到改写模式，可以按(　　)。

A.“Insert”键　　B.“Enter”键　　C.“CapsLock”键　　D.“Shift”键

(2) 在 Word 中录入文本时，以下关于大小写字母输入的操作方法，不正确的是(　　)。

A.按住“Shift”键的同时按字母键，可以输入单个大写字母

B.按下“CapsLock”键后，可以直接输入连续的大写字母

C.在中文输入法状态下，无法输入英文字母

D.要取消 CapsLock 的大写锁定状态，需要再次按下 CapsLock 键

(3) 以下关于拼写检查的说法，错误的是(　　)。

A.拼写错误会用红色波浪线标出　　B.按“F7”可快速启动拼写检查

C.所有错误都必须手动修改　　D.语法错误可能用蓝色下划线标出

要点 14：选取文本

(1) 选择任意文本：按住鼠标左键拖动；或在选定区域开始处单击，按住“Shift”键的同时，在文本区域末尾单击。

(2) 选择一个词：双击词中的任意位置。

(3) 选择一行或多行：在文本选定区(文本左侧的空白处)单击鼠标即可选定一行；或单击鼠标后，上下拖动鼠标，可选定多行。

(4) 选择一个句子：按“Ctrl”键＋单击句子中的任意位置。

(5) 选择一个段落：在段落中任意位置三击鼠标；或在文本选定区双击鼠标。

(6) 选择整篇文档：在文本选定区三击鼠标；或使用快捷键“Ctrl＋A”。

(7) 选择矩形区域文本：按住“Alt”键的同时拖动鼠标。

要点 15：复制和移动文本

(1) 复制文本

① 选择文本，点击“开始”选项卡下的“复制”按钮，移动光标至目标位置，点击“开始”选项

卡下的“粘贴”按钮。

② 选择文本，按快捷键“Ctrl＋C”复制，移动光标至目标位置，按快捷键“Ctrl＋V”粘贴。

③ 选择文本，将鼠标放置在选定文本上，按住“Ctrl”键，拖动鼠标至目标位置，释放鼠标。

④ 选择文本后单击鼠标右键，在弹出的快捷菜单中执行“复制”命令，移动光标至目标位置；再次单击鼠标右键，在弹出的快捷菜单中执行“粘贴”命令。

（2）移动文本

① 选择文本，点击“开始”选项卡下的“剪切”按钮，移动光标至目标位置，点击“开始”选项卡下的“粘贴”按钮。

② 选择文本，按快捷键“Ctrl＋X”剪切，移动光标至目标位置，按快捷键“Ctrl＋V”粘贴。

③ 选择文本，将鼠标放置在选定文本上，拖动鼠标至目标位置，释放鼠标。

④ 选择文本后单击鼠标右键，在弹出的快捷菜单中执行“剪切”命令，移动光标至目标位置；再次单击鼠标右键，在弹出的快捷菜单中执行“粘贴”命令。

要点 16：删除文本

逐个删除字符：按“Backspace”键删除光标左侧字符；按“Delete”键删除光标右侧字符。

删除多个文本：选择文本，按“Backspace”或“Delete”键。

要点 17：查找和替换文本

（1）查找文本

点击“开始”选项卡“查找替换”下的“查找”按钮。打开“查找与替换”对话框的“查找”选项卡；或使用快捷键“Ctrl＋F”。

（2）替换文本

点击“开始”选项卡“查找替换”下的“替换”按钮；或使用快捷键“Ctrl＋H”，在“查找内容”和“替换为”文本框中输入内容，单击“替换”或“全部替换”。单击“查找下一处”按钮，不替换找到的文本，继续查找下一处并定位。

要点 18：撤销恢复与重复输入

（1）撤销

使用快捷键，按下“Ctrl＋Z”快捷键，每按一次撤销一步操作。

在工具栏左侧找到“撤销”按钮，点击即可撤销上一步，点击“撤销”按钮旁的下拉箭头也可以选择撤销步骤。

（2）恢复

使用快捷键，按下“Ctrl＋Y”快捷键，每按一次恢复一步操作。

在工具栏左侧找到“恢复”按钮，点击即可恢复上一步撤销的操作。

注意：“恢复”功能只能在已经进行的撤销操作的基础上才可以使用。

（3）重复输入

按下“Ctrl＋Y”或“F4”键，可重复最后一次操作（如输入文字、应用格式等）。

【典型例题】

【例 3.16】在 Word 中，要快速选择一个段落，可以使用（　　）操作。

A.在段落中双击鼠标　　B.在段落中三击鼠标

C.在段落左侧单击鼠标　　D.在段落左侧三击鼠标

【答案】B

【解析】在段落中双击鼠标可以选中一个词;在段落中三击鼠标可以选择一个段落;在段落左侧单击鼠标可以选中一行;在段落左侧三击鼠标可以选择整个文档。故答案为B。

【例3.17】在Word中,要查找文档中的特定文本,可以使用( )快捷键。

A."Ctrl+F" B."Ctrl+H"

C."Ctrl+C" D."Ctrl+V"

【答案】A

【解析】"Ctrl+F"是查找文本的快捷键;而"Ctrl+H"是查找和替换的快捷键。"Ctrl+C"是复制文本的快捷键;"Ctrl+V"是粘贴文本的快捷键。故答案为A。

【知识强化】

(1) 在WPS文字中,下列关于撤销、恢复和重复操作的说法中,错误的是( )。

A.按"Ctrl+Z"可以撤销上一步操作,多次按可逐步撤销多步操作

B.按"Ctrl+Y"既可以恢复被撤销的操作,也可以重复最后一次操作

C.点击"开始"选项卡中的"恢复"按钮只能恢复一步操作,无法选择恢复多步操作

D."F4"键的功能是重复最后一次操作

(2) 在WPS文字中关于重复操作("F4"键)的使用,下列说法中错误的是( )。

A."F4"键可以重复上一次的文字输入操作

B."F4"键可以重复上一次的格式设置操作(如加粗、改字体)

C."F4"键可以重复插入图片、表格等对象操作

D."F4"键的功能与"撤销"("Ctrl+Z")完全一致,可以互相替代

3.1.5 保护文档

3.1.5.1 必备知识清单

具体内容见表3.5。

表3.5 保护文档的主要功能

限制编辑	限制编辑包括格式化限制和编辑限制。 格式化限制就是不允许对文档的应用样式进行格式设置;编辑限制包括允许对文档进行修订、批注,不允许进行任何更改(只读)
设置打开权限	给文档设置密码是为了保护文档,只有知道密码的人才有权限打开和阅读文档
设置文档修改密码	文档允许他人查看,而不允许他人对文档进行修改时,可以设置文档修改时的密码

3.1.5.2 要点解析

要点1:限制编辑

限制编辑是限制用户对文档的编辑操作,包括格式化限制和编辑限制。以下是在WPS中设置限制编辑的步骤:

(1) 打开需要限制编辑的文档(文字文档、表格或演示文稿)。

(2) 进入"审阅"选项卡。

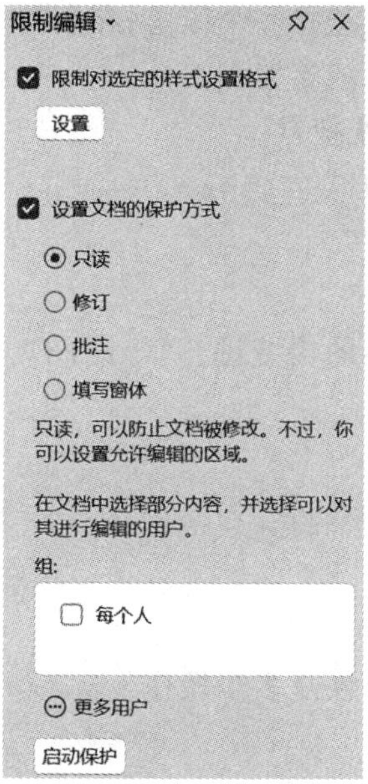

图 3.9　“限制编辑”窗格

(3) 选择“限制编辑”，此时文档右侧会弹出“限制编辑”任务窗格。

(4) 选择限制内容。在“限制编辑”任务窗格中，选择限制内容(图 3.9)。

格式化限制。限制用户对文档格式的更改(如字体、字号、段落格式等)，勾选“限制对选定的样式设置格式”选项。点击“设置”按钮，选择允许用户进行的格式化操作。

编辑限制:限制用户对文档内容的编辑操作，勾选“设置文档的保护方式”选项后选择允许的操作类型:

只读:用户只能查看文档，不能进行任何编辑操作。

修订:用户可以对文档进行修订操作，但不能直接修改原文。

批注:用户可以对文档进行批注，但不能修改文档内容。

填写窗体:适用于文档中有表单域的情况，用户只能在表单域中输入内容，不能修改其他部分。

(5) 启用保护。设置好限制内容后，点击“启动保护”按钮。

在弹出的对话框中输入保护密码，并确认密码。密码设置后，用户在尝试进行未授权的编辑操作时，将被提示输入密码。

(6) 保存文档。完成设置后，点击“文件”→“保存”或“另存为”，将文档保存到指定位置。

【典型例题】

【例 3.18】以下关于限制编辑功能的描述，选项(　　)是正确的。

A.格式化限制允许用户随意更改文档的格式

B.编辑限制不允许用户对文档进行任何操作

C.格式化限制适用于需要保持文档格式一致性的场景

D.编辑限制只适用于法律文件

【答案】C

【解析】格式化限制是不允许用户对文档的应用样式进行格式设置的，目的是保持文档格式的一致性。编辑限制并不是完全禁止用户操作，它可以根据需要设置为允许修订、批注，或者只读模式。格式化限制确实适用于需要保持文档格式一致性的场景，比如公司内部的标准化文档、合同模板等，这些文档需要统一的格式。编辑限制不仅适用于法律文件，还适用于其他需要保护内容不被随意更改的场景，比如重要报告等。

【例 3.19】在 Word 中，设置打开权限密码的正确步骤是(　　)。

A.单击“文件”→“保存”

B.单击“文件”→“另存为”

C.单击“文件”→“文档加密”→“密码加密”

D.单击“视图”→“页面布局”

【答案】C

【解析】在“文件”选项卡中，选择“文档加密”命令，可在“密码加密”对话框中设置密码。

【知识强化】

在 WPS 中设置文档打开权限时，正确的是(　　)。

A.直接在文档中输入密码　　B.通过“文件”菜单选择“文档加密”

C.在打印设置中选择“密码加密”　　D.通过“开始”菜单选择“文档加密”

要点 2：设置文档密码的步骤

文档允许他人查看，而不允许他人修改时，可以设置文档修改时的密码。点击“文件”选项卡→“文档加密”→“密码加密”，在“密码加密”对话框中设置打开密码或编辑密码。

需要注意的是：设置修改文件的密码后，用户不需要密码同样能打开该文档，并对该文档进行修改，但将修改的文档保存时，不能以相同名字存盘，必须重命名。这样既能保证原始文档不被修改，又能使其他用户阅读、复制原始文件。

【典型例题】

【例 3.20】以下关于设置文档密码的描述，正确的是(　　)。

A.设置修改密码后，用户无法打开文档

B.设置修改密码后，用户可以修改并直接保存原始文档

C.设置修改密码后，用户可以打开文档，但修改后必须重命名保存

D.设置修改密码后，用户无法查看文档内容

【答案】C

【解析】设置修改密码后，用户仍然可以打开文档，只是不能直接保存修改到原始文件。

3.1.6 打印文档

3.1.6.1 必备知识清单

具体内容见表 3.6。

表 3.6 打印文档的主要功能

打印预览	(1) 打印文档之前可先进行打印预览，如果不满意可以重新编排，以节省纸张。 (2) 单击“文件”→“打印”选项，选择“打印预览”，可以预览打印效果
设置打印参数	在打印之前，在“打印”对话框中设置打印参数
打印文档	单击“文件”选项卡“打印”按钮，或使用快捷键“Ctrl＋P”，即可完成打印。在打印时如果发现文档存在错误，可以取消正在进行的打印操作

3.1.6.2 要点解析

要点 1：打印前注意事项

①检查打印机状态；②检查文档内容；③设置打印环境；④确定文档需求；⑤安装打印机驱动。

要点 2：设置打印参数

在“打印”对话框中可以设置打印参数，以下是详细说明：

(1) 选择打印机。在“打印机”下拉菜单中选择想要使用的打印机。如果列表中没有你的

打印机，可能需要安装或更新打印机驱动程序。

(2) 选择打印范围。在打印设置窗口中，找到“页码范围”选项。

全部：打印整个文档。

当前页：仅打印当前显示的页面。

页码范围：输入需要打印的页面范围(如 1—3,5,7)。

(3) 设置打印份数。在打印设置窗口中，找到“副本”选项，输入需要打印的份数。

【知识强化】

(1) 在 WPS 中打印文档时，以下关于打印范围的描述，正确的是(　　)。

A.打印范围中无法选择打印奇数页或偶数页

B.打印范围中可以选择打印奇数页或偶数页

C.打印范围中只能选择打印全部页面

D.打印范围中只能选择打印当前页面

(2) 请你使用 Word 文档制作一份“班级活动通知”，具体要求如下：

① 新建一个空白文档，并将其命名为“班级活动通知.docx”。

② 输入图 3.10 所示的通知内容并设置格式：

班级活动通知习近平总书记在二十大报告指出，广大青年要坚定不移听党话、跟党走，怀抱梦想又脚踏实地，敢想敢为又善作善成，立志做有理想、敢担当、能吃苦、肯奋斗的新时代好青年，让青春在全面建设社会主义现代化国家的火热实践中绽放绚丽之花，青春是充满活力的，青春是绚丽的。为了丰富大家的课余生活，增强班级凝聚力，绽放大家的青春活力，班委会决定组织一次春游活动，具体安排如下：

一、活动时间：2025 年 3 月 22 日（星期六）上午 8:00 — 下午 5:00

二、活动地点：西沽公园

三、活动内容：

1. 集体游戏
2. 野餐
3. 自由活动

四、注意事项

1. 请同学们准时到达集合地点，集合地点为学校北 3 门。
2. 请同学们自备午餐和饮用水。
3. 活动期间请注意安全，听从领导、老师和班干部指挥。

欢迎大家踊跃参加！

班委会

图 3.10　班级活动通知内容

请在文本“班级活动通知”后换行，并为下一段设置格式，首行缩进 2 个字符。

将标题“班级活动通知”设置为宋体、三号、居中对齐。

将“班委会”设置为文本右对齐。

在最后一行添加日期和时间，并设置为自动更新。

③ 在文档底部插入图片“春游.jpg”。

④ 保护文档：

为文档设置密码保护，密码为“123456”，防止他人随意修改。

关闭文档，然后重新打开，测试打开密码是否生效。

将文档设置为只读模式，防止他人修改内容。

设置文档的修改密码。

取消文档的打开密码和修改密码。

日期自动更新提示：点击“插入”选项卡→单击“文档部件”中“日期”按钮，在对话框中选择一种日期和时间格式，并勾选“自动更新”复选框。

文档最后效果如图 3.11 所示。

班级活动通知

习近平总书记在二十大报告指出，广大青年要坚定不移听党话、跟党走，怀抱梦想又脚踏实地，敢想敢为又善作善成，立志做有理想、敢担当、能吃苦、肯奋斗的新时代好青年，让青春在全面建设社会主义现代化国家的火热实践中绽放绚丽之花，青春是充满活力的，青春是绚丽的。为了丰富大家的课余生活，增强班级凝聚力，绽放大家的青春活力，班委会决定组织一次春游活动，具体安排如下：

一、活动时间：2025 年 3 月 22 日（星期六）上午 8:00 — 下午 5:00

二、活动地点：西沽公园

三、活动内容：

1. 集体游戏
2. 野餐
3. 自由活动

四、注意事项

1. 请同学们准时到达集合地点，集合地点为学校北 3 门。
2. 请同学们自备午餐和饮用水。
3. 活动期间请注意安全，听从领导、老师和班干部指挥。

欢迎大家踊跃参加！

班委会

2025 年 4 月 9 日12 时 52 分

图 3.11　最终效果展示

3.2　设置文档格式

文档格式的设置，看似是文字排列的“表面功夫”，实则是职业素养与价值追求的深层映射。党的二十大提出“在全社会弘扬精益求精的工匠精神”。而一份格式规范的文档，正是这种精神的微观写照——字号统一是严谨态度的刻度；段落对齐是规则意识的标尺；页眉页脚是细节品格的印章。更深远的意义在于,文档格式的规范是数字时代公民素养的基石。从学术论文到政务公文,从企业报告到国际协议,统一的格式标准如同社会运行的“通用语言”,它打破沟通壁垒、凝聚集体共识,让个体智慧在规则护航下汇聚成推动文明进步的力量。让我们以格式设置为起点,在方寸屏幕间锤炼“工匠精神”,用规范书写传递专业态度,以系统思维赋能创新表达,让每一份文档都成为展现中国青年“硬本领”与“软实力”的立体名片!

3.2.1 目标导航

(1) 掌握文档文本、段落和页面格式设置的方法;
(2) 掌握使用样式进行文本格式快捷设置的方法。

3.2.2 知识图谱

具体内容如图 3.12 所示。

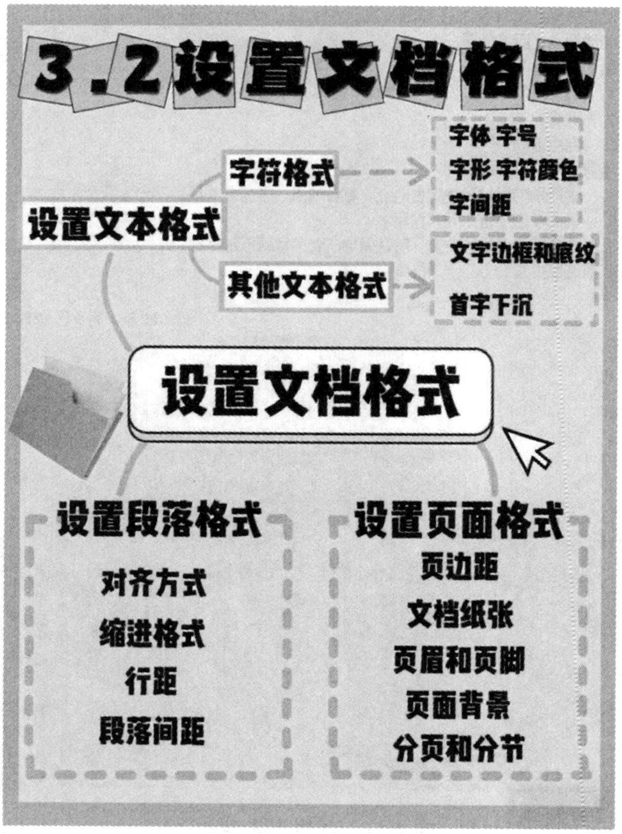

图 3.12　知识图谱——设置文档格式

3.2.3 设置文本格式

3.2.3.1 必备知识清单

具体内容见表 3.7。

表 3.7　设置文本格式

字符格式	(1)字体：指字符的形体，软件中一般会提供多种字体。 (2)字号：指字符的大小。 (3)字形：指加于字符的一些属性，如粗体、斜体、下划线、空心字、上标、下标、着重号等。 (4)字符颜色：一般默认为黑色，也可以设置为红、黄、绿等其他颜色。 (5)字间距菜单：在“字体”对话框的“字符间距”组中，可以设置字符的缩放、间距、位置
其他文本格式	(1)边框和底纹：为文字、段落添加边框和背景色。 (2)首字下沉：段首的一个字或前几个字放大并下沉或悬挂，增强视觉效果。 (3)特殊效果：拼音指南、带圈字符等特殊格式

3.2.3.2　要点解析

要点 1：字体

字体是文档排版中常用的中英文字体类型，无须额外安装，通常随 WPS 软件内置或由系统提供，用户可直接调用以增强文档的可读性与美观性。

常见中文字体：宋体、黑体、楷体、仿宋、微软雅黑、方正系列等。

常见英文字体：Arial、Times New Roman、Calibri、Consolas 等。

符号字体：Wingdings、Symbol(用于特殊符号)。

常见字体效果如图 3.13 所示。

宋体　仿宋　**黑体**　Times New Roman

图 3.13　字体效果

常用字体设置方式

方法 1：选中文本，在“开始”选项卡的“字体”模块中调整。

方法 2：选中文本，在“开始”选项卡的“字体”模块中打开右下角的对话框启动器，在“字体”对话框中调整。

方法 3：选中文本，在弹出的浮动工具栏中调整。注意：若选中文本时没有弹出浮动工具栏，则需要点击菜单栏上的“文件”，在下拉菜单中点击“选项”，在弹出的对话框中勾选“选择时显示浮动工具栏”，点击“确定”按钮。

方法 4：选中文本，按“Ctrl＋D”组合键，打开“字体”对话框调整。

【典型例题】

【例 3.21】要设置“楷体”，应该在(　　)操作。

A.“开始”选项卡　　B.“页面”选项卡　　C.“审阅”选项卡　　D.“视图”选项卡

【答案】A

【解析】字体设置在“开始”选项卡的“字体”模块中。

【知识强化】

(1) 在 WPS 文字中，(　　)字体是常见的英文字体。

A.宋体　　B.黑体　　C.Arial　　D.楷体

(2) 在 WPS 文字中,若要将选中的文字设置为“宋体”,以下选项中正确的是(　　)。

A.在“插入”选项卡中选择“文本框”

B.在“开始”选项卡中“字体”下拉菜单选择

C.使用快捷键“Ctrl＋Shift＋F”

D.在“页面”中调整页边距

要点 2:格式刷的使用

图 3.14　“格式刷”按钮

格式刷是一个方便的工具,用于快速复制文本的格式并应用到其他内容上。格式刷的使用方法如下:

方法 1:先选中已设置好格式的文字,在“开始”选项卡下单击“格式刷”按钮,如图 3.14 所示;然后拖动刷子图标到目标内容上,即可完成格式复制。

方法 2:按快捷键“Ctrl＋Shift＋C”复制格式,按快捷键“Ctrl＋Shift＋V”粘贴格式。

方法 3:若需连续应用多次格式,可双击“格式刷”按钮。

退出“格式刷”:再次单击“格式刷”按钮或按“Esc”键结束。

【典型例题】

【例 3.22】在“开始”选项卡中,用于快速复制格式的工具是(　　)。

A.剪贴板　　B.字体设置　　C.格式刷　　D.段落对齐

【答案】C

【解析】格式刷用于快速复制文本或段落的格式。格式刷:选中源格式对象后,点击“开始”→“格式刷”(格式刷),单次复制格式刷,双击连续复制多次格式。光标变为刷子形状时,拖动选中的目标文本或单击目标对象,格式立即生效。按“Esc”键或再次点击则退出。

【知识强化】

若要连续多次复制格式,需要(　　)。

A.单击格式刷　　B.双击格式刷　　C.长按格式刷　　D.鼠标右键点击格式刷

要点 3:字号

字号功能用于调整文字的大小。字号有两种表示方法,一种以“号”为单位,初号至八号字号由大到小;另一种以“磅”为单位,5 磅至 72 磅由小到大,效果如图 3.15 所示。

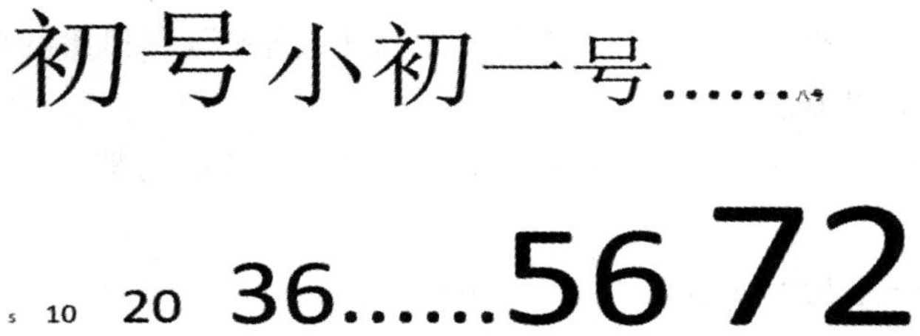

图 3.15　字号

调整字号的方式主要有以下几种:

方法 1:用户可以通过“开始”选项卡中的“字号”下拉菜单选择预设的数值(如 10.5、12、14 等),也可以手动输入自定义字号值。

方法 2：快捷键“Ctrl＋[”和“Ctrl＋]”或“Ctrl＋Shift＋＜”和“Ctrl＋Shift＋＞”可以快速减小或增大字号，方便用户快速调整文字大小。

方法 3：在“开始”选项卡中的“字体”模块中打开右下角的对话框启动器，在“字体”对话框中选择需要的字号。

方法 4：选中需要设置的文本，在弹出的浮动工具栏中选择需要的字号。

【典型例题】

【例 3.23】在 WPS 文字中，想要快速调整选中文字的字号大小，以下操作中正确的是(　　)。

A.在“插入”选项卡中的“字号”下拉菜单设置

B.在“开始”选项卡中的“字号”下拉菜单设置

C.使用快捷键“Ctrl＋U”

D.在“页面”选项卡中的“字号”下拉菜单设置

【答案】B

【解析】调整字号最直接的方式是通过“开始”选项卡中的“字号”下拉菜单设置。快捷键“Ctrl＋U”是添加下划线，其他选项与字号无关。

【知识强化】

在 WPS 文字中，若要将文字字号设置为“三号”，以下操作中正确的是(　　)。

A.在“字体”下拉菜单中选择“三号”　　B.在“字号”下拉菜单中选择“三号”

C.使用快捷键“Ctrl＋Shift＋＞”　　D.在“页面”选项卡中调整字体大小

要点 4：颜色

字体颜色设置是一个常用的功能，用户可以通过多种方式调整。

方法 1：在“开始”选项卡中找到“字体颜色”按钮 A，点击后可以选择预设颜色或自定义颜色。

方法 2：选中需要修改颜色的文字，打开“字体”对话框，也可以设置字体颜色。

方法 3：选中需要设置颜色的文本，在弹出的浮动工具栏中，选择需要的字体颜色。

要点 5：字符间距

字符间距功能用于调整文字之间的水平距离，用户可以通过“字体”对话框中的“字符间距”选项进行设置。字符间距的调整方式包括标准、加宽和紧缩三种模式，用户还可以输入具体的数值来精确控制间距大小。字符间距的设置如图 3.16 所示。

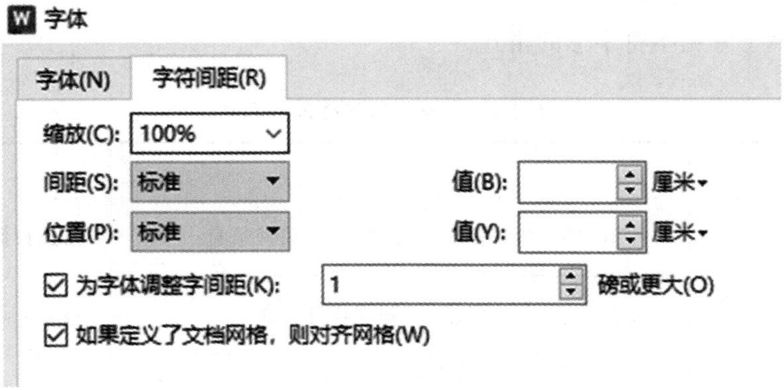

图 3.16　字符间距

三种字符间距效果如图 3.17 所示：

标准字符间距标准字符间距标准字符间距

加 宽 字 符 间 距 加 宽 字 符 间 距 加 宽 字 符 间 距

紧缩字符间距紧缩字符间距紧缩字符间距

图 3.17　字符间距效果

【典型例题】

【例 3.24】在 WPS 文字中，调整文字之间的水平距离(字间距)，应通过以下(　　)功能实现。

A.“插入”选项卡中的“艺术字”　　B.“字体”对话框中的“字符间距”

C.“页面布局”中的“页边距”　　D.使用快捷键“Ctrl＋Space”

【答案】B

【解析】字间距调整需在“字体”对话框的“字符间距”中设置，其他选项与字间距无关。

【知识强化】

以下操作中无法调整字间距的是(　　)。

A.单击鼠标右键，打开菜单中“字体”对话框　　B.“开始”选项卡中的“字体”模块小箭头

C.“页面布局”中的“段落”设置　　D.直接输入数值控制间距

要点 6：字形

字符格式的字形包括加粗、倾斜、下划线、删除线等常见效果。常用的调整文字字形方法如下：

方法 1：用户可以通过“开始”选项卡中的“字体”模块快速应用这些样式，例如点击“**B**”按钮加粗文字，点击“*I*”按钮使文字倾斜，或点击“U”按钮添加下划线。

方法 2：在“开始”选项卡中的“字体”模块打开右下角的对话框启动器，在“字体”对话框中设置，如双删除线、上下标等特殊效果。

方法 3：选中需要设置字形的文本，在弹出的浮动工具栏中选择需要的字形。

方法 4：按“Ctrl＋B”组合键设置加粗显示；按“Ctrl＋I”组合键设置倾斜显示；按“Ctrl＋U”组合键设置下划线显示。

表 3.8 列举了常见字符字形的格式。

表 3.8　字符字形的格式和示例

格式	作用	示例
粗体 **B**	加粗文字，增强视觉冲击力，突出关键信息	**截止日期:2024 年 12 月**
斜体 *I*	倾斜文字，表示引用、强调或特殊含义	*The Godfather*(电影名)
下划线 U	在文字下方添加线条，标记链接或重点(但需谨慎使用)	点击这里下载

续表3.8

格式	作用	示例
上标 X^2	缩小文字并抬高，用于科学符号、注释等	X^2、专利®
下标 X_2	缩小文字并降低，用于化学式、数学符号等	H_2O、X_n
着重号	在文字下方添加圆点或短线，提示读者注意	必须遵守协议条款

【典型例题】

【例 3.25】在 WPS 文字中，若要将选中的文字设置为“加粗”，以下选项中无法实现的是(　　)。

A.点击“开始”选项卡中的 **B** 按钮

B.使用快捷键 Ctrl＋B

C.单击鼠标右键，在菜单中的“字体”对话框勾选“加粗”

D.在“插入”选项卡中点击“艺术字”

【答案】D

【解析】加粗可通过 **B** 按钮、快捷键或右键菜单实现，而“艺术字”与普通文字加粗无关。

【知识强化】

(1) 小明想要为文字添加“下划线”，以下操作正确的是(　　)。

A.使用快捷键“Ctrl＋B”　　B.在“页面布局”中调整线型

C.点击“开始”选项卡中的 U 按钮　　D.通过“插入”选项卡添加文本框

(2) 在 WPS 文字中，为文字添加“删除线”效果的正确操作是(　　)。

A.使用快捷键“Ctrl＋D”

B.在“页面布局”中设置页边距

C.单击鼠标右键，在菜单中的“字体”对话框勾选“删除线”

D.点击“开始”选项卡中的“下划线”按钮

要点 7：文本效果的设置——空心字

使用方法：在“开始”选项卡的“字体”模块中打开“字体”对话框，单击下方的“文本效果”；在弹出的对话框中，文本填充选择无填充，文本轮廓选择实线或渐变线，点击“确定”。

删除文本效果：在“开始”选项卡的“字体”模块中单击“清除格式”按钮。空心字效果如图 3.18 所示。

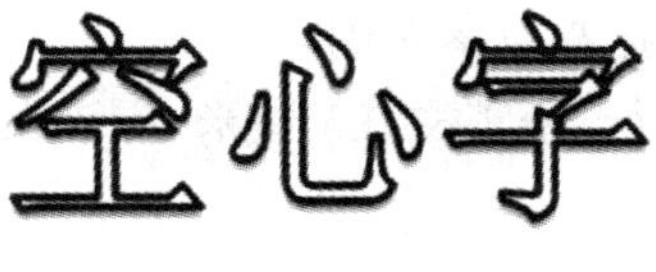

图 3.18　空心字效果图

要点 8：边框和底纹

用户可以为选中的文字、段落或页面添加边框，边框样式包括实线、虚线、双线等多种类型，并支持自定义颜色和宽度，常用于设计证书、海报等特殊文档。底纹功能则可以为文字或段落设置背景颜色或图案，突出显示重要内容。

设置方法：可以通过“开始”选项卡的“段落”模块中的“底纹颜色”按钮和“边框”按钮来实现；或在“边框”按钮下拉菜单中选择“边框和底纹”选项，在对话框中设置。

边框效果如图 3.19 所示。

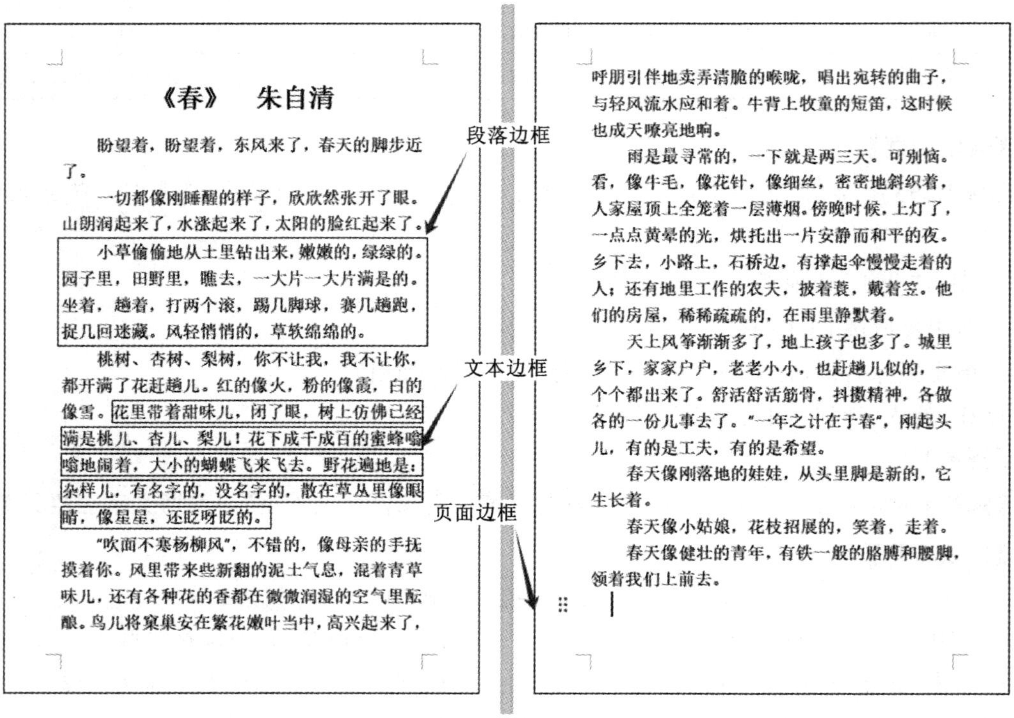

图 3.19 边框效果

要点 9：首字下沉

首字下沉是一种常见的排版效果，通常用于段首的一个字或前几个字，使其放大并下沉或悬挂。用户可以通过“插入”选项卡中的“首字下沉”功能设置，选择下沉或悬挂的行数和与正文的距离。

【典型例题】

【例 3.26】(　　)效果会使段落首字悬挂在正文左侧。

A.悬挂缩进　　B.首行悬挂　　C.首字下沉　　D.左缩进

【答案】B

【解析】首行悬挂会使首字悬挂在段落左侧。

【例 3.27】要设置首字下沉 2 行，距正文 0.5 厘米，应该在“首字下沉”对话框中设置下沉行数为________，距正文为________。

【答案】2　　0.5 厘米

【解析】这两个参数分别控制下沉行数和与正文的距离。

【知识强化】

要实现首字悬挂效果，需要在__________对话框中设置首字悬挂。

要点 10：带圈字符和拼音指南

带圈字符功能允许用户为单个字符或数字添加圆圈、方框等装饰效果，常用于标注序号或强调内容；拼音指南功能则为中文字符添加拼音标注，特别适合教育类文档或儿童读物，这两个功能操作简单，能够有效提升文档的专业性和可读性。

用户可以通过单击“开始”选项卡中“拼音指南”按钮的下拉菜单来快速设置。效果如图 3.20 所示。

pīn yin zhǐ zān
拼音指南　　带圈字符

图 3.20　拼音指南与带圈字符

【知识强化】

谈起“女高奇迹”，张桂梅说：“这是老师和学生和拼搏出来的。我们不拿出这样拼的架势，孩子们怎么和外面条件好、基础好的孩子比？”

无私奉献，如烛照夜，温暖人心。她不求回报，只愿付出，以行动诠释大爱无疆。在平凡岗位上，无数人以无私之心，铸就非凡事业，传递正能量，让世界更加美好。让我们弘扬这种精神，携手前行，共筑人间温情。

在 Word 中输入以上两段文字，根据以下要求完成对第二段文字的设置。

（1）将正文整体字体设置为楷体、三号字。

（2）正文第一行的“无私奉献”设置为国标黑体、红色、二号字体；

（3）将“让我们弘扬这种精神，携手前行，共筑人间温情。”设置为字体加粗、单下划线。

（4）正文段前、段后间距均设置为 0.5 行，行距设置为固定值 30 磅。

第二段文字效果如图 3.21 所示。

无私奉献，如烛照夜，温暖人心。她不求回报，只愿付出，以行动诠释大爱无疆。在平凡岗位上，无数人以无私之心，铸就非凡事业，传递正能量，让世界更加美好。**让我们弘扬这种精神，携手前行，共筑人间温情。**

图 3.21　效果模板图

【扩展延伸】快捷键大全

快捷键的使用能够帮助我们提高办公效率。表 3.9 是常用的快捷键。

表 3.9　快捷键大全

分类	快捷键	功能说明
通用操作	Ctrl+N	新建文档
	Ctrl+O	打开文档
	Ctrl+S	保存当前文档
	Ctrl+P	打印文档
	Ctrl+Z	撤销上一步操作
	Ctrl+Y	恢复撤销的操作
	Ctrl+F	查找内容
	Ctrl+H	替换内容

续表3.9

分类	快捷键	功能说明
文字处理	Ctrl+B	加粗选中文字
	Ctrl+I	倾斜选中文字
	Ctrl+U	为文字添加下划线
	Ctrl+Shift+=	设置为上标(如 x^2)
	Ctrl+=	设置为下标(如 H_2O)
	Ctrl+L	段落左对齐
	Ctrl+E	段落居中对齐
	Ctrl+R	段落右对齐
	Ctrl+J	段落两端对齐
	Ctrl+Shift+N	清除所选内容的格式
批注与修订	Ctrl+Alt+M	插入批注
	Ctrl+Shift+E	打开/关闭修订模式

3.2.4 设置段落格式

3.2.4.1 必备知识清单

具体内容见表 3.10。

表 3.10 段落格式的设置

段落格式	对齐方式	(1)左对齐:文字靠左对齐,右侧参差不齐。 (2)居中对齐:文字居中对齐,左右对称。 (3)右对齐:文字靠右对齐,左侧参差不齐。 (4)两端对齐:文字左右两端对齐,排列整齐。 (5)分散对齐:文字均匀分散,占满整行宽度
	缩进格式	(1)无缩进:段落无缩进,与页边对齐。 (2)首行缩进:首行向右缩进,其余行不变。 (3)悬挂缩进:首行不变,其余行缩进。 (4)左缩进:段落向右缩进,使左侧空出。 (5)右缩进:段落向左缩进,使右侧空出
	行距	(1)1 倍:行距设置为默认值。 (2)1.5 倍:行距设置为默认值的 1.5 倍。 (3)固定值:行距设置为固定值,不可调整,如果字符过大行距不够,超出部分会被切掉。 (4)多倍行距:行距设置为默认值的若干倍
	段落间距	(1)段前:段落与前一个段落之间的距离。 (2)段后:段落与后一个段落之间的距离

3.2.4.2　要点解析

要点 1：对齐方式

文字中的对齐方式主要包括左对齐、右对齐、居中对齐、两端对齐以及分散对齐。这些功能可以通过工具栏上的对齐按钮快速切换，如图 3.22 所示。

左对齐效果如图 3.23 所示；右对齐效果如图 3.24 所示；居中对齐效果如图 3.25 所示；两端对齐效果如图 3.26 所示；分散对齐效果如图 3.27 所示。

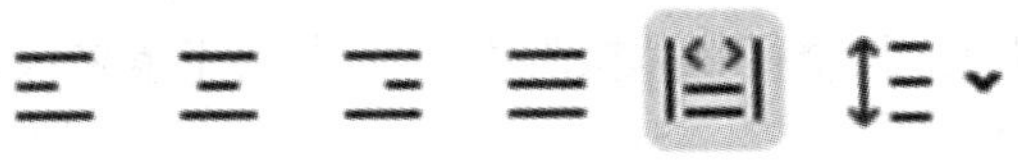

图 3.22　对齐方式

这是一段文本这是一段文本这是一段文本这是一段文本

图 3.23　左对齐

这是一段文本这是一段文本这是一段文本这是一段文本

图 3.24　右对齐

这是一段文本这是一段文本这是一段文本这是一段文本

图 3.25　居中对齐

这是一段文本这是一段文本这是一段文本，这是一段文本，这是一段文本这是一段文本这是一段文本这是一段文本这是一段文本这是一段文本这是一段文本这是一段文本这是一段文本

图 3.26　两端对齐

这　是　一　段　文　本

图 3.27　分散对齐

【典型例题】

【例 3.28】在 WPS 中，(　　)会让文本左右两侧都严格对齐(除最后一行外)，常用于正式文档排版。

A.左对齐　　B.居中对齐　　C.两端对齐　　D.分散对齐

【答案】C

【解析】两端对齐会智能调整字间距，使文本左右边缘整齐对齐(最后一行除外)，适合正式文档。

【知识强化】

在 WPS 中，将文本居中对齐的快捷键是(　　)。

A.Ctrl+L　　B.Ctrl+R　　C.Ctrl+E　　D.Ctrl+J

要点 2：缩进

段落缩进是控制文本与页边距距离的重要排版功能，主要分为以下几种类型：

首行缩进：指段落的第一行向右缩进一定距离(中文排版通常缩进 2 个字符)，其余行不变，是最常用的中文段落格式。这种格式符合中文写作规范，能使段落层次分明。

悬挂缩进：段落首行不变，其余行整体向右缩进。常用于参考文献、项目列表等特殊排版场景，能突出段落起始位置。

左缩进：控制整个段落(包括所有行)与左边距的距离，段落整体向右缩进，使左侧空出。这种格式适用于需要整体向内移动的段落，如引文、备注等内容。

右缩进：调节整个段落与右边距的距离，段落整体向左缩进，使右侧空出。这种格式常用于特殊版式设计，或需要限制段落宽度的情况。

无缩进：段落完全不进行缩进处理，所有行都与页边距对齐。这种格式适合西文写作或某些技术文档的排版需求。

其中首行缩进和悬挂缩进是互斥的，而左右缩进则可以与其他缩进方式组合使用。调整方式如下：

效果展示

方法 1：在"开始"选项卡中的"段落"模块中打开"段落"对话框，在"缩进和间距"里调整缩进的方式和缩进的距离。

方法 2：利用标尺调整，若没有标尺显示，则需要在"视图"选项卡中勾选"标尺"。左侧倒三角是控制首行缩进的；正三角是控制悬挂缩进的；矩形是控制左缩进的；右侧正三角是控制右缩进的。

【典型例题】

【例 3.29】在 WPS 中，拖动标尺左上角的"倒三角"可以调整(　　)缩进。

A.悬挂缩进　　B.首行缩进　　C.左缩进　　D.右缩进

【答案】B

【解析】标尺左上角的倒三角是首行缩进标记，专门控制段落第一行的起始位置。

【例 3.30】在 WPS 文字中，若要将段落的首行缩进 2 个字符，以下方法正确的是(　　)。

A.在"插入"选项卡中设置　　B.在"段落"对话框中设置

C.使用快捷键"Ctrl+M"　　D.在"页面布局"中调整

【答案】B

【解析】首行缩进需在"段落"对话框中设置，选择"特殊格式"为"首行缩进"并输入 2 个字符。

【知识强化】

在 WPS 中，段落缩进的单位不可以是(　　)。

A.厘米　　B.字符　　C.磅　　D.像素

要点 3：段落间距和行距

段落间距是指文档中段落与段落之间的垂直距离，包括段前距离(段落上方的空白)和段后距离(段落下方的空白)。行距指段落内部的距离(每行文字之间的垂直间距)。

调整方式:选中需要设置的段落,通过“开始”选项卡打开“段落”对话框,在“间距”中设置段间距和行距,单位可以是行、磅或厘米等。

【典型例题】

【例 3.31】在 WPS 中,要调整两个段落之间的垂直距离,应该设置(　　)参数。

A.字体大小　　B.段前/段后间距　　C.文字颜色　　D.行距

【答案】B

【解析】段前和段后间距专门控制段落之间的垂直距离。

【例 3.32】如果希望段落与前面的内容保持较大距离,与后面的内容保持较小距离,应该(　　)。

A.只设置段前间距　　B.只设置段后间距

C.设置较大的段前间距和较小的段后间距　　D.设置相同的段前间距和段后间距

【答案】C

【解析】段前控制与前段距离、段后控制与后段距离,需要分别设置。

【知识强化】

如果一个段落设置“段前 2 行,段后 1 行”,那么它与前一段的实际距离是________行。

要点 4:项目符号和编号

为了使段落层次分明、结构清晰,可以为段落添加项目符号或编号。

添加项目符号:选中段落,找到“开始”选项卡“段落”模块中的“项目符号”按钮,在下拉菜单中选择符号样式。

添加编号:选中段落,找到“开始”选项卡“段落”模块中的“编号”按钮,在下拉菜单中选择编号样式。编号主要用于为文档中的列表、标题或段落添加自动排序标识,支持数字、字母、符号等多种格式,并能自定义样式和缩进。

【典型例题】

【例 3.33】如果将项目符号从“●”改为“→”,应该在(　　)设置。

A.“开始”选项卡→字体组

B.“开始”选项卡→“项目符号”下拉菜单→自定义符号

C.“插入”选项卡→表格

D.页面布局→“页边距”

【答案】B

【解析】在“开始”选项卡的“项目符号”下拉菜单中,可以选择或自定义符号样式。

【知识强化】

信仰、信念、信心,任何时候都至关重要。小到一个人、一个集体,大到一个政党、一个民族、一个国家,只要有信仰、信念、信心,就会愈挫愈奋、愈战愈勇。请在 Word 中输入以下文字:

常怀感恩之心,是人生旅途中最温暖的灯塔。无论是风雨兼程,还是阳光明媚,都应铭记那些给予我们帮助与支持的人。他们的善意如同春风化雨,滋润着我们的心田。感恩让我们学会珍惜,懂得回报,更让我们在生活的点滴中发现美好。常怀感恩,心灵得以净化,人生之路也因此更加宽广，充满爱与希望。

请你根据以下要求完成对文字段落的设置：

(1) 输入文档标题“感恩之心”，单独一行，设置字体为国标黑体、一号字体、红色。

(2) 正文第一行“常怀感恩之心”设置为国标楷体、小二字号、红色50%透明度。其他正文设置为微软雅黑、加粗、小四字号。将“铭记那些给予我们帮助与支持的人”设置为国标仿宋、三号字体、双下划线、橙色。

提示：字体颜色透明度的设置可在“字体文本效果”对话框下的“文本填充”下拉菜单中选择。

(3) 将“学会珍惜，懂得回报”设置为楷体字体，加粗、三号字体、单实线边框，红色底纹、10%样式，以突出显示。将“人生之路也因此更加宽广，充满爱与希望。”设置为方正姚体GBK、三号字体、加粗，并添加拼音。

(4) 正文段落设置为首行缩进2个字符，段前、段后间距均设置为0.5行，行距设置为2倍行距。

效果图如3.28所示。

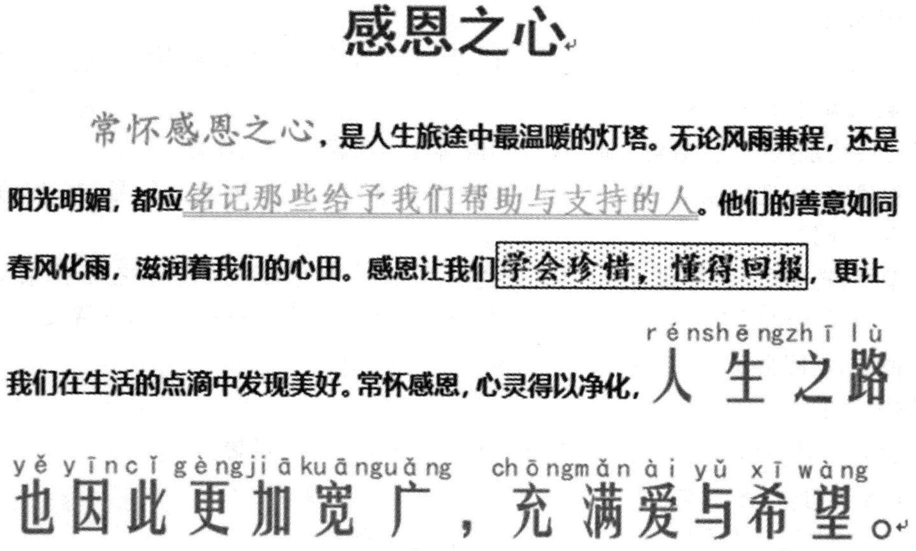
感恩之心

常怀感恩之心，是人生旅途中最温暖的灯塔。无论风雨兼程，还是阳光明媚，都应铭记那些给予我们帮助与支持的人。他们的善意如同春风化雨，滋润着我们的心田。感恩让我们学会珍惜，懂得回报，更让我们在生活的点滴中发现美好。常怀感恩，心灵得以净化，人生之路也因此更加宽广，充满爱与希望。

图 3.28　效果模板图

3.2.5　设置页面格式

3.2.5.1　必备知识清单

具体内容见表3.11。

表 3.11　设置页面布局

页边距	页边距指文档页面四周的空白区域，用于控制文本、图片等内容与纸张边缘的距离。页边距的类型主要有上下边距、左右边距以及装订线边距。通过选择“页面”选项卡，打开“页面设置”对话框，在“页边距”选项中即可设置

续表3.11

文档纸张	纸张尺寸指文档显示或打印输出时选择的纸张。默认纸张型号为 A4。通过“页面设置”对话框中的“纸张”选项卡，从“纸张大小”下拉列表框中选择纸张，或者通过选择“宽度”和“高度”来自定义纸张大小
页眉和页脚	文档的页眉和页脚位于文档中每个页面顶部和底部、页边距以外的区域。在页眉和页脚中可以插入文档的标题、相关日志、日期和时间、页码和图片对象等。通过选择“插入”选项卡，点击“页眉页脚”进行操作；单击“关闭”按钮，完成设置并返回文档编辑区
页面背景	文档页面背景包括背景颜色和水印，它位于页面的底层。通过选择“页面”选项卡，在“背景”下拉菜单中选择相关按钮进行设置
分页	当文档中输入内容超过一页时，系统会自动插入一个分页符。有时需要在文档某个特定位置强制进行分页，可以手动插入分页符，将插入点置于要进行分页的位置，通过“插入”选项卡选择“分页”按钮进行操作
分节	节是文档的一部分，可在其中设置某些页面格式选项，用节在一页之内或两页之间改变文档的布局。分节通常是将插入点置于要分节的位置。通过选择“插入”选项卡，在“分页”下拉菜单中选择合适的分节符

3.2.5.2 要点解析

要点 1：纸张大小及方向

纸张大小和方向设置是文档排版的基础功能，直接影响页面布局和打印效果。

在“页面”选项卡中，提供了一系列纸张大小预设选项，包括最常用的 A4（210mm×297mm，国际标准办公用纸）、A3（A4 的 2 倍大小）、Letter（216mm×279mm，北美常用），以及 B5、16K 等规格，还支持自定义尺寸以满足特殊需求。

纸张方向分为纵向和横向两种，纵向是默认设置，文字沿短边排列，适合大多数文档；横向则将页面旋转 90 度，文字沿长边排列，特别适合宽表格、大幅图片或特殊版式设计。

【典型例题】

【例 3.34】WPS 默认的纸张大小是（　　）。

A.A3　　B.A4　　C.Letter　　D.B5

【答案】B

【解析】WPS 默认使用 A4 纸张，这是国际通用的标准办公用纸。

【例 3.35】下列选项中不是 WPS 预设的标准纸张大小的是（　　）。

A.A4　　B.B5　　C.16K　　D.正方形

【答案】D

【解析】WPS 预设了 A4、B5、16K 等标准纸张大小，但没有“正方形”这一预设选项。

【知识强化】

(1) 在 WPS 中，如何设置自定义纸张大小？（　　）

A.双击标尺　　B.页面→纸张大小→其他页面大小

C.按“Ctrl＋P”直接修改　　D.右键段落→页面设置

(2) 在 WPS 中，要设置文档为横向排版，应该在________选项卡中选择“纸张方向”下的

“横向”。

要点 2：页眉页脚的使用

设置页眉页脚：双击页眉或页脚区域，或点击菜单栏“插入”→“页眉页脚”。

当首页或奇偶页的页眉页脚不同时，可进行设置。设置首页、奇偶页的方法：在顶部“页眉页脚”选项卡中勾选“首页不同”或“奇偶页不同”，设置相关内容。

关闭页眉页脚：在顶部“页眉页脚”选项卡中单击“关闭”按钮，或双击文档编辑区或按“Esc”键。

删除页眉：在顶部“页眉页脚”选项卡“页眉”下拉菜单中选择“删除页眉”。

删除页脚：在顶部“页眉页脚”选项卡“页脚”下拉菜单中选择“删除页脚”。

【典型例题】

【例 3.36】在 WPS 中，如何快速进入页眉编辑模式？（　　）

A.按“Ctrl＋H”　　B.双击页面顶部空白处

C.鼠标右键点击段落　　D.插入→图片

【答案】B

【解析】双击页面顶部空白处可直接进入页眉编辑，同理，双击底部可进入页脚编辑。

【例 3.37】在 WPS 文字中，要插入页眉应该使用（　　）选项卡。

A.开始　　B.插入　　C.审阅　　D.视图

【答案】B

【解析】页眉功能位于“插入”选项卡的“页眉页脚”中。

【知识强化】

(1) 页眉中的内容默认会出现在文档的（　　）。

A.仅第一页　　B.仅奇数页　　C.所有页面　　D.仅最后一页

(2) 在 WPS 中，退出页眉编辑状态需要点击________按钮。

(3) “宫衣亦有名，端午被恩荣。”端午来临，赛龙舟吃粽子是端午节的风俗习惯。习近平总书记提出“把马克思主义基本原理同中国具体实际相结合、同中华优秀传统文化相结合”。为弘扬优秀传统文化，小明写了一篇关于传统节日“端午节”内容的文档，但不太满意。请在Word 中输入下文内容并完成相关设置。

端午节是中国传统节日，农历五月初五庆祝，亦称端阳节。该节日源自古代对龙族的崇拜，后融入纪念屈原等活动。习俗丰富多样，最具代表性的是赛龙舟与吃粽子，前者象征团结奋进，后者寓意团圆丰收。此外，挂艾草、佩香囊、饮雄黄酒等活动亦广受欢迎，旨在驱邪避疫，祈求安康。端午节不仅是庆祝丰收、驱邪避灾的日子，更是传承中华文化、弘扬民族精神的重要时刻。

屈原故事

屈原，战国末期楚国诗人、政治家。他倡导举贤授能，力主联齐抗秦，却遭贵族子兰等人谗言而流放。楚国郢都被秦军攻破后，屈原抱石投汨罗江自尽，以身殉国。后人为纪念他，划龙舟，吃粽子，传承至今。

(1) 对文档第一段进行文本格式设置

① 输入文档标题“端午节”，单独一行，居中对齐，设置字体为国标小标宋、小初号字、蓝色。

② 正文整体字体设置为楷体、四号字。

③ 正文第一次出现的“端阳节”设置为空心字、红色、透明度 50%；“农历五月初五”设置为国标黑体、三号、加粗；“纪念屈原”设置为隶书、三号、橙色(透明度 25%)；“前者象征团结奋进，后者寓意团圆丰收”设置为楷体、蓝色、双下划线。

④ 将“驱邪避疫，祈求安康”加黄色底纹，以突出显示。将“传承中华文化、弘扬民族精神”添加虚线边框，底纹为浅蓝色。

效果图如 3.29 所示。

端午节

端午节是中国传统节日，**农历五月初五**庆祝，亦称**端阳节**。该节日源自古代对龙族的崇拜，后融入纪念屈原等活动。习俗丰富多样，最具代表性的是赛龙舟与吃粽子，前者象征团结奋进，后者寓意团圆丰收。此外，挂艾草、佩香囊、饮雄黄酒等活动亦广受欢迎，旨在驱邪避疫，祈求安康。端午节不仅是庆祝丰收、驱邪避灾的日子，更是传承中华文化、弘扬民族精神的重要时刻。

图 3.29　效果模板图(一)

(2) 为使文档编排更加美观，需要对文档进一步进行格式设置。操作要求如下：

① 文档标题“端午节”设置为隶书，居中对齐、加粗。

② 正文开头“端午节”设置为小一号字，段落设置为首行缩进 2 个字符。

③ 文档标题设置为段后 0.5 行间距。

④ 正文段前、段后间距均设置为 0.5 行，行距设置为固定值 25 磅。

⑤ 给第二段“屈原故事”段落添加底纹，填充为“橙色”，样式为“5%”。

⑥ 给文档正文第三段添加蓝色虚线边框。

效果如 3.30 所示。

(3) 小明已对“端午节”文档进行了文本、段落格式设置，为使文档满足特定的纸张和版面需求，打印前需要对文档页面格式进行设置：

① 纸张：A4 纸张。

② 页边距：上下、左右各为 3 厘米。

③ 将一幅“小粽子”图片设置为文档的水印背景图。

效果图如 3.31 所示。

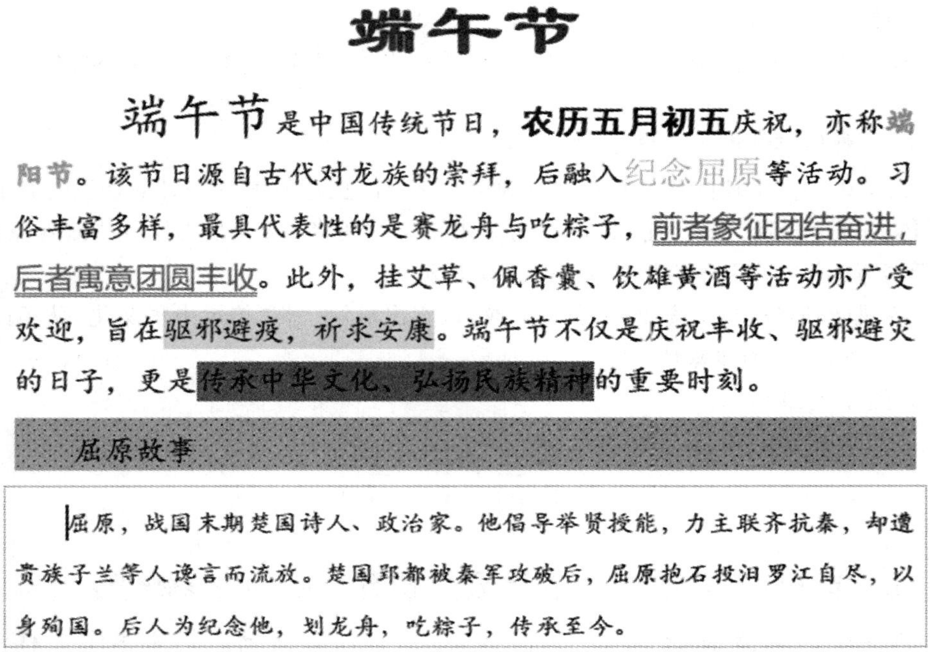

端午节

端午节是中国传统节日，**农历五月初五**庆祝，亦称**端阳节**。该节日源自古代对龙族的崇拜，后融入纪念屈原等活动。习俗丰富多样，最具代表性的是赛龙舟与吃粽子，前者象征团结奋进，后者寓意团圆丰收。此外，挂艾草、佩香囊、饮雄黄酒等活动亦广受欢迎，旨在驱邪避疫，祈求安康。端午节不仅是庆祝丰收、驱邪避灾的日子，更是传承中华文化、弘扬民族精神的重要时刻。

屈原故事

屈原，战国末期楚国诗人、政治家。他倡导举贤授能，力主联齐抗秦，却遭贵族子兰等人谗言而流放。楚国郢都被秦军攻破后，屈原抱石投汨罗江自尽，以身殉国。后人为纪念他，划龙舟，吃粽子，传承至今。

图 3.30　效果模板图(二)

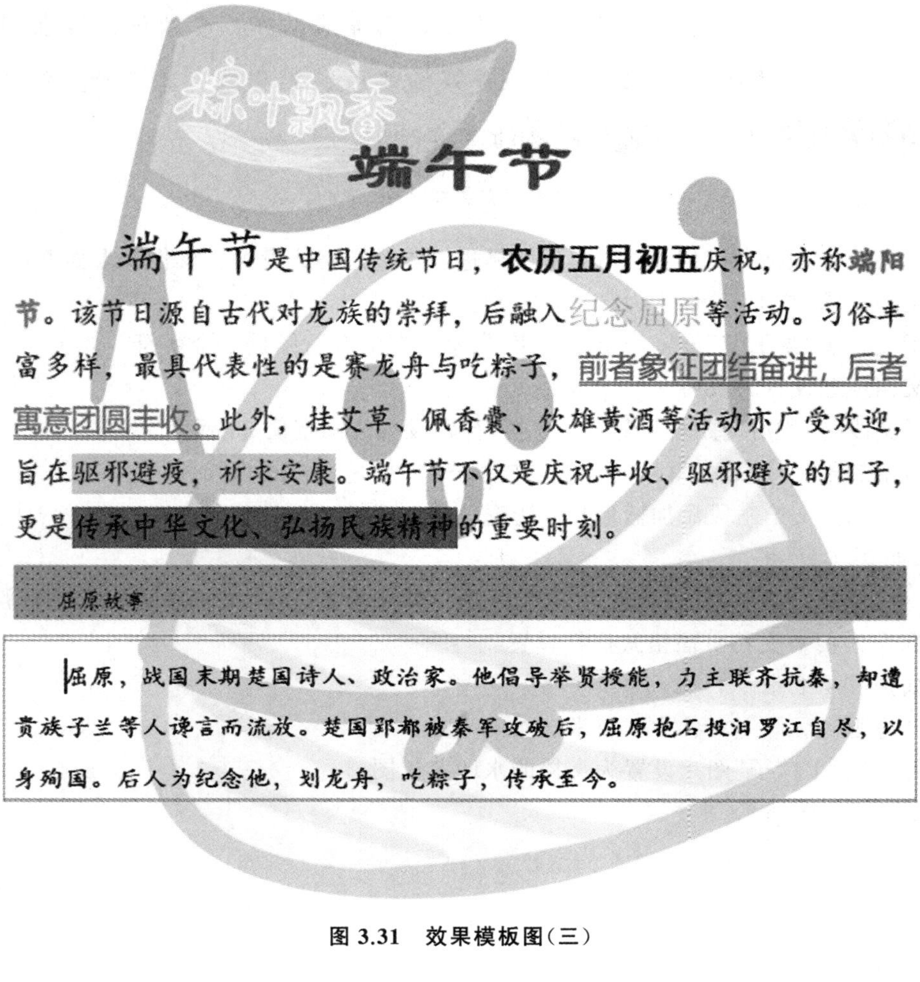

端午节

端午节是中国传统节日，**农历五月初五**庆祝，亦称**端阳节**。该节日源自古代对龙族的崇拜，后融入纪念屈原等活动。习俗丰富多样，最具代表性的是赛龙舟与吃粽子，前者象征团结奋进，后者寓意团圆丰收。此外，挂艾草、佩香囊、饮雄黄酒等活动亦广受欢迎，旨在驱邪避疫，祈求安康。端午节不仅是庆祝丰收、驱邪避灾的日子，更是传承中华文化、弘扬民族精神的重要时刻。

屈原故事

屈原，战国末期楚国诗人、政治家。他倡导举贤授能，力主联齐抗秦，却遭贵族子兰等人谗言而流放。楚国郢都被秦军攻破后，屈原抱石投汨罗江自尽，以身殉国。后人为纪念他，划龙舟，吃粽子，传承至今。

图 3.31　效果模板图(三)

3.3 制作表格

我们身处一个数据爆炸的时代,每天都有海量的信息在产生和流动。如何从这些纷繁复杂的数据中提炼出有价值的信息,并以清晰、直观的方式呈现出来,是我们每个人都应该具备的能力。能够熟练运用 WPS 等办公软件进行表格制作和数据展示,已经成为职场人士不可或缺的一项基本技能。

因此,本节我们将聚焦 WPS 文档中表格的制作与运用,深入探索表格的基本元素、创建方法、操作技巧以及数据处理等高级功能。

3.3.1 目标导航

(1) 掌握创建表格的方法;
(2) 能设置表格的格式;
(3) 能将文本与表格进行转换。

3.3.2 知识图谱

具体如图 3.32 所示。

图 3.32 思维导图——制作表格

3.3.3　新建表格

3.3.3.1　必备知识清单

具体内容见表 3.12 和表 3.13。

表 3.12　表格

基本概念	表格是由行和列组成的矩阵结构，用于组织和展示数据
基本元素	表标题：位于表格最上方，简明概括表格内容
	纵标题：位于表格中列顶部的标识或描述性信息
	横标题：位于表格中每一行左侧的标题或名称
	单元格：行与列交汇的单个数据格，用于存储具体内容
	边框：划分表格结构的线条，增强可读性

表 3.13　单元格

单元格地址	单元格地址由行号和列号组成，列号在前，行号在后，列号用字母表示（如 A、B、C 等），行号用数字表示（如 1、2、3 等）
合并拆分	合并：将两个或多个位于同一行或者同一列的单元格合并成一个单元格。 拆分：将一个单元格拆分成两个或多个单元格
公式	在 WPS 文档中用于计算表格数据的数学表达式，点击“表格工具”中的“公式”按钮，直接输入即可，但必须以“等号”开头。点击“插入”选项卡，单击“公式”按钮，还有一些内置的复杂公式
常用函数	SUM(数值 1，数值 2，…)：一组数值或算式值的总和
	AVERAGE(数值 1，数值 2，…)：一组数值或算式值的平均值
	MAX(数值 1，数值 2，…)：一组数值中的最大值
	MIN(数值 1，数值 2，…)：一组数值中的最小值
	COUNT(值 1，值 2，…)：一组值的个数
	ABS(数值)：数字或算式的绝对值，括号内参数无论是正值还是负值，均取正值
	INT(数值)：对数值或算式值取整数部分

3.3.3.2　要点解析

要点 1：绘制表格

绘制表格时，一般先指定行数、列数，生成一个空表，再输入内容。可用以下两种方法完成：

(1) 使用图示法生成表格

将插入点移动到需要插入表格的位置，选择“插入”功能选项卡，在“表格”分组中单击“表格”命令；单击鼠标左键，弹出空白表格，拖动鼠标，选择插入表格所需的行数和列数（图 3.33 所示），即生成表格的行数和列数。单击鼠标左键，生成的表格便出现在插入点处。

(2) 使用菜单生成法生成表格

将插入点移动到要插入表格的位置，选择“插入”功能选项卡，在“表格”分组中单击“表格”下拉命令；选择“插入表格”命令，显示“插入表格”对话框，在“表格尺寸”栏中输入表格所需要的行列数，如图 3.34 所示。在“列宽选择”操作框中选择“自动列宽”，系统会自动将文档的宽度等分给各个列。还可以选择固定列宽，通过设置固定值来指定列宽。单击“确定”按钮，即可在插入点处生成一张表格。

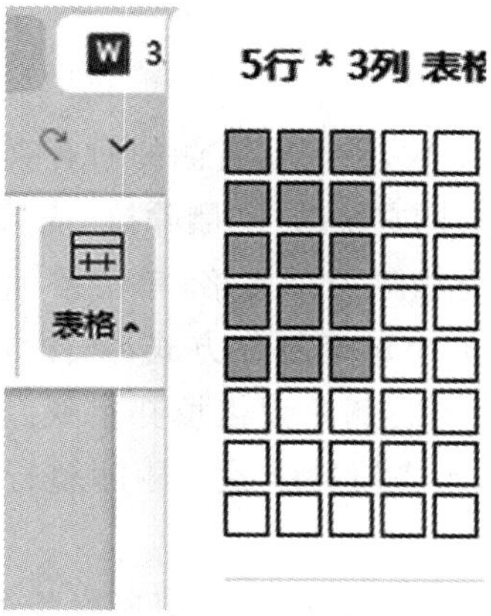

图 3.33 “图示法”绘制表格

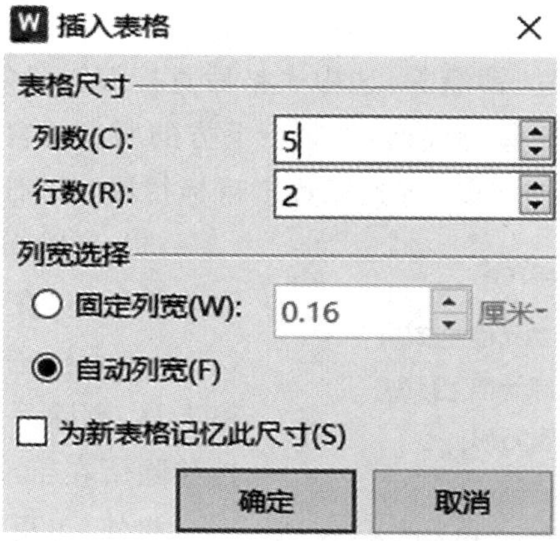

图 3.34 “菜单生成法”绘制表格

【典型例题】

【例 3.38】在 WPS 中，若需按指定行列数创建表格，以下操作中正确的是(　　)。

A.点击“插入”→“表格”→拖拽选择行列数

B.点击“插入”→“表格”→选择“绘制表格”，手动绘制

C.点击“插入”→“表格”→“插入表格”，在对话框中输入行列数

D.输入“＝表格(行，列)”公式后按回车键

【答案】C

【解析】本题主要考查对表格创建方法的掌握。按指定行列数创建表格：将光标放在文档中需要插入表格的位置。在顶部的菜单栏中点击“插入”选项卡，然后点击“表格”按钮。在弹出的菜单中，选择“插入表格”选项。在弹出的对话框中，输入所需的行数和列数，即可创建表格。

【知识强化】

(1) 在 WPS 中按指定行列数创建表格时，在弹出的“插入表格”对话框中，需要输入所需的______和______。

(2) 使用______可以在 WPS 中快速插入具有特定样式(如日历样式)的表格。

要点 2：插入/删除表格、行、列、单元格

(1) 快捷插入行：将光标定位在表格最右侧边框外，按回车键，在当前行的下面插入一行(将光标定位在表格最右侧的边框内，按回车键，增加行高)；将光标定位于最后一行最右一列单元格中，按“Tab”键在下方插入一行。

(2) 插入行或列：选定行或列，单击“表格工具”的“布局”选项卡，在“行和列”组中，选择“在上方插入”或“在下方插入”按钮，即可插入行。选择“在左侧插入”或“在右侧插入”按钮，即可插入列。

(3) 插入单元格：选定单元格，单击“表格工具”的“布局”选项卡，在“行和列”组中的“表格中插入单元格”按钮，打开“插入单元格”对话框，选择活动单元格的移动位置。

(4) 删除整个表格有以下两种方法：

① 鼠标右键菜单删除：点击表格左上角“”图案，选中整个表格，鼠标右键选择“删除表格”；

② 快捷键删除：选中表格后直接按键盘的“BackSpace”键。

(5) 删除行或列：被删行下方的所有行自动上移填补空缺，被删列右侧的所有列整体向左平移。具体步骤：将光标置于目标行或列的任意单元格，鼠标右键选择“删除行”或“删除列”。

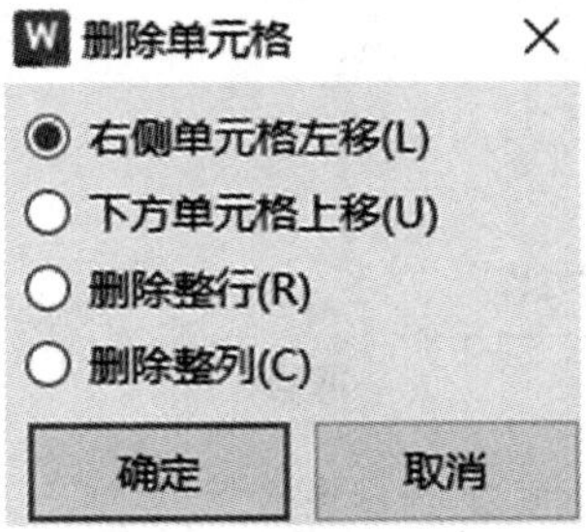

图 3.35　“删除单元格”对话框

(6) 删除单元格：选中要删除的单元格，单击鼠标右键选择删除单元格，在弹出的对话框中选择删除方式，如图 3.35 所示。(右侧单元格左移：删除后该列右侧单元格填补空缺。下方单元格上移：删除后该行下方单元格填补空缺。删除整行/整列：直接移除所在行或列。)

此外，也可以用菜单命令选定表格。选定要操作的区域，单击“表格工具”选项卡，点击“删除”按钮，按需要选择“删除单元格”“删除列”“删除行”“删除表格”命令。

【典型例题】

【例 3.39】在 WPS 文字中，删除整个表格的正确方法是？(　　)

A.选中表格→按“Delete”键　　B.表格工具→删除→删除表格

C.右键表格→剪切　　D.选中表格→按“Ctrl＋X”

【答案】B

【解析】本题考查对 WPS 中删除表格操作的理解。选项 B 通过“表格工具→删除→删除表格”路径，可彻底移除表格对象(包括结构与格式)；而选项 A“Delete”键仅清除表格内容，保留空框架；选项 C 右键剪切和选项 D“Ctrl＋X”快捷键虽移除内容，但表格结构依然存在。

【例 3.40】若要在 WPS 的一个十行五列的表格中一次性插入四行，正确的操作是(　　)。

A.将光标定位到行尾部，按回车键

B.执行“页面布局”选项卡中“拆分表格”命令

C.选中相邻四行，执行“页面布局”选项卡中“在下方插入”命令

D.选中任意四行，执行“页面布局”选项卡中“在下方插入”命令

【答案】C

【解析】插入行时需选中表格中相邻的行，选择几行即插入几行。选中后，执行“页面布局”选项卡中“在下方插入”命令。

【知识强化】

(1) 判断题：WPS 的“删除列”功能在“表格样式”选项卡下。(　　)

(2) 判断题：在 WPS 中，删除单个单元格时，默认会出现“右侧单元格左移”的调整方式。(　　)

要点 3：拆分表格

拆分表格是指将一个表格拆分成两个或多个独立的表格。具体操作步骤为：选中要拆分的表格的行或列，在“表格工具”中点击“拆分表格”按钮。选择按行拆分还是按列拆分。点击

后，原来的表格按行拆分就会在之前点击的行或列处拆分成上下两个表格，光标自动跳转到下方的新表格中。

【典型例题】

【例 3.41】在 WPS 中，如果你需要将一个表格拆分为两个独立的表格，并且希望拆分后的两个表格在文档中保持原有的格式和对齐方式，应该如何操作？(　　)

A.选中要拆分的表格，然后直接按“Ctrl＋Enter”键

B.将光标放在需要拆分的行所在位置，选择“表格工具”选项卡，点击“拆分表格”

C.选中要拆分的表格，复制粘贴到一个新位置，然后手动删除不需要的行或列

D.将光标放在需要拆分的行上方，选择“表格工具”中的“设计”选项卡，点击“拆分单元格”

【答案】B

【解析】本题考查的是 WPS 表格的拆分操作。将光标放在需要拆分的行下方(即拆分后新表格的第一行位置)，然后选择“表格工具”选项卡，点击“拆分表格”按钮，即可将表格拆分为两个独立的表格。“Ctrl＋Enter”是插入分页符。

【例 3.42】在 WPS 中，若将光标放在表格的任意一行中，单击“表格工具”选项卡的“拆分表格”按钮后，选择按行拆分，表格被分成上、下两个表格后，则光标所在位置(　　)。

A.在上边的表格中　　B.在下边的表格中

C.不在这两个表格中　　D.被删除

【答案】B

【解析】本题考查的是 WPS 表格的拆分操作。选择任意一行，单击“拆分表格”按钮后选择按行拆分，表格会被拆分成上、下两个表格，且光标会移动到下边的表格中。

【知识强化】

(1) 判断题：拆分表格仅对整体表格进行上下分割，不影响单元格结构。(　　)

(2) 在 WPS 中，拆分表格指的是(　　)。

A.将原来的表格从正中间分为两个表格，其方向由用户指定

B.将原来的表格从某两行之间分为上、下两个表格

C.将原来的表格从某两列之间分为左、右两个表格

D.在表格中由用户任意指定一个区域，将其单独存为另一个表格

要点 4：设置表格的行高和列宽

手动调整行高、列宽：将鼠标指针放在需要调整的列边框上，当指针变为双向箭头时拖动调整；列宽亦如此。

设置行高和列宽的固定值：选择所有需要调整的列，点击顶部“表格工具”选项卡→点击“表格属性”按钮。在“表格属性”对话框中，切换到“列”选项卡；勾选“指定宽度”复选框→输入具体数值；在“列宽单位”下拉菜单中选择“厘米”(或所需单位)；点击“确定”，应用设置。行高亦如此。

【典型例题】

【例 3.43】在 WPS 中，设置表格的行高、列宽、表格在文档中的位置，应选择(　　)对话框设置。

A.表格属性　　B.标题行重复　　C.绘制表格　　D.自动套用格式

【答案】A

【解析】本题考查的是 WPS 文本文档中表格属性的设置。要设置表格的行高、列宽以及表格在文档中的位置，需要打开“表格属性”对话框进行调整。

【例 3.44】判断题：表格中的行高和列宽只能手动调整，不能设置固定值。（　　）

【答案】×

【解析】本题考查 WPS 文本文档中表格行高和列宽的调整方式。表格的行高和列宽既可以手动调整，也可以设置固定值。

【知识强化】

（1）关于“表格属性”设置行高和列宽，以下说法正确的是（　　）。

A.只能调整单一行或列　　B.可同时设置多行/列的固定值

C.无法调整列宽　　D.仅支持厘米单位

（2）在表格中，可以通过表格工具的“____”选项卡中的“____”选项卡来精确设置行高。

要点 5：单元格的数据输入

（1）常规数据输入

按“Tab”键可以使光标从当前单元格快速移动到右侧相邻的单元格；按“Shift＋Tab”快捷键使光标从当前单元格快速移动到左侧相邻的单元格。在选中的单元格按“Delete”键可以清除单元格的内容，但不能删除单元格。

（2）快速输入汉语拼音

当输入较多的汉语拼音时，可采用另外一种更简捷的方法。先选中要添加注音的汉字，再选择“开始”→“字体”→“拼音指南”选项。在“拼音指南”对话框中选择注音样式、括号样式，以及文字属性样式，点击“开始注音”即可应用。

（3）快速输入当前日期

在 WPS 中进行录入时，常遇到输入当前日期的情况。在输入当前日期时，只要选择“插入”→“文档部件”→“日期”选项，在弹出的“日期和时间”对话框中选择需要的日期格式后，单击“确定”按钮就可以。

（4）漂亮符号轻松输入

在 WPS 中，常看到一些漂亮的图形符号，如“🖮🖱♋”等，同时这些符号也不是由图形粘贴过去的。WPS 中有几种自带的字体可以产生这些漂亮、实用的图形符号。在需要产生这些符号的位置上，先把字体更改为 Wingdings、Wingdings2 或 Wingdings3 及其相关字体；然后再试着在键盘上按键，如 7、9、A 等，此时就产生这些漂亮的图形符号了。如把字体改为 Wingdings，再在键盘上按 D 键，便会产生一个“Ω”图形。注意区分字母大小写，大写得到的图形与小写得到的图形不同。

（5）快速输入大写数字

由于工作需要，经常要输入一些大写的金额数字（特别是财务人员），但由于大写数字笔画大都比较复杂，无论是用五笔字型还是拼音输入法输入都比较麻烦。利用 WPS 可以巧妙地完成大写数字的输入，首先输入小写数字，如“123456”；选中该数字后，选择“插入”→“符号”→“编号”选项，出现“编号”对话框，选择“壹，贰，叁...”数字类型，单击“确定”按钮即可。

（6）字号最大值

WPS 的最大字号是 1638 磅，即 57.78cm。

(7) 公式的输入

输入公式时，必须以等号(=)开头，否则公式无法被识别。

(8) 多行文字输入

在单元格中按“Alt+Enter”键，实现单元格内换行。

【典型例题】

【例 3.45】在 WPS 表格单元格内实现换行的快捷键是(　　)。

A.“Enter”　　B.光标放在单元格右下角然后按“Tab”

C.“Shift+Enter”　　D.“Ctrl+Enter”

【答案】B

【解析】本题考查 WPS 快捷键的使用。按“Alt+Enter”可在单元格内强制换行，而直接按“Enter”会跳转到下一单元格。光标放在单元格右下角然后按“Tab”，可增加一行。按“Ctrl+Enter”可插入分页符。

【例 3.46】在一个五行四列的表格中编辑正文时，当在表格的第二行第二列键入“Tab”键时，插入点将移到(　　)。

A.第三行第二列　B.第二行第一列　C.第二行第三列　D.第三行第三列

【答案】C

【解析】本题考查的是 WPS 表格中的“Tab”键操作。在 WPS 表格中，当光标位于某个单元格内并按“Tab”键时，光标将移动到同一行的下一个单元格。如果已经是该行的最后一个单元格，则光标将移动到下一行的第一个单元格。在本题中，光标位于第二行第二列，因此按“Tab”键后光标将移动到第二行第三列。

【知识强化】

(1) 在 WPS 表格中，按“Shift+Tab”快捷键的作用是(　　)。

A.向下移动光标到下一行　　B.向左移动光标到相邻单元格

C.删除当前单元格内容　　D.合并选中的单元格

(2) 判断题：“拼音指南”功能只能为单个汉字添加拼音。(　　)

要点 6：单元格合并和拆分

合并：将两个或多个位于同一行或者同一列的单元格合并成一个单元格。选择要合并的相邻的单元格，单击“表格工具”选项卡的“合并单元格”按钮，则选定的多个单元格合并成一个单元格。

拆分：将一个单元格拆分成两个或多个单元格。选择要拆分的单元格，单击“表格工具”选项卡的“拆分单元格”按钮，打开“拆分单元格”对话框，如图 3.36 所示。输入要拆分的行数和列数，单击“确定”按钮，则原单元格会被拆分成输入行列数的单元格。

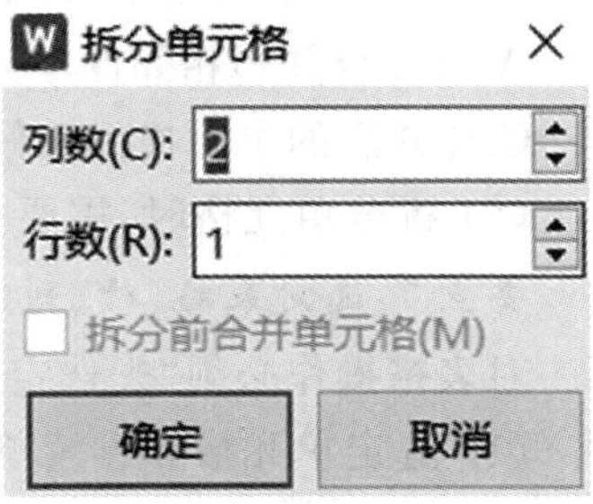

图 3.36　“拆分单元格”对话

【典型例题】

【例 3.47】合并单元格的正确操作是(　　)。

A.选定要合并的单元格，按“Space”键

B.选定要合并的单元格,按“Enter”键

C.选定要合并的单元格,选择“表格工具”选项卡中的“合并单元格”按钮

D.选定要合并的单元格,选择“布局”选项卡中的“合并单元格”按钮

【答案】C

【解析】本题考查的是 WPS 表格中合并单元格的操作方法。在 WPS 中,要合并多个单元格为一个单元格,需要先选定这些单元格;再在“表格工具”选项卡中找到并点击“合并单元格”按钮。

【例 3.48】判断题:表格中的单元格只能拆分成上下两个单元格。(　　)

【答案】×

【解析】本题考查 WPS 中单元格拆分。在 WPS 中,单元格拆分是将一个单元格拆分成两个或多个单元格。选择要拆分的单元格,单击“表格工具”选项卡的“拆分单元格”按钮,打开“拆分单元格”对话框,输入要拆分的行数和列数。

【例 3.49】在 WPS 中,如果你需要将一个表格单元格拆分成两个单元格,应该如何操作?(　　)

A.选中该单元格,然后点击“开始”选项卡中的“拆分单元格”按钮

B.鼠标右键点击该单元格,选择“拆分单元格”,并在弹出的对话框中指定拆分的行数和列数

C.将光标置于该单元格内,然后使用快捷键“Ctrl＋Shift＋Enter”进行拆分

D.在“表格工具”选项卡中选择“拆分表格”,然后指定拆分的位置

【答案】B

【解析】本题主要考查拆分单元格的知识点。在 WPS 中,要拆分一个表格单元格,正确的操作是鼠标右键点击该单元格,选择“拆分单元格”,并在弹出的对话框中指定拆分的行数和列数。选项 A 中的“开始”选项卡并没有“拆分单元格”按钮;选项 C 的快捷键“Ctrl＋Shift＋Enter”并不是用于拆分单元格的;选项 D 的“表格工具”选项卡中的“拆分表格”是用于将整个表格拆分成两个部分,而不是拆分单个单元格。因此,正确答案是 B。

【知识强化】

(1) 在 WPS 表格中,以下关于单元格合并的说法正确的是(　　)

A.可以合并不相邻的单元格　　B.合并后的单元格可以拆分

C.合并后的单元格无法修改内容　　D.合并单元格会导致行高和列宽发生改变

(2) 拆分单元格时,需要指定拆分的________和________。

要点 7:选定表格、行、列、单元格

对表格操作必须“先选定,后操作”,具体操作步骤如下:

(1) 选定单元格和连续单元格区域:鼠标指针移到要选定的单元格左侧边框内侧,当指针变成空心箭头时,单击鼠标选定单元格,向其他方向拖动即可选定连续单元格区域。

(2) 选定不连续单元格区域:按住“Ctrl”键,依次选中多个不连续的单元格区域。

(3) 选定行:鼠标指针移到此行第一个单元格左边框靠外侧,指向要选定的行,单击鼠标选定一行。向上或向下拖动鼠标选定表中相邻的多行,该行呈反色显示,整行被选定。

(4) 选定列:鼠标指针移到表格最上面的边框线上方,指针垂直指向下方选定列,单击鼠标左键选定一列。向左或向右拖动鼠标选定表中相邻的多列,整列被选定。

(5) 选定整个表格：鼠标指针移至表格中的任一单元格，当表格的左上角出现“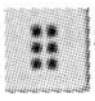”图案时，单击该图案，整个表格呈反色显示，表格被选定。

此外，也可以用菜单命令选定表格。将光标移至要选定的单元格、行、列、表格中，选择“表格工具”选项卡的“选择”按钮，在弹出的选项中选择“单元格”“行”“列”或“表格”，即可分别选定对应的元素。一次操作只能选定其中一种。

【典型例题】

【例 3.50】在 WPS 表格中，选定单个单元格时，鼠标指针的正确形状是（　　）。

A.黑色垂直箭头　　B.右上黑色箭头　　C.白色斜向箭头　　D.十字光标

【答案】B

【解析】本题考查 WPS 中不同操作区域的鼠标指针形态差异。当鼠标指针移至该区域时，会变为指向右上方的黑色箭头，此时单击即可选定单元格。黑色垂直箭头出现在列选择区（列顶部边线），用于选定整列。白色斜向箭头出现在行选择区（行左侧边线），用于选定整行。十字光标通常出现在调整表格尺寸或拖动表格时，与选定单元格无关。

【例 3.51】如何快速选定整个表格？（　　）

A.双击表格任意位置　　B.单击表格左上角的“”图标

C.按“Ctrl＋A”快捷键　　D.拖动鼠标，覆盖所有单元格

【答案】B

【解析】本题考查 WPS 中选定表格的操作方法。鼠标指针移至表格的任一单元格，在表格的左上角出现“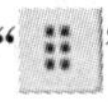”图案时，单击该图案，整个表格呈反色显示，则表格被选定。

【例 3.52】判断题：在 WPS 中，使用“表格工具”选项卡中的“选择”按钮，可以同时选定多个单元格、行、列或整个表格。（　　）

【答案】×

【解析】使用“表格工具”选项卡中的“选择”按钮，一次只能选定单元格、行、列或表格中的一种，不能同时选定多种。

3.3.4　设置表格格式

3.3.4.1　必备知识清单

具体内容见表 3.14。

表 3.14　表格样式

作用	通过应用合适的表格格式，可以使表格看起来更加美观和专业，从而提高文档的整体质量
自动套用表格样式	为插入的表格从多种内置的表格样式中选择所需要的样式，可以快速应用到所选表格中。 表格样式包括不同的边框颜色、底纹、字体样式和大小等
对齐方式	单元格对齐方式：单元格中的文字在单元格中的位置，水平方向上包括左对齐、居中、右对齐方式，垂直方向上包括靠上、居中、靠下对齐方式
	表格对齐方式：整个表格在文档页面中的位置，包括左对齐、居中对齐和右对齐

续表3.14

环绕方式	居中,无文字环绕:表格会在页面中呈水平居中显示,并且设置表格周围的文字不围绕表格排列,而是在表格上下方排列
	居中,文字环绕:表格会在页面中呈水平居中显示,并且文字环绕在表格的四周

3.3.4.2　要点解析

要点 1:设置表格底纹(填充色,填充图案,应用范围)

表格底纹是指为表格的单元格或整个表格添加的背景颜色或图案。具体操作:在鼠标右键菜单选择“边框和底纹”,再切换到“底纹”选项卡。即可以针对填充色、填充图案以及应用范围进行详细的设置,如图 3.37 所示。

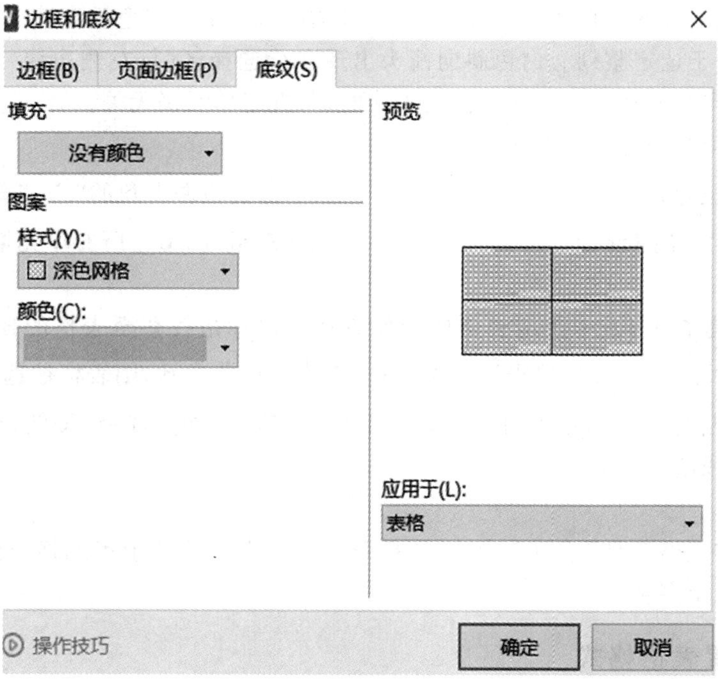

图 3.37　“边框和底纹”对话框

填充色:为表格或单元格添加的背景颜色。WPS 提供了多种标准颜色,如红色、蓝色、绿色等。同时,还可以通过自定义 HSL 值来调配自己需要的颜色。设置填充色的步骤如下:选中需要设置填充色的表格或单元格。点击菜单栏的“表格样式”选项卡,找到并点击“底纹”按钮设置填充色。或者通过在鼠标右键菜单中选择“边框和底纹”,再切换到“底纹”选项卡。在“底纹”对话框中,选择“填充”选项卡,然后从弹出的颜色对话框中选择需要的颜色,点击“确定”按钮即可。

填充图案:包含多种预设图案,如颜色透明度、斜线、网格、点状、横线、竖线等,还可以设置颜色,从颜色面板中选择颜色或自定义 HSL 颜色。步骤为:在鼠标右键菜单中选择“边框和底纹”,再切换到“底纹”选项卡。在“底纹”对话框中的“图案”操作框中根据需要设置填充图案的样式和颜色。

应用范围：WPS 可以针对单元格、文字、段落或整个表格添加底纹。设置应用范围的步骤为：在鼠标右键菜单中选择“边框和底纹”，再切换到“底纹”选项卡。在“底纹”对话框中右下角的“应用于”下拉列表中选择底纹将应用的范围。

【典型例题】

【例 3.53】在 WPS 中，若想为表格的某个单元格添加“黄色网格”底纹填充图案，正确的操作步骤是（　　）。

A.选中表格→点击【页面布局】→【页面边框】→选择“边框”选项卡→设置图案样式

B.选中单元格→点击【开始】→【段落】组的【底纹】按钮→选择图案和颜色

C.鼠标右键单元格→【边框和底纹】→选择“底纹”选项卡→“图案”操作框设置网格样式和颜色

D.选中单元格→点击【表格样式】→【底纹】→选择填充颜色

【答案】C

【解析】本题考查在 WPS 中设置表格底纹的方式。

【知识强化】

(1) 在 WPS 中，如果你想为表格应用底纹填充色，应该首先选择哪个选项卡？（　　）

A.“开始”　　B.“插入”　　C.“页面布局”　　D.“表格工具”

(2) 判断题：在 WPS 中，不能为单个单元格应用底纹，只能为整个表格或行/列应用。（　　）

要点 2：设置表格边框（样式，颜色，线型宽度）

表格边框是指围绕在表格或表格单元格周围的线条或边界，用于清晰地界定表格的边界和单元格之间的分隔，从而增强表格的可读性和美观性。通常可以设置样式、颜色和线型宽度，可通过“边框”对话框设置，如图 3.38 所示。

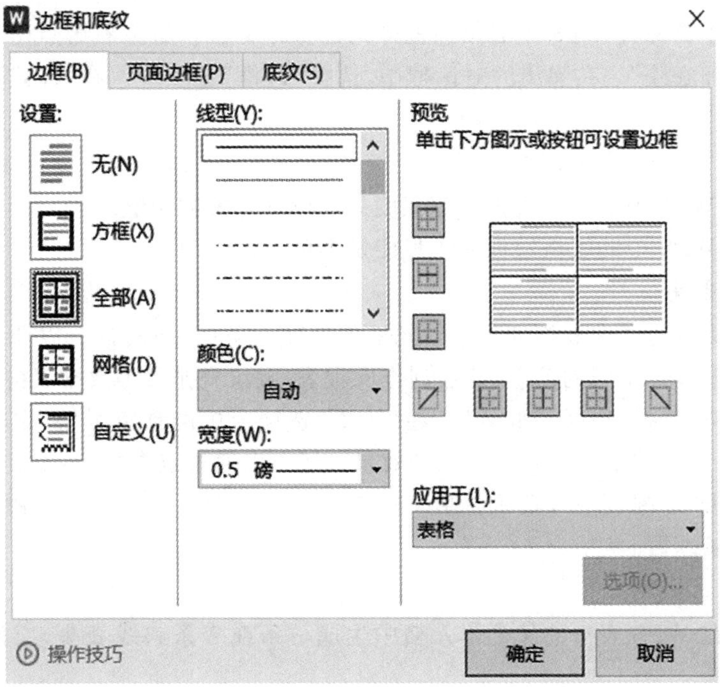

图 3.38　“边框”对话框

样式：可以为边框选择实线、虚线、点线、双线或波浪线等多种线型。具体操作为：鼠标右键点击选中的表格或单元格，选择“边框和底纹”。在弹出的对话框中，选择“边框”选项卡。在“样式”下拉列表中选择所需的边框样式。

颜色：可以从调色板中选择预设颜色，或通过“更多颜色”选项，在弹出的对话框中输入具体的 RGB 值或 HSL 值，使表格边框与文档整体风格保持一致。具体操作为：鼠标右键点击选中的表格或单元格，选择“边框和底纹”。在弹出的对话框中选择“边框”选项卡，在颜色域中选择颜色。还可以点击“更多颜色”，在弹出的对话框中设置自定义颜色。

线型宽度：可以根据需要调整表格边框的粗细。线型宽度范围从 0.5 磅至 6 磅不等。具体步骤为：鼠标右键点击选中的表格或单元格，选择“边框和底纹”。在弹出的对话框中选择“边框”选项卡。找到“宽度”选项，在“宽度”下拉列表中选择所需的线型宽度，如 0.5 磅、1 磅、1.5 磅等，点击“确定”按钮即可。

【典型例题】

【例 3.54】在 WPS 中，通过________对话框中的________选项卡可以设置表格边框的样式、颜色和线型宽度。

【答案】“边框和底纹”　　“边框”

【解析】本题主要考查设置边框属性的操作方法。

【例 3.55】在 WPS 中，设置表格边框为双实线样式，应在哪里进行？（　　）

A.“段落”对话框

B.“边框和底纹”对话框中“底纹”选项卡中的“样式”下拉列表

C.“边框和底纹”对话框中“边框”选项卡中的“样式”下拉列表

D.“布局”对话框

【答案】C

【解析】本题主要考查 WPS 中表格边框样式的操作方法。鼠标右键点击选中的表格或单元格，选择“边框和底纹”。在弹出的对话框中，选择“边框”选项卡。在“样式”下拉列表中，选择双线样式。

【知识强化】

（1）判断题：WPS 中的表格边框线型宽度只能设置为整数磅值。（　　）

（2）判断题：WPS 中的表格边框颜色只能是黑色。（　　）

要点 3：斜线表头

设置斜线表头是为了在表格的某个单元格内创建一条或多条斜线，以便在该单元格内划分出不同的区域来显示不同的信息，这在制作课程表、会议安排表等数据表格时尤为常见。鼠标右键点击单元格，选择“边框和底纹”。在“边框”选项卡中的预览区域，选择“斜下框线”或“斜上框线”，在预览区域中可以看到斜线的效果。还可以通过点击“表格工具”选项卡中的“绘制表格”按钮，点击“绘制表格”，光标会变成一支笔的形状；然后直接在需要添加斜线的地方手动绘制一条或多条即可。

【典型例题】

【例 3.56】要在 WPS 表格的某个单元格中生成一条或多条斜线表头，应该使用（　　）来实现。

A.【表格】菜单中的【插入】命令

B.【插入】菜单中的【符号】命令

C.【插入】菜单中的【分隔符】命令

D.【表格工具】选项卡中的【绘制表格】命令

【答案】D

【解析】本题主要考查 WPS 绘制斜线表头的操作方法。

【例 3.57】判断题：在 WPS 中，用户只可以绘制一条斜线表头。（　　）

【答案】×

【解析】点击“表格工具”选项卡中的“绘制表格”按钮，点击“绘制表格”，光标会变成一支笔的形状，可以在添加斜线的地方手动绘制一条或多条。

【知识强化】

（1）在 WPS 中，要设置斜线表头，通常需要使用哪个选项卡？（　　）

A.文件　　B.开始　　C.插入　　D.表格工具

（2）在 WPS 的表格中，斜线表头通常用于哪个目的？（　　）

A.分隔单元格内容　　B.装饰表格

C.改变单元格形状　　D.隐藏单元格内容

3.3.4.3　综合实战：创建“社会主义核心价值观”宣传表格并设置格式

（1）题目要求

请使用 WPS 的表格功能，创建一个关于“社会主义核心价值观”的宣传表格，并设置表格格式。表格内容需包含社会主义核心价值观的 12 个关键词，并对其进行简要解释。要求表格结构清晰，使用表格样式、边框、底纹等功能，确保表格美观且易于阅读。

（2）设置表格的要求

① 插入一个三列十三行的表格，合并第一行所有单元格，使标题居中显示。设置标题字体为“宋体”，字号为“16”，加粗。

② 在第二行的各单元格中依次输入“序号”“关键词”“简要解释”。选中第二行的所有单元格，设置字体为“宋体”，字号为“12”，加粗，并输入核心价值观。

③ 设置表格样式，表格“边框”选项卡中设置边框颜色为“黑色”，线型宽度为“1.5 磅”，底纹为白色，背景 1，深色，5%。对齐方式：居中对齐。

（3）操作步骤

打开 WPS Office，选择“新建”→“文字”→“空白文档”。

① 插入表格：点击“插入”→“表格”，选择插入一个三列十三行的表格（图 3.39）。在表格的第一行输入标题“社会主义核心价值观”。选中第一行的所有单元格，点击“合并单元格”按钮，使标题居中显示。设置标题字体为“宋体”，字号为“16”，加粗。

② 输入纵标题和横标题：在第二行的各单元格中依次输入“序号”“关键词”“简要解释”。选中第二行的所有单元格，设置字体为“宋体”，字号为“12”，加粗，输入社会主义核心价值观内容。在 A3 到 A14 单元格依次输入序号 1～12。在 B3 到 B14 单元格依次输入社会主义核心价值观的 12 个关键词：富强、民主、文明、和谐、自由、平等、公正、法治、爱国、敬业、诚信、友善。在 C3 到 C14 单元格依次输入每个关键词的简要解释，如图 3.40 所示。

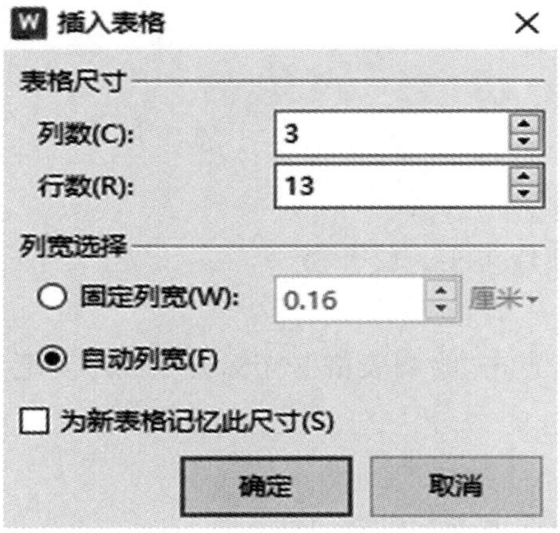

图 3.39 “插入表格”对话框

社会主义核心价值观		
序号	关键词	简要解释
1	富强	国家繁荣昌盛 人民幸福安康
2	民主	人民当家做主 参与国家管理
3	文明	社会进步 文化繁荣
4	和谐	人与人 人与自然和谐相处
5	自由	人民享用广泛的权利和自由
6	平等	人人平等 机会平等
7	公正	社会公平正义
8	法治	依法治国 法律面前人人平等
9	爱国	热爱祖国 维护国家利益
10	敬业	恪尽职守 努力工作
11	诚信	诚实守信 言行一致
12	友善	人与人之间友好相处 互相帮助

图 3.40 社会主义核心价值观表格截图

③ 设置表格边框：选中整个表格，点击鼠标右键，系统弹出“边框和底纹”对话框，即可为表格添加边框。设置边框颜色为“黑色”，线型宽度为“1.5 磅”，如图 3.41 所示。

④ 设置表格底纹和对齐方式：选中第二行的所有单元格，点击“表格工具”→“设计”→“底纹”，选择白色，背景 1，深色 5%。选中整个表格，点击“表格工具”→“表格属性”→“对齐方式”，选择“居中”，如图 3.42 所示。

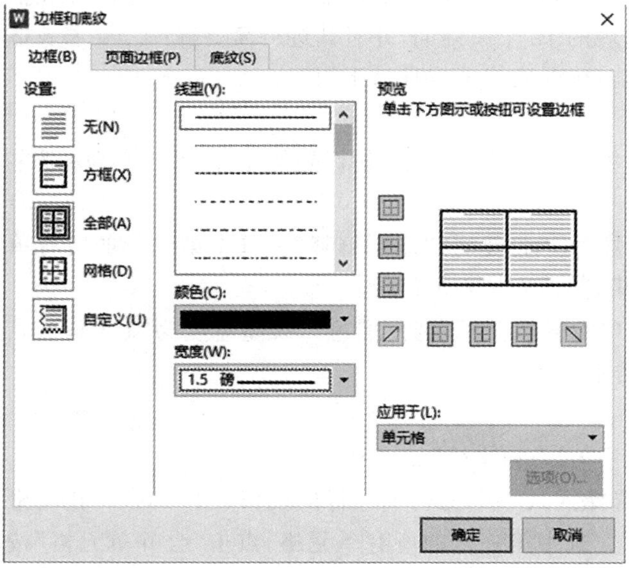

图 3.41 “边框和底纹”对话框

图 3.42 “表格属性”对话框

⑤ 拆分单元格：拆分 A2 至 A14 单元格，拆分为二列十三行。并在拆分后的单元格输入“社会主义核心价值观”关于层面的标题及内容。序号 1～4 是“国家层面”，序号 5～8 是“社会层面”，序号 9～12 是“公民层面”。

⑥ 保存文档：点击“文件”→“保存”，将文档保存为“社会主义核心价值观宣传表.docx”。

3.3.5　文本和表格互相转换

3.3.5.1　必备知识清单

具体内容见表 3.15 和表 3.16。

表 3.15　文本表格互换

内涵	将文档中的文字内容的呈现方式转换为表格方式，或将表格内容转换为文本
选择分隔符类型	分隔符包含段落标记、逗号、空格、制表符、其他字符。选择时需确保与数据中的实际分隔符一致，以便正确识别并创建表格结构
自动识别表格尺寸	将文字转换成表格时自动根据内容调整表格尺寸，可选择固定列宽、根据内容或窗口调整表格尺寸

表 3.16　数据排序

基本概念	根据指定的条件，对表格中的数据进行重新排列
排序方式	排序方式有升序和降序两种
排序类型	包含按照拼音、笔画、数字、日期四种类型
排序条件	主要关键词：排序过程中首先考虑的因素，它决定了数据在排序后的基本顺序
	次要关键词：当主要关键字的数据相同时，次要关键字用于进一步确定相同主要关键字数据之间的排序

3.3.5.2　要点解析

要点 1：排序选项

“排序选项”对话框内可以对分隔符、排序选项以及排序语言进行设置。具体操作如下：

选中要排序的表格，点击“表格工具”选项卡中的“排序”按钮，在弹出的对话框中点击“选项”按钮，如图 3.43 所示。

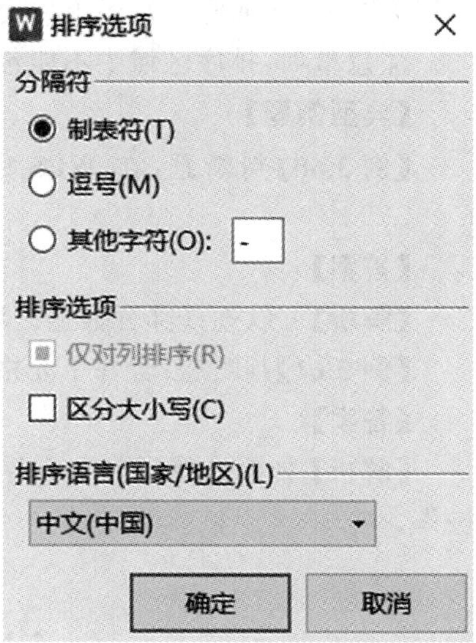

图 3.43　“排序选项”对话框

分隔符：用于指定数据字段之间的分隔方式，有制表符、逗号和其他字符可选。选择时需确保与数据中的实际分隔符一致，以便正确识别。

排序选项：可以设置是否区分大小写以及是否按列排序。“仅对列排序”允许用户指定排序是否仅应用于选定的列或整个数据区域；而“区分大小写(C)”则允许用户选择是否区分文本的大小写进行排序。

排序语言：不同语言的文本排序规则可能存在差异。例如，中文、英文、日文等语言的字符排序方式各不相同。通过指定排序语言，可以确保排序算法按照该语言的正确规则进行排序，从而避免排序结果出现错误。

【典型例题】

【例 3.58】当处理包含多种语言字符的表格时，为了确保排序结果的正确性，应如何设置？（　　）

A.无须特别设置

B.设置统一的排序语言

C.根据每列的数据类型分别设置

D.根据每列的语言类型分别设置排序语言

【答案】D

【解析】不同语言的字符排序规则存在差异，不进行特别设置可能会导致排序结果混乱。数据类型(如数字、文本等)与排序语言是两个不同的概念。

【例 3.59】在 WPS 的排序对话框中，通过点击________按钮，可以对分隔符、排序选项以及排序语言进行设置。

【答案】选项

【解析】选中要排序的表格，点击“表格工具”选项卡中的“排序”按钮，在弹出的对话框中点击“选项”按钮，可以对分隔符、排序选项以及排序语言进行设置。

【知识强化】

(1) 当处理包含中文、英文等混合语言的表格时，为了确保排序结果的准确性，用户需要正确设置________。

(2) 在排序对话框的“选项”中，分隔符不包括以下哪个选项？(　　)

A.制表符　　B.逗号　　C.句号　　D.其他字符

要点 2：设置排序的数据区域

对整个表格进行排序，可以直接点击表格左上角的“全选”按钮，或者使用鼠标拖动的方式将光标从表格的左上角拉到右下角，以选中整个表格。

对表格中的部分数据进行排序，可以使用鼠标拖动的方式先选中一部分区域，再按住“Ctrl”键不动单击选择需要的不相邻的单元格数据区域。

在排序对话框中，可以选择排序的主要关键字(即要根据哪一列的数据进行排序)，并设置排序方式(升序或降序)；还可以通过添加次要关键字来进一步细化排序规则。

注意事项：排序区域中不能包含已合并的单元格。

【典型例题】

【例 3.60】判断题：在 WPS 中进行排序时，必须选择整个表格作为排序的数据区域。(　　)

【答案】×

【解析】可以选择部分数据区域或指定列进行排序。

【例 3.61】判断题：合并单元格后的表格数据无法进行正确的排序。(　　)

【答案】√

【解析】如果选择了包含合并单元格的行或列进行排序，软件会提示错误或无法执行排序操作。

3.4　图、文、表的编排

在当今信息化的时代，掌握办公应用软件不仅是个人职业发展的必备技能，更是响应国家数字化转型战略的重要举措。党的二十大报告明确提出，要加快建设“数字中国”，促进数字经济与实体经济深度融合。这为新时代青年学子指明了发展方向。作为新时代的青年,我们不仅要学好专业知识,还要紧跟数字化技术发展的步伐,提升信息技术应用能力,为未来的学习和工作打下扎实基础。

本节我们将学习一些实用的办公技能,比如在文档中绘制形状、插入艺术字和图片、制作功能结构图、编写公式,以及进行图、文、表的混合排版。这不仅能帮我们提高工作效率,还能为国家的数字化发展贡献力量。

3.4.1 目标导航

(1) 掌握在文档中绘制形状的基本方法;

(2) 能在文档中插入艺术字和图片;

(3) 能根据需求绘制功能结构图;

(4) 能在文档中编制简单公式与模型;

(5) 能对文档进行图、文、表的混排。

3.4.2 知识图谱

具体如图 3.44 所示。

图 3.44 思维导图——图、文、表的编排

3.4.3 应用形状和艺术字

3.4.3.1 必备知识清单

具体内容见表 3.17 和表 3.18。

表 3.17 形状

基本概念	形状是指具有一定轮廓和形态的图形元素。在 Word 中,形状可以是简单的几何图形,也可以是复杂的组合图形
基本类型	线条、矩形、基本形状、线条总汇、公式形状、流程图、星与旗帜、标注
形状轮廓	可以设置主题颜色或其他轮廓颜色、粗细、虚线和箭头
形状填充	可以设置主题颜色或者其他填充颜色、图片、渐变和纹理
添加文字	鼠标右键点击形状,选择“添加文字”选项卡,然后在形状内部输入需要的文本内容
环绕方式	嵌入型环绕、四周型环绕、紧密型环绕、穿越型环绕、上下型环绕、浮于文字上方、衬于文字下方

表 3.18 艺术字

基本概念	艺术字是指对传统的字体进行创意性、特殊的美化与修饰,以形态美突出其内涵。艺术字广泛应用于广告、商品包装、书籍装帧等领域,合理使用艺术字,能使文档有更好的视觉效果	
绘图工具	形状填充	可以设置主题颜色或其他轮廓颜色、粗细、虚线和箭头
	形状轮廓	可以设置主题颜色或者其他填充颜色、图片、渐变和纹理
	环绕方式	嵌入型环绕、四周型环绕、紧密型环绕、穿越型环绕、上下型环绕、浮于文字上方、衬于文字下方
	组合	按住“Ctrl”或“Shift”键并点击选择多个形状,然后鼠标右键点击所选形状并选择“组合”选项
文本工具	字体填充	设置主题颜色或者其他填充颜色和渐变
	字体轮廓	设置主题颜色或其他轮廓颜色、粗细和虚线
	字体效果	设置阴影、映像、发光、棱台、三维旋转和转换

3.4.3.2 要点解析

要点 1:设置形状填充色

(1) 填充颜色

选中形状,点击“绘图工具”选项卡,选择“形状格式”组,点击“填充”按钮,系统会弹出一个下拉菜单,可以选择“主题色”或“标准色”。若要选择其他颜色或精准填充颜色,则需在菜单中点击“其他填充颜色”选项卡,在“自定义”或“高级”页面中进行精确调整,此时可以设置颜色模式以及透明度。颜色模式有一个下拉菜单,分别为 RGB 和 HSL。RGB 中可以设置三原色(红色、绿色、蓝色)和 HEX(十六进制代码,是网页设计中常用的颜色表示法,比如“#FF5733”);而 HSL 中可以设置色调、饱和度和亮度。

(2) 渐变填充

选中形状,点击“绘图工具”选项卡,选择“形状格式”组,点击“填充”按钮,系统会弹出一个下拉菜单,在菜单中选择“渐变填充”。若要精准设置渐变填充,在下拉菜单中点击“更多设置”选项卡,选择渐变填充,则可以设置渐变样式、角度、色标颜色、位置、透明度、亮度以及线条。

(3) 图片或纹理填充

选中形状,点击“绘图工具”选项卡,选择“形状格式”组,点击“填充”按钮,系统会弹出一个下拉菜单,在菜单中选择“图片(本地图片或在线图片)或纹理(查看预设,如皮革、纸纹)”。若要精准设置图片或纹理填充,在下拉菜单中点击“更多设置”选项卡,选择图片或纹理填充,则可以设置图片填充、纹理填充、透明度、放置方式(平铺、拉伸)、偏移量 X、偏移量 Y、缩放比例 X、缩放比例 Y、对齐方式、镜像类型以及线条。

(4) 图案填充

选中形状,点击“绘图工具”选项卡,选择“形状格式”组,点击“填充”按钮,系统会弹出一个下拉菜单,在菜单中选择“图案”,通过预设进行灰度颜色设计(5%、15%、波形)。若要精准设置图案填充,在菜单中点击“更多设置”选项卡,选择图案填充,则可以设置前景颜色和后景颜色。

(5) 透明度/不透明度(0%为完全透明,100%为不透明)

选中形状,点击“绘图工具”选项卡,选择“形状格式”组,点击“填充”按钮,系统会弹出一个下拉菜单,在菜单中选择“更多设置”。点击“纯色填充”,在对话框底部找到透明度并进行设置。

【典型例题】

【例 3.62】在 WPS 中,设置形状渐变填充的正确操作路径是(　　)

A.插入形状→双击形状→直接输入颜色代码

B.插入形状→选中形状→绘图工具→填充→渐变填充

C.鼠标右键点击形状→格式设置→仅调整透明度

D.通过“页面布局”选项卡设置

【答案】B

【解析】WPS 中需通过“绘图工具”选项卡的“填充”功能选择渐变填充,并自定义色标和方向。A 选项混淆了文本输入与填充操作,C、D 选项路径错误。

要点 2:设置形状环绕方式

(1) 常见环绕类型

① 嵌入型:图片或形状被视为一个字符插入文本行中,不能自由移动。文字环绕在图片或形状的两侧,但调整受到一定限制。

② 四周型环绕:文字环绕在图片或形状的四周,保持一定的间距。可以根据需要调整文字与图片之间的间距。

③ 紧密型环绕:文字紧密地贴合在图片或形状的边缘,形成更加自然的排版效果。可以根据图片或形状的形状变化而调整。

④ 穿越型环绕:文字可以穿过图片或形状中的透明区域,适用于具有不规则形状或透明背景的图片或形状。

⑤ 上下型环绕:图片或形状上方和下方均有文字,但左右两侧不与文字重叠。图片或形状占据一行或几行的位置,文字在图片或形状的上下方排列。

⑥ 浮于文字上方：图片或形状浮在所有文字之上，可以自由移动和调整大小。文字会绕过图片或形状排列。

⑦ 衬于文字下方：图片或形状置于所有文字之下，作为背景使用。文字会覆盖在图片或形状之上。

(2) 具体步骤

① 插入形状：在菜单栏中找到“插入”选项卡，点击“形状”，选择想要的形状并绘制。

② 设置环绕方式：选中形状，在菜单栏中点击“绘图工具”选项卡，选择“环绕”选项卡，系统会弹出一个下拉菜单，根据需求在菜单中选择“嵌入型”“四周型环绕”“紧密型环绕”“穿越型环绕”“上下型环绕”“浮于文字上方”或“衬于文字下方”选项。

注意事项：形状默认环绕方式为“浮于文字上方”。

【典型例题】

【例 3.63】在 WPS 中设置形状的“四周型环绕”，应通过以下哪个入口操作？(　　)

A.页面布局→文字环绕→四周型环绕　　B.插入→文本框→环绕设置

C.绘图工具→环绕→四周型环绕　　D.动画工具→环绕效果

【答案】C

【解析】WPS 中选中形状后，可通过“绘图工具”或在鼠标右键菜单中选择文字环绕设置环绕方式，包括四周型环绕。

【例 3.64】(　　)环绕方式支持文字穿过形状内部。

A.穿越型　　B.上下型　　C.嵌入型　　D.无环绕

【答案】A

【解析】“穿越型环绕”允许文字环绕并穿过形状边缘或内部空隙，形成融合效果。

【知识强化】

(判断题)在 WPS 中，插入的形状默认环绕方式为“嵌入型”。(　　)

要点 3：形状的组合、拆分和分层显示

(1) 组合形状(绘制好的图像可以组合成一个整体，这样当再次操作时，就不会无意中改变它们之间的相对位置)

步骤：按住“Shift”或“Ctrl”键，依次单击需组合的形状。执行组合有两种方法：一种是选中形状后单击鼠标右键，点击选择“组合”；另一种是选择“绘图工具”选项卡，点击“排列”。

注意事项：组合后的对象可统一移动、旋转或调整大小，且边框显示为单一选择框。但无法单独编辑子形状的填充色、轮廓等属性，若需单独编辑这些属性，则需取消组合。

(2) 取消组合或拆分形状

有两种取消组合或拆分形式的方法：一种是选中组合对象并单击鼠标右键，点击“取消组合”。另一种是选中合并后的形状，选择“绘图工具”，点击“组合”，会出现一个下拉菜单，选择“取消组合”。

注意事项：若组合包含复杂路径(比如合并形状后的对象)，可能需要多次取消组合。

(3) 分层显示

选中形状后，有两种分层显示的方法：一种是选择“绘图工具”，在“大小和位置”组点击“上移”或“下移”；另一种是单击鼠标右键，点击“置于顶层”或“置于底层”。

注意事项：后插入的对象默认覆盖先插入的对象；可通过手动调整层叠顺序来改变显示优

先级。

【典型例题】

【例 3.65】在 WPS 中，将多个形状合并为一个整体，应使用(   )功能。

A.对齐 B.旋转 C.拆分 D.组合

【答案】D

【解析】“组合”功能可将多个形状合并为一个整体，便于统一移动或调整格式；“拆分”用于分离已组合的形状；“对齐”用于调整位置关系。

要点 4：形状的翻转或旋转

（1）翻转形状

选中形状，选择“绘图工具”选项卡，点击“旋转”后系统会有一个下拉菜单，选择“水平翻转”或“垂直翻转”。

（2）旋转形状

旋转形状的方法有两种：一种是固定角度旋转，即先选中形状，选择“绘图工具”选项卡，点击“旋转”后会有一个下拉菜单，再选择“向左旋转 90°”或“向右旋转 90°”；另一种是自由旋转，即先选中形状，拖动旋转手柄顺时针/逆时针调整角度(可以按住“Shift”键以 15°为增量旋转，适用于对齐操作)。

注意事项：若需要精确角度，则可以选择“绘图工具”选项卡，点击“大小和位置”组，系统会弹出一个“布局”窗口，找到旋转填写需要的角度(比如顺时针旋转 25°，填写“25”；逆时针旋转 40°，填写“－40”)。

【典型例题】

【例 3.66】在 WPS 中，如何快速将形状逆时针旋转 45°？(   )

A.使用旋转手柄拖动

B.点击“大小和位置”组，在“布局”窗口设置旋转角度为“－45°”

C.“绘图工具”选项卡→“旋转”→“向左旋转 90°”

D.按住“Shift”键拖动旋转手柄

【答案】B

【解析】点击“大小和位置”组，在“布局”窗口，可手动输入旋转角度(如－45°表示逆时针旋转 45°)。选项 C 的“向左旋转 90°”是固定角度，无法实现 45°旋转。

【知识强化】

(判断题)“垂直翻转”功能会将形状上下颠倒，但不会改变其左右方向。(   )

要点 5：设置形状的大小

（1）手动调整大小

选中形状，周围出现 8 个控制点(四角＋四边中点)，拖动四角的控制点进行等比例缩放，也可以拖动四边的控制点自由变形。其中，按住快捷键“Shift”拖动控制点可以强制等比例缩放；按住快捷键“Ctrl”或同时按住“Shift”键和“Ctrl”键拖动控制点可以从中心向外缩放(对称调整)。

（2）精确调整大小

选中形状，选择“绘图工具”选项卡，在“大小和属性”组找到“高度”和“宽度”填写数值。

（3）高级设置

选中形状，选择“绘图工具”选项卡，点击“大小和位置”组，系统会弹出一个“布局”窗口，找到“高度”或“宽度”填写具体数值，即可精确调整大小，还可以设置缩放比例（如“高度 80%”）。

(4) 锁定纵横比（锁定后不可自由调整单边尺寸）

默认锁定：多数默认锁定纵横比（拖动角点时）。

手动锁定：点击“大小和位置”组，弹出“布局”窗口，勾选“锁定纵横比”。

【典型例题】

【例 3.67】按住________键的同时拖动形状边角的控制点，可同时以中心点为基准等比例缩放形状。

【答案】“Ctrl＋Shift”或“Ctrl”

【解析】 按住“Ctrl＋Shift”组合键或单独按住“Ctrl”键拖动边角控制点，会以形状中心为基准等比例缩放。

要点 6：设置艺术字的背景色和轮廓形状

(1) 设置艺术字背景色

选中艺术字文本框，选择“文本工具”选项卡，在“设置形状格式”组点击“填充”，系统会有一个下拉菜单，可以设置主题颜色、标准色、其他颜色填充、渐变填充、图片或纹理以及图案功能。更精准的设置步骤和形状填充步骤一样，可以通用。

(2) 设置艺术字背景轮廓形状

选中艺术字文本框，选择“文本工具”选项卡，在“设置形状格式”组点击“轮廓”，系统会有一个下拉菜单，可以设置主题颜色、标准色、其他边框颜色、线型（0.25 磅、3 磅）以及虚线线型（方点、短画线）功能。

【典型例题】

【例 3.68】调整艺术字轮廓的粗细时，需要在（　　）选项中设置。

A.设置文本效果格式→轮廓　　　B.设置形状格式→轮廓→线型

C.设置形状格式→粗细　　　D.字体→加粗

【答案】B

【解析】“设置形状格式”组中“轮廓”下拉菜单中的“线型”可调整轮廓的粗细（如 1 磅、2.25 磅等）；而字体只能艺术字加粗，与轮廓无关。

【例 3.69】在 WPS 中，要为艺术字添加背景颜色，应使用“设置形状格式”组中的（　　）功能。

A.填充　　　B.形状样式　　　C.轮廓　　　D.效果

【答案】B

【解析】艺术字的背景色通过“文本填充”设置，而“形状填充”是针对图形对象的填充功能；“文本轮廓”用于调整文字边框颜色和粗细。

【知识强化】

(判断题)艺术字的背景色只能使用纯色，无法设置为渐变或图片填充。（　　）

要点 7：设置艺术字的对齐方式和环绕方式

(1) 设置艺术字的对齐方式

选中艺术字，选择“绘图工具”选项卡，在“大小和位置”组点击“对齐”会有一个下拉菜单，可以设置相对于页（或相对于对象组、相对于后选对象）、左对齐、水平居中、右对齐、顶端对齐、垂直居中、底端对齐、横向分布、纵向分布、网格线、绘图网络功能。若要更精准地设置对齐方式，选中“大小和位置”组，在弹出的窗口中选择位置页面，可以进行水平（左对齐、居中、右对齐）的对齐方式，相对于（页边距、页面、栏、字符、左边距、右边距、内边距、外边距）和垂直（顶端对齐、居中、下对齐、内部、外部）的对齐方式，相对于（页边距、页面、行、上边距、下边距、内边距、外边距）等功能的设置。

（2）设置艺术字的环绕方式

选中艺术字，选择“绘图工具”选项卡，在“大小和位置”组点击“环绕”会有一个下拉菜单，可以设置嵌入型、四周型环绕、紧密型环绕、衬于文字下方、浮于文字上方、上下型环绕、穿越型环绕。若要更精准地设置环绕方式，选中“大小和位置”组，在弹出的窗口中选择文字环绕页面，可以进行环绕方式、环绕文字、距正文功能的设置。

注意事项：WPS 中插入的艺术字默认“浮于文字上方”。

【典型例题】

【例 3.70】艺术字默认的环绕方式是（　　）。

A.嵌入型　　B.四周型环绕　　C.浮于文字上方　　D.衬于文字下方

【答案】C

【解析】WPS 中插入的艺术字默认“浮于文字上方”，可自由拖动位置，不与其他文本重叠。

【例 3.71】在 WPS 中，若要将艺术字相对于页面水平居中显示，应使用以下哪个功能？（　　）

A.“开始”选项卡中的“居中”按钮

B.“绘图工具”选项卡→“对齐”→“水平居中”

C.鼠标右键菜单→“段落”→“居中对齐”

D.页面布局→“页面设置”→“文字排列”→“水平”

【答案】B

【解析】“绘图工具”选项卡中的“对齐”功能（需先打开“对齐”下拉菜单）支持将艺术字相对于页面或画布水平/垂直居中；而“开始”选项卡的“居中”按钮仅用于段落文本对齐，对艺术字无效。

3.4.3.3 综合实战：制作“中国梦 · 我的梦”主题宣传海报

（1）题目要求

使用 WPS Word 的形状和艺术字功能，设计一份“中国梦 · 我的梦”主题宣传海报。要求包含以下元素：使用至少 3 种不同类型的形状，添加艺术字标题，设置形状填充效果和轮廓，合理排列各元素位置，体现爱国主义教育主题。

（2）具体操作要求

① 纸张方向为横向，设置页面颜色为蓝色渐变填充，颜色选择双色（浅蓝＋白色）。透明度：0%～60%底纹样式为水平。

② 插入艺术字标题，字体样式为“填充-白色，轮廓着色-2 清晰阴影-2”，设置字体为“华文行楷，48 号”，调整艺术字位置到页面顶部居中。

③ 要求绘制一个大五角星在页面中央，纯色填充“金色-着色 3-浅色 40%”，形状轮廓为“红色、3 磅”。

④ 要求在五角星右侧添加云型标注，设置填充色为白色半透明，设置文字颜色为红色。

⑤ 插入“椭圆”形状，设置形状填充“插入图片（长城）”，形状效果为“柔化边缘 10.00 磅”。选择所有形状，设置文字环绕方式为“浮于文字上方”。

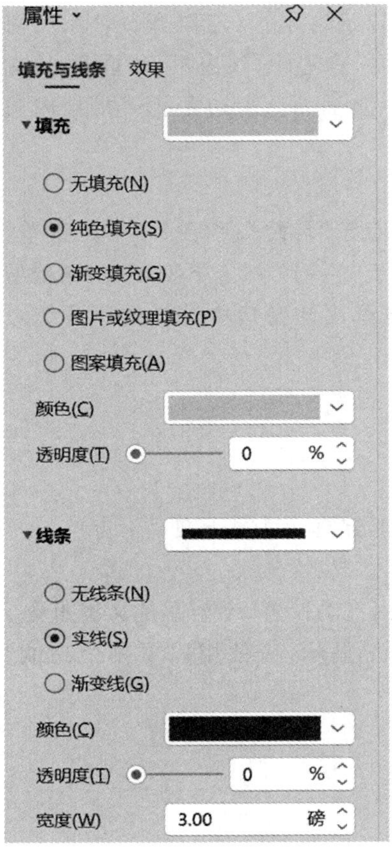

图 3.45　“填充效果”对话框

⑥ 插入横排文本框设置文本框填充为“浅黄色半透明”，设置文字为“楷体，16 号深蓝色”。

(3) 操作步骤

① 创建新文档并设置页面：打开 WPS Word 文档，新建空白文档，点击“页面布局”→“纸张方向”→“横向”，设置页面颜色为浅蓝色渐变填充。

② 插入艺术字标题：点击“插入”→“艺术字”，选择“填充-白色 轮廓着色-2 清晰阴影-2”样式，输入文字“中国梦 · 我的梦”，设置字体为“华文行楷，48 号”，调整艺术字位置到页面顶部居中。

③ 添加五角星形状：点击“插入”→“形状”→“星与旗帜”→“五角星”，绘制一个大五角星在页面中央，纯色填充“金色-着色 3-浅色 40%”，形状轮廓为“红色 3 磅”，如图 3.45 所示。

④ 插入云形标注：点击“插入”→“形状”→“标注”→“云形标注”，在五角星右侧添加云形标注，输入文字“富强 民主 文明 和谐”，设置填充色为白色半透明，设置文字颜色为红色。

⑤ 添加圆形形状：插入“椭圆”形状，按住“Shift”键绘制正圆。设置形状填充为插入图片（可选用天安门、长城等爱国主题图片）。设置形状效果为“柔化边缘 10.00 磅”，如图 3.46 所示。

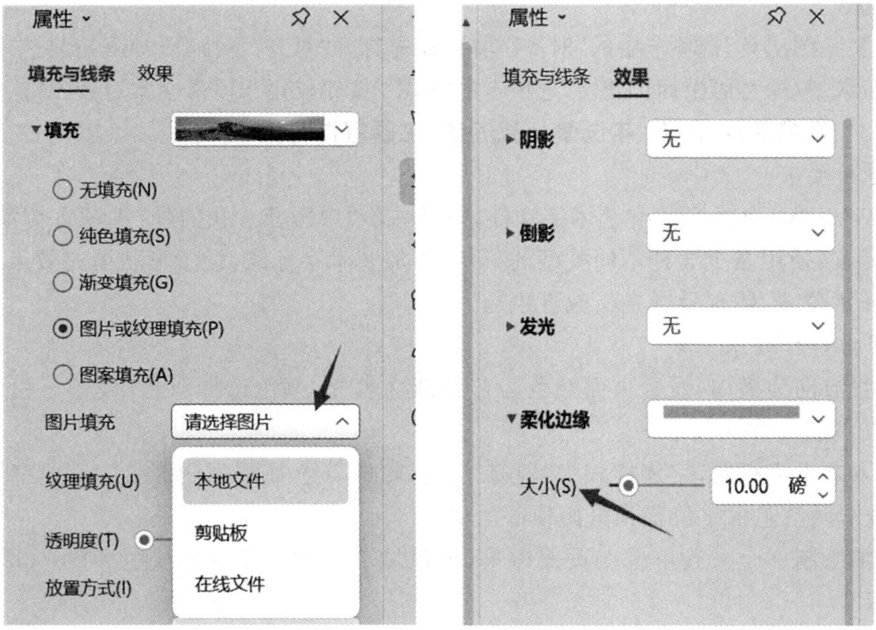

(a)　　(b)

图 3.46　圆形形状效果截图

⑥ 组合与排列元素：按住“Ctrl”键选择所有形状，鼠标右键点击“组合”→“组合”，调整整体大小和位置，设置文字环绕方式为“浮于文字上方”，如图 3.47 所示。

图 3.47　“文字环绕方式”对话框

⑦ 添加横排文本框：插入横排文本框，输入“新时代青年要：\n 坚定理想信念\n 练就过硬本领\n 勇于创新创造\n 矢志艰苦奋斗\n 锤炼高尚品格”。设置文本框填充：浅黄色半透明。设置文字：楷体，16 号，深蓝色。检查各元素层次关系（单击鼠标右键→“置于顶层/底层”），整体调整颜色搭配。

⑧ 保存文档：点击“文件”→“另存为”，命名为“中国梦宣传海报.docx”，导出为 PDF 格式备用。

3.4.4　绘制功能结构图

3.4.4.1　必备知识清单

具体内容见表 3.19。

表 3.19　功能结构图 SmartArt

基本概念	功能结构图是信息和观点的视觉表示形式。在使用文字处理软件绘制各种图形、图表时，可以使用 Word 软件的 SmartArt 特性来创建，或使用 WPS 文字软件中的智能图形、关系图、流程图等来绘制	
基本类型	列表图	用于表示非有序信息或者分组信息
	流程图	用于表示任务、流程或工作流中的顺序步骤
	循环图	表示阶段、任务或事件的连续序列，主要用于强调阶段或步骤的重复过程
	层次结构图	用于显示组织中的分层信息或上下级关系

续表3.19

基本类型	关系图	用于表示两个或多个对象之间的逻辑关系
	矩形图	用于以象限的方式显示部分与整体的关系
	棱锥图	用于显示比例关系、互连关系或分层关系
添加文字	选中 SmartArt 图形中的形状或文本框，直接输入文字内容	

3.4.4.2 要点解析

要点 1：插入结构图形的方法

(1) 使用 SmartArt 图形

选中“插入”选项卡，点击“SmartArt”，系统会弹出一个“选择 SmartArt 图形”窗口，根据需求选择 SmartArt 图形(选择组织结构图、基本列表、垂直项目符号列表、垂直框列表、垂直块列表、表格列表、水平项目符号列表、垂直图片列表、梯形列表、分离射线、基本流程、聚合射线、重点流程、射线维恩图、循环矩阵)。

(2) 使用形状或连接线

选中“插入”选项卡，点击“形状”按钮，在下拉菜单中选择需要的形状(如矩形、圆形等)并绘制；同样在“插入”选项卡点击“形状”按钮，但这次选择一种连接线(如箭头、直线等)，在两个形状之间绘制连接线(表示它们之间的流程关系)。

【典型例题】

【例 3.72】在 WPS 中，快速插入功能结构图形的操作是(　　)

A.点击“插入”→“形状”→选择流程图

B.直接输入文字，自动生成结构图

C.点击“插入”→“SmartArt”→选择层次结构图

D.使用“表格”绘制结构图

【答案】C

【解析】功能结构图通常使用 SmartArt 的“层次结构图”或“流程图”类型制作，而非直接插入形状或表格。

要点 2：设置形状样式填充色

(1) 设置形状填充

选中 SmartArt 图形，选择“格式”选项卡，点击“填充”后系统会有一个下拉菜单，可以设置主题颜色、标准色、图片或纹理、图案功能(这里提到的功能具体实现内容和形状一样)。

(2) 设置形状轮廓

选中 SmartArt 图形，选择“格式”选项卡，点击“轮廓”后系统会有一个下拉菜单，可以设置主题颜色、标准色、线型(0.25 磅、3 磅)以及虚线线型(方点、短画线)功能。

【典型例题】

【例 3.73】以下哪一项不能作为 SmartArt 形状的填充类型？(　　)

A.纯色　　B.渐变　　C.艺术字　　D.图案

【答案】C

【解析】艺术字是文本效果，不能作为填充内容。

【知识强化】

判断题：按住“Ctrl”键可同时选中多个形状批量修改填充色。（　　）

要点 3：根据内容需要增加或删除图形

（1）增加图形

方法 1：选中 SmartArt 图形，选择“设计”选项卡，点击“添加项目”后系统会有一个下拉菜单，可以设置在下方添加项目、在上方添加项目、在后面添加项目、在前面添加项目、添加助理。

方法 2：选中 SmartArt 图形，选择“设计”选项卡，点击“升级”或“降级”按钮。

（2）删除图形

① 选中 SmartArt 图形，选择“开始”选项卡，点击“剪切”；

② 选中 SmartArt 图形，点击键盘中的“Delete”键；

③ 选中 SmartArt 图形，单击鼠标右键，在弹出的菜单中点击“剪切”。

要点 4：设置形状填充效果

选中 SmartArt 图形，选择“设计”选项卡，点击“系列配色”后系统会有一个下拉菜单，可以设置主题颜色、彩色、着色 1、着色 2、着色 3、着色 4、着色 5；选择“格式”选项卡，点击“预设样式”后系统会有一个下拉菜单，可以设置样式（无填充、渐变填充等）和主题颜色。

3.4.4.3　综合实战：制作“新时代青年成长路径”功能结构图

（1）题目要求

使用 WPS Word 的 SmartArt 功能，绘制“新时代青年成长路径”功能结构图。要求：使用层次结构图展示成长路径（包含至少 3 个层级、5 个分支），设置形状样式和填充效果，体现思想政治教育元素。

（2）具体操作

① 标题样式（黑体，二号，居中），插入水平层次结构的 SmartArt 图形。

② 分支节点：一级节点（中心），二级节点（3 个分支），三级节点（每个二级节点下 2 个分支）。

③ SmartArt 图形设置为“彩色-个性色”，应用“三维卡通”样式，设置文字“微软雅黑，14 号”。

④ 自定义形状格式：选中中心形状，填充色为红色渐变，轮廓是“橙色，3 磅”。选中二级形状，填充色为蓝色渐变并添加“发光”效果。选中三级形状，填充色为绿色渐变，并设置阴影效果。

⑤ 思政元素样式：设置为红色楷体、加粗，置于结构图下方，插入五角星形状作为装饰元素。

⑥ 优化布局：调整各分支间距，设置“两端对齐”布局。

（3）操作步骤

创建新文档：打开 WPS Word，新建空白文档

① 输入标题“新时代青年成长路径功能结构图”（黑体，二号，居中）；插入 SmartArt 图形，点击“插入”→“SmartArt”选择“层次结构”→“水平层次结构”；点击“确定”，插入基础结构图（图 3.48）。

② 编辑结构图内容：一级节点（中心）为“新时代青年成长”，二级节点（3 个分支）分别为“思想成长”“学业发展”“社会实践”。

三级节点（每个二级节点下 2 个分支）：

思想成长：“学习新思想”“践行核心价值观”。

学业发展："专业知识""创新能力"。

社会实践："志愿服务""国情调研"。

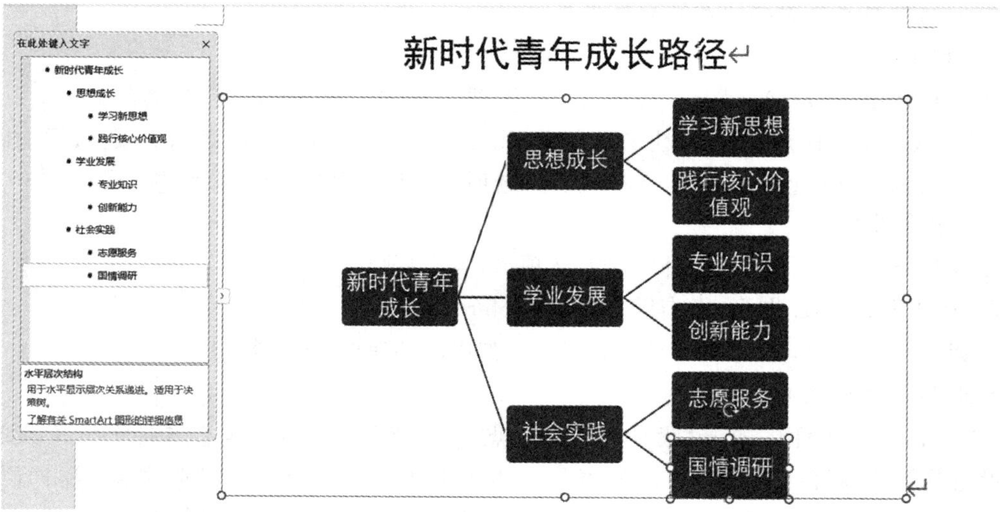

图 3.48　编辑图结构例图

③ 调整结构图样式：选中整个 SmartArt 图形，点击"SmartArt 工具"→"更改颜色"→"彩色-个性色"，应用"三维卡通"样式。设置文字：微软雅黑，14 号。

④ 自定义形状格式：选中中心形状，填充色选红色渐变，轮廓为"橙色，3 磅"；选中二级形状，填充色选蓝色渐变并添加"发光"效果；选中三级形状，填充色选绿色渐变，设置阴影效果。

⑤ 添加思政元素：插入文本框，内容为"成长寄语：坚定理想信念，勇担时代使命"。设置：红色楷体，加粗，置于结构图下方，插入五角星形状作为装饰元素（图 3.49）。

⑥ 优化布局：调整各分支间距，设置"两端对齐"布局，再检查文字换行显示，如图 3.50 所示。

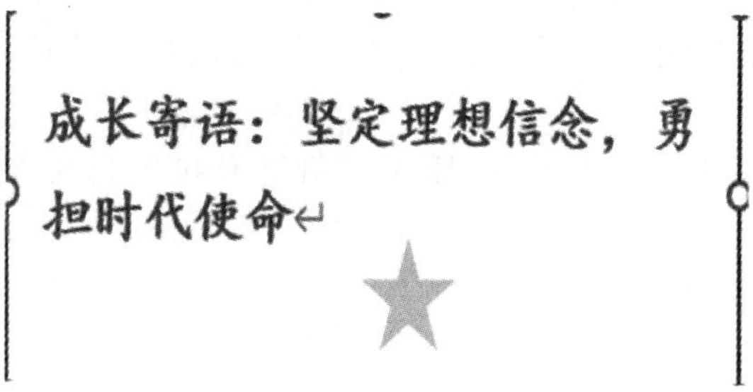

图 3.49　文本框例图

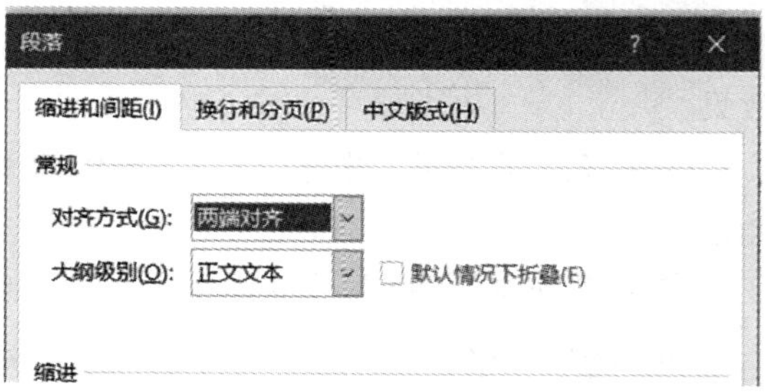

图 3.50　"段落"对话框

⑦ 保存文档：点击"文件"→"另存为"，命名为"青年成长路径结构图.docx"，导出为 PDF 格式备用。

3.4.5　图、文、表混排

3.4.5.1　必备知识清单

具体内容见表 3.20 和表 3.21。

表 3.20 文本框

基本概念	文本框是 Word 中一个可移动的、可调大小的文字或图形容器。它允许用户在文档中的任何位置插入并编辑文本，而不受文档原有格式或排版的限制
特点	具有独立性、灵活性、可编辑性、多样性、层次性、可复制性，是进行文档排版和编辑的重要工具
字体设置	(1)点击“开始”选项卡，打开“字体”选项卡进行选择； (2)鼠标右键单击选中的文字，在弹出的对话框中选择“字体”选项进行设置
文字方向	(1)选中文本框，选择“布局”选项卡，在“文字方向”组设置文字方向； (2)鼠标右键单击选中的文本框，在弹出的对话框中点击“设置文本框格式”，选择“文字方向”选项卡进行设置； (3)直接拖动文本框旋转来调整文字方向

表 3.21 图片

基本概念	图片是指以像素构成的图像文件(如 JPG、PNG、GIF、BMP 等格式)，它们被插入 Word 文档中，用于增强文档的视觉效果和信息表达
图片边框	设置主题颜色或其他轮廓颜色、粗细和虚实
设置效果	查看预设，设置阴影、映像、发光、柔化边缘、棱台和三维旋转
环绕方式	嵌入型、四周型环绕、紧密型环绕、穿越型环绕、上下型环绕、浮于文字上方、衬于文字下方
旋转或翻转	(1)手动调整：选中形状或图片，会看见一个圆形箭头，点击并拖动旋转可以旋转形状或图片； (2)精确调整：在“格式”选项卡中选择“旋转”，然后选择“水平翻转”或“垂直翻转”

3.4.5.2 要点解析

要点 1：插入文本框的方法

方法一：菜单选择

在菜单栏中找到“插入”选项卡，点击“文本框”选择横向或竖向，在想要插入文本框的地方拖动鼠标绘制。

方法二：快速插入

在菜单栏中找到“插入”选项卡，点击“文本框”选择其他样式，快速插入。

【典型例题】

【例 3.74】在 WPS 中，在(　　)选项卡中插入文本框。

A.插入　　B.开始　　C.页面　　D.视图

【答案】A

【解析】插入文本框时需找到“插入”选项卡，点击“文本框”，选择横向或竖向进行绘制。

要点 2：设置文本框填充色

选中文本框，选择“文本工具”选项卡，在“设置形状格式”组点击“填充”后系统会有一个下拉菜单，可以设置主题颜色、标准色、其他颜色填充、渐变填充、图片或纹理、图案功能。更精准的设置步骤和形状填充步骤一样，可以通用。

若填充色覆盖文字，应检查文字图层是否置顶(单击鼠标右键→【置于顶层】)或确认填充透明度是否不大于 70%。

【典型例题】

【例 3.75】设置文本框纹理填充应选择(　　)。

A.边框设置　　B.填充设置　　C.文字方向　　D.字体设置

【答案】B

【解析】点击“填充”会有一个下拉菜单，可以设置主题颜色、标准色、其他颜色填充、渐变填充、图片或纹理、图案功能。

【例 3.76】在 WPS 中设置文本框渐变填充时，要调整颜色过渡方向应修改(　　)。

A.透明度　　B.角度　　C.亮度　　D.对比度

【答案】B

【解析】渐变填充的“角度”参数控制颜色过渡方向(0°为左→右，90°为上→下)。

要点 3：设置文本框轮廓

选中文本框，选择“文本工具”选项卡，在“设置形状格式”组点击“轮廓”后系统会有一个下拉菜单，可以设置主题颜色、标准色、其他轮廓颜色、渐变填充功能。更精准的设置步骤和形状轮廓步骤一样，可以通用。

【典型例题】

【例 3.77】在 WPS 中要设置文本框虚线轮廓，正确的操作路径是(　　)

A.“开始”→“下划线”→“虚线”

B.“设置形状格式”→“轮廓”→“虚线”

C.“插入”→“边框”→“虚线”

D.“视图”→“网格线”→“虚线”

【答案】B

【解析】文本框轮廓属于形状格式设置，需通过“设置形状格式”选项卡的“轮廓”功能修改。

要点 4：插入图片的方法

(1)直接拖拽

打开图片所在的文件夹，选中图片后直接将其拖拽到文本框内。

(2) 菜单插入

选中文本框，点击“文本工具”选项卡，选择“填充”选项卡后系统会有一个下拉菜单，点击图片或纹理，根据需要选择“本地图片(从文件上传本地图片)”或“在线图片(搜索 Bing 或 OneDrive 中的图片)”。

选中“插入”选项卡，点击“图片”后系统会弹出一个下拉菜单，选择“本地图片”。

(3) 粘贴嵌入

单击鼠标右键复制图片(或使用复制快捷键“Ctrl＋C”)，单击文本框；单击鼠标右键粘贴

(或使用粘贴快捷键“Ctrl+V”)。

若要插入多张图片,可以使用快捷键“Ctrl”(按住“Ctrl”键,选中想要插入的多张图片)。

【典型例题】

【例 3.78】在 WPS 中插入本地图片的正确操作是(　　)

A.复制图片后直接粘贴　　B.“插入”→“图片”→“本地图片”

C.拖拽图片到格式工具栏　　D.“视图”→“图片库”

【答案】B

【解析】通过菜单“插入”→“图片”→“本地图片”是最规范的插入方式,能保持原始分辨率。

【知识强化】

批量调整多张图片对齐时,需按住________键多选图片。

要点 5:段落设置对图片的影响

(1) 行距控制:图片垂直空间占用,固定值行距可能裁剪图片,多倍行距自动扩展空间;

(2) 对齐方式:图片水平定位,左/右对齐产生文字环绕,居中对齐形成对称空白;

(3) 缩进设置:图片水平偏移量,首行缩进影响嵌入式图片起始位置,悬挂缩进改变图文相对关系;

(4) 段间距:图片与上下文间隔,段前/段后距离决定图片与相邻段落的空白区域;

(5) 换行分页:图片跨页行为,孤行控制/段中不分页等规则影响图片切割位置。

【典型例题】

【例 3.79】当段落行距设置为“固定值 12pt”时,插入高度为 15pt 的图片会导致(　　)。

A.图片自动缩小　　B.图片底部被裁剪

C.行距自动扩展　　D.图片转为浮动状态

【答案】B

【解析】固定值行距会严格限制行高,图片超出部分将被裁剪。

【例 3.80】图片下方出现异常空白,应优先检查(　　)。

A.段落右缩进　　B.段后间距

C.文字环绕距离　　D.图片透明度

【答案】B

【解析】过大的段后间距会产生多余空白区域。

要点 6:插入公式

(1) 具体步骤

点击“插入”选项卡,选择“公式”选项卡后系统会弹出一个下拉菜单,在菜单中可以选择内置公式(如二次公式、二项式定理)、插入新的公式(点击“公式工具”选项,在“符号”分组中可以插入 150 多个数学符号、分式、上下标、根式、积分、运算符等)和公式编辑器。

(2) 注意事项

① 若发现公式显示不全,应检查是否启用了“文本环绕”,调整段落行距为“固定值 20pt”。

② 公式与文字行间距不一致,导致排版错乱或者公式换行后对齐异常时,可以调整段落格式或者用公式编辑器设置对齐方式(左对齐、居中对齐等)。

③ 使用公式编辑器的换行工具进行公式换行时,不要直接按回车键。

④ 编辑复杂公式时，应频繁按快捷键“Ctrl＋S”保存文档。

【典型例题】

【例 3.81】当公式显示不全时，应优先调整(　　)。

A.页面边距　　B.段落行距　　C.字体颜色　　D.纸张方向

【答案】B

【解析】将段落行距设为“固定值”可解决公式被截断问题。

要点 7：绘制思维导图

点击“插入”选项卡，选择“思维导图”选项卡，系统会弹出一个下拉菜单，在菜单中可以选择在线思维导图和本地思维导图，根据需求选择合适的思维导图。

3.5　文档创编进阶

在日常学习和工作中，我们经常需要处理各种文档，比如报告、论文、项目计划书等。文档不仅仅是文字的堆砌，良好的排版和结构能够极大提升文档的可读性和专业性。本节我们将学习一些文档处理的高级技巧，包括如何创建目录、添加题注、使用脚注和尾注、进行修订和批注，以及如何批量生成文档。最后，我们还会简单了解一些版式设计的基础知识，例如在制作“乡村振兴政策宣传手册”时，可以采用清晰的标题层级、适当的图片排版和统一的配色方案，使内容更具吸引力。此外，在制作国际会议报告时，版式设计可以帮助突出关键数据和分析结论。

掌握这些技巧后，你们会发现文档处理变得更加高效和专业。无论是学术论文、工作报告还是团队协作，这些技能都能让你们脱颖而出。

3.5.1　目标导航

(1) 能在文档中创建目录；

(2) 能对文档中的对象添加题注；

(3) 会使用脚注和尾注；

(4) 能对文档进行修订和创建批注；

(5) 能按照模板批量生成文档；

(6) 了解版式设计的基础知识。

3.5.2　知识图谱

具体如图 3.51 所示。

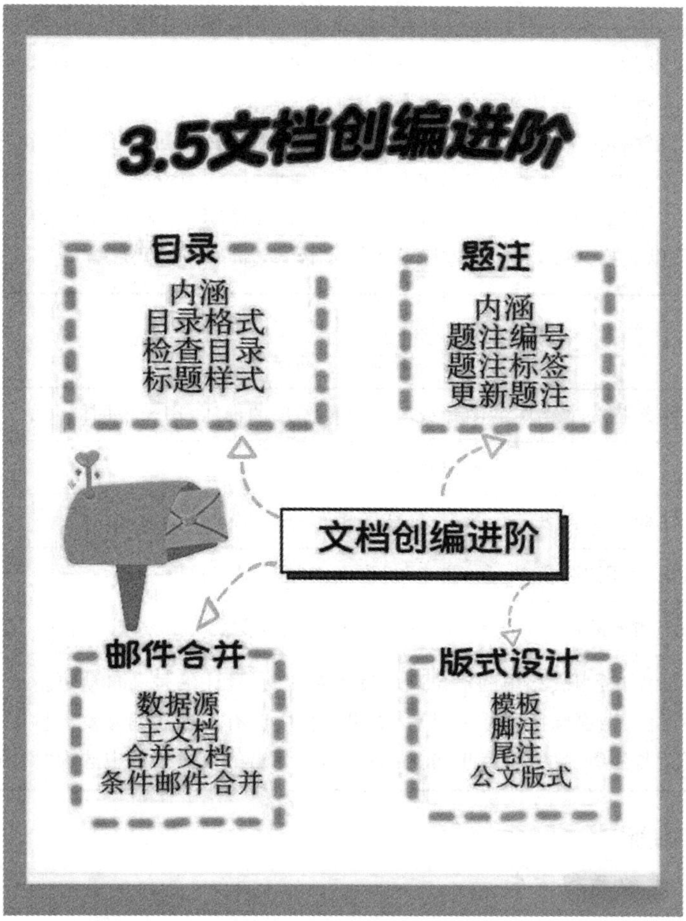

图 3.51 思维导图——文档创编进阶

3.5.3 创建目录和题注

3.5.3.1 必备知识清单

具体内容见表 3.22 和表 3.23。

表 3.22 目录

内涵	目录是书籍中常见的一部分内容，它列出了书中的各级标题以及每个标题所在的页码。使用目录便于读者了解文档结构、把握文档内容，显示要点的分布情况
生成目录的方式	手动生成和自动生成
目录格式	目录格式是指文档中章节标题的显示方式，包括字体、字号、加粗、对齐方式等属性
检查目录	在“视图”选项卡点击“导航窗格”，在下拉列表中选择“靠左”或“靠右”或“隐藏”，进入目录页面，查看目录导航

续表3.22

标题样式	目录的标题样式主要包括“标题 1”“标题 2”和“标题 3”(默认格式,WPS 预设了字体、字号、颜色、段落间距等格式)。 层级结构:“标题 1”通常用于文档的章节标题;“标题 2”用于章节下的子章节或小节标题,代表次一级的层级;“标题 3”用于进一步细分小节的内容,通常表示小节下的具体点或论据。其他用户自定义的标题样式(如标题 4)需手动设置层级关系。 除默认格式外,其他标题默认无固定格式,需用户自行定义

表 3.23　题注

内涵	题注是指为文档中的图片或其他对象添加的标注,用于说明图片的序号、备注内容等
题注编号	自动编号和自定义编号格式
题注标签	题注标签包含表、图、图表、公式等类型
题注的位置	点击“引用”选项卡,在“题注”组中点击“题注”按钮
删除题注	选中插入的题注,按下“Backspace”键即可删除
更新题注	自动更新:当文档中的对象顺序发生变化时,题注编号会自动更新。 手动更新:删除图片或编号后,如果文档中原有的题注编号没有发生变化,可以选中包含要更新题注编号的文档,单击鼠标右键,在弹出的快捷菜单中选中“更新域”

3.5.3.2　要点解析

要点 1:创建目录的两种方式

(1) 手动创建

① 输入目录标题:在文档的开头输入“目录”,并设置格式(如居中、加粗)。

② 手动添加目录项:分行输入各章节标题及对应的页码,确保格式清晰。使用制表符(按“Tab”键)或空格调整对齐,也可插入省略号(……)连接标题与页码。

③ 调整格式:使用“段落”组中“缩进和间距”选项卡调整对齐方式和间距,使目录更加整齐。

(2) 自动生成

① 设置标题样式:选中需要作为目录项的标题文字(如章、节标题)。在“开始”选项卡的样式区域选择相应的标题样式(如标题 1、标题 2 等)。

② 插入自动目录:将光标定位到需要插入目录的位置(通常为文档开头),点击“引用”选项卡,选择“目录”中预设的自动目录样式。

③ 更新目录:在添加或修改标题后,鼠标右键单击目录并选择“更新字段”,以确保目录内容是最新的。

自动目录的优势:支持一键更新,格式统一,适合长文档。

手动目录的优势:灵活自定义,但需手动调整页码和格式。

【典型例题】

【例 3.82】WPS 中自动生成目录的前提条件是(　　)。

A.文档必须插入分节符

B.标题必须应用层级样式(如“标题 1”“标题 2”)

C.文档需要添加脚注

D.必须手动标记所有标题

【答案】B

【解析】本题主要考查学生对自动生成目录前提条件的理解。目录是文档中常见的一部分,通过为标题应用预设样式(如“标题 1”“标题 2”),系统能自动识别文档结构并生成目录。

【例 3.83】手动创建目录的缺点是(　　)。

A.无法修改字体颜色　　B.页码无法对齐

C.标题或页码变动时需手动更新　　D.不包含二级标题

【答案】C

【解析】本题主要考查学生对手动创建目录缺点的理解。目录作为文档结构的导航工具,手动创建的目录需要完全依靠人工输入和维护。当文档中的标题内容或页码发生变动时,必须手动修改目录中的对应内容,否则会导致目录与正文不一致。因此,选项 C 正确。

【知识强化】

(1) 在 WPS 中,如何自动生成目录?(　　)

A.手动输入所有标题和页码

B.使用样式为标题应用格式,然后插入目录

C.使用“插入”选项卡中的“表格”功能

D.使用“页面布局”选项卡中的“分栏”功能

(2) 手动创建目录时,如何确保页码右对齐?(　　)

A.输入省略号(……)　　B.使用制表符并设置右对齐

C.直接按空格键调整　　D.插入文本框

要点 2:目录的超链接

在 WPS 中制作目录并添加超链接,可以提升文档的互动性和可用性。以下是具体的操作步骤:

(1) 自动生成目录的超链接

首先生成自动目录,在生成的目录中选中条目并单击鼠标右键,选择“超链接”,然后链接到相应章节,可以直接跳转到相应内容。

取消超链接:选中整个目录→单击鼠标右键→选择“取消超链接”。

(2) 手动目录添加超链接

① 选中目录中的某个标题(如“第一章 引言”)。

② 点击“插入”选项卡→“超链接”按钮。

③ 在弹出的窗口中选择“本文档中的位置”。

④ 在右侧列表中找到对应的标题→点击“确定”。

更新目录时保留超链接:自动目录更新后(单击鼠标右键→“更新域”),超链接属性通常会自动保留。

【典型例题】

【例 3.84】在 WPS 文档中,目录的超链接功能的主要作用是(　　)。

A.美化文档　　　　B.快速跳转到文档的特定部分

C.增加文档的字数　　　　D.隐藏文档内容

【答案】B

【解析】本题主要考查学生对 WPS 目录中超链接功能的理解。目录中的超链接可以帮助用户快速跳转到文档的特定部分,提高阅读和查找效率。

【例 3.85】以下关于 WPS 目录超链接的说法,正确的是(　　)。

A.超链接只能跳转到网页　　　　B.超链接只能跳转到文档的开头

C.超链接可以跳转到文档的任意部分　　　　D.超链接无法在 WPS 中使用

【答案】C

【解析】本题主要考查学生对 WPS 目录中超链接功能的理解。WPS 目录中的超链接可以跳转到文档的任意部分,而不仅限于网页或文档开头。

【知识强化】

(1) 在 WPS 文档中,点击目录中的超链接"1.1 数与运算",可以跳转到文档的________部分。

(2) 判断题:WPS 目录中的超链接功能可以提高文档的阅读和查找效率。(　　)

要点 3:更新目录

在 WPS 中更新目录有以下几种方式:

(1) 使用自动更新功能

① 打开 WPS 文档,找到并点击文档中的目录部分。

② 鼠标右键点击目录,选择"更新目录"。

③ 在弹出的对话框中选择"更新整个目录"或"只更新页码",然后点击"确定",如图 3.52 所示。

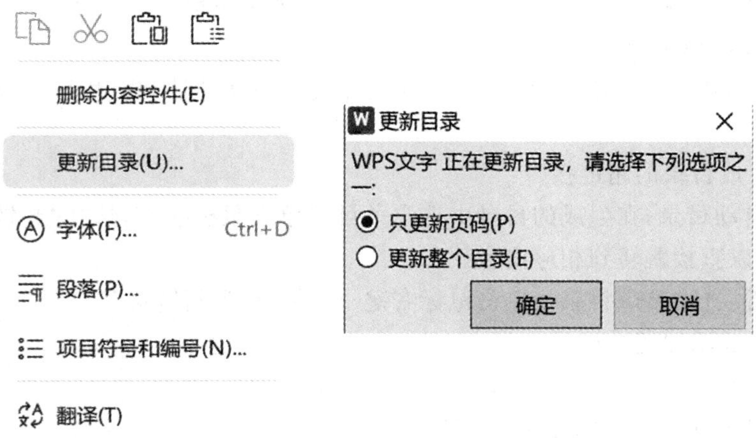

图 3.52　更新目录及"更新目录"对话框

(2) 手动更新目录

① 定位到目录位置,选中整个目录,按下"Delete"键删除旧目录。

② 重新插入目录:点击"引用"选项卡,选择"目录",然后选择目录样式。WPS 将根据文档中的标题自动生成新的目录。

(3) 使用快捷键

将光标放在目录上,按下"F9"键即可快速更新目录。

【典型例题】

【例 3.86】下列关于目录更新的描述中,正确的是(　　)。

A.目录一旦生成后,无法更新

B.目录只能手动更新,无法自动更新

C.当文档内容发生变化时,目录可以通过"更新域"功能自动更新

D.更新目录时,只能更新页码,不能更新标题内容

【答案】C

【解析】本题主要考查学生对目录更新的掌握情况。当文档内容发生变化时,目录可以通过鼠标右键点击目录并选择"更新域"来更新,既可以更新页码,也可以更新标题内容。

【例 3.87】在 WPS 文档中,更新目录功能的主要作用是(　　)。

A.删除目录　　B.自动更新目录中的页码和标题

C.手动输入目录内容　　D.隐藏目录

【答案】B

【解析】本题主要考查学生对 WPS 更新目录功能的理解。更新目录功能可以自动同步文档中的标题和页码,确保目录内容与文档一致。

【知识强化】

(1) 在 WPS 文档中,如果文档的标题或页码发生变化,可以通过________功能使目录与文档内容保持一致。

(2) 判断题:在 WPS 文档中,更新目录功能只能手动操作,无法自动更新。(　　)

要点 4:目录格式

目录格式是指文档中章节标题的显示方式,包括字体、字号、加粗、对齐方式等属性。

(1) 手动调整目录格式

① 修改目录文字格式:选中目录内容→在"开始"选项卡调整字体、字号、颜色等。

② 调整缩进和对齐:选中某级目录(如所有"标题 2"条目)单击鼠标右键→"段落"→设置缩进和间距。

③ 修改前导符(标题与页码之间的符号):选中目录→单击鼠标右键→"段落"→点击"制表位"→设置对齐方式和前导符样式(如……或----)。

(2) 自动生成目录时设置格式

点击"引用"选项卡→"目录"→"自定义目录"。在弹出的窗口中,可以设置:

显示级别:设置目录包含几级标题(如 1～3 级)。

制表符前导符:选择标题和页码之间的连接符。

【典型例题】

【例 3.88】在 WPS 文档中,目录格式通常包括以下哪些内容?(　　)

A.标题和页码　　B.图片和表格　　C.正文和注释　　D.页眉和页脚

【答案】A

【解析】本题主要考查学生对 WPS 目录格式的理解。目录通常包括文档的标题和对应的页码,方便读者快速定位内容。

【例 3.89】判断题：在 WPS 文档中，目录格式中的页码必须手动输入，无法自动生成。(　　)

【答案】×

【解析】本题主要考查学生对 WPS 目录格式的理解。WPS 支持自动生成目录和页码，无须手动输入。

要点 5：自定义目录

点击“引用”选项卡，点击“目录”，在弹出的“自定义目录”对话框中可以进行以下设置：

(1) 制表符前导符：选择标题和页码之间的连接符[如点线(……)、虚线(----)或空格]。

(2) 显示级别：选择目录包含的标题层级(如 3 级，即“标题 1”至“标题 3”)。

(3) 显示页码：勾选后，会显示页码。

(4) 页码右对齐：勾选后，页码会靠右对齐。

(5) 使用超链接：默认勾选，目录项可点击跳转(取消后无超链接)。

设置完成后点击“确定”，目录将按自定义格式插入文档，如图 3.53 所示。

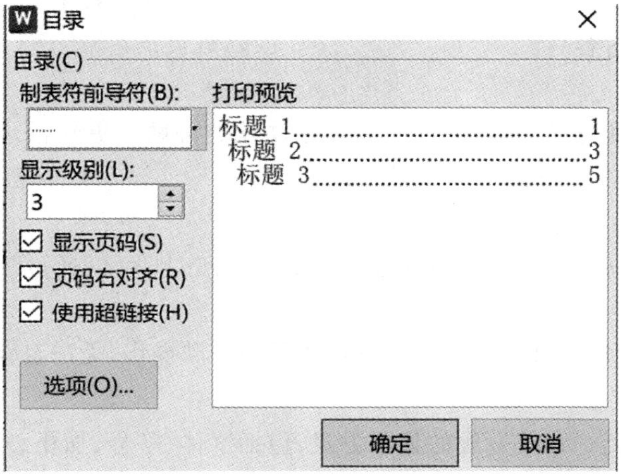

图 3.53　自定义目录

【典型例题】

【例 3.90】在 WPS 文档中，自定义目录功能的主要作用是(　　)。

A.自动生成固定格式的目录　　B.允许用户根据需要设置目录的样式和内容

C.删除目录中的部分内容　　D.隐藏目录

【答案】B

【解析】本题主要考查学生对 WPS 自定义目录功能的理解。自定义目录功能允许用户根据需要设置目录的样式、标题级别和显示内容。

【例 3.91】自定义目录时可以设置的参数是(　　)。

A.仅显示三级标题　　B.修改标题与页码间的连接符样式

C.隐藏所有页码　　D.以上均可

【答案】D

【解析】本题主要考查学生对自定义目录功能的理解。WPS 的自定义目录支持设置显示层级、连接符样式和页码可见性，因此选项 D 正确。

要点 6：插入题注的方法

（1）插入题注：单击“引用”选项卡，点击“题注”按钮，弹出“题注”对话框。

（2）设置标签：在“题注”对话框中，选择或新建一个标签选择类型（如“表”或“图”）。

（3）设置标签位置：选择“所选项目下方”或“所选项目上方”。

（4）编号设置：点击“编号”按钮，选择编号格式（如“1，2，3”），如果需要包含章节编号，可以勾选“包含章节编号”复选框。

（5）确认并插入：完成设置后点击“确定”按钮，题注将自动插入指定位置，如图 3.54 所示。

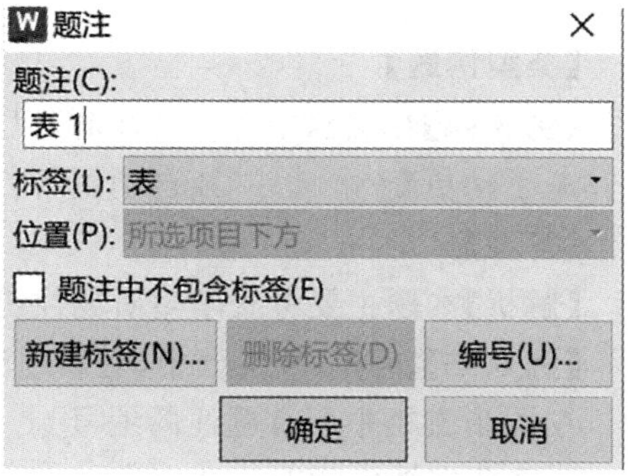

图 3.54　“题注”对话框

【典型例题】

【例 3.92】WPS 中关于题注的描述，正确的是（　　）。

A.题注只能用于图片，不能用于表格

B.题注的编号是固定的，无法自动更新

C.题注可以为文档中的图片、表格等对象添加标注

D.题注只能手动插入，无法通过功能按钮插入

【答案】C

【解析】本题主要考查学生对 WPS 插入题注功能的理解。题注用于为图片、表格或图表添加编号和说明，方便读者理解内容。

【例 3.93】在 Word 中为图片添加题注时，以下哪项操作是正确的？（　　）

A.直接手动输入题注文字

B.选中图片后，点击“引用”选项卡中的“题注”按钮

C.题注只能添加在图片的下方

D.题注的编号无法自动更新

【答案】B

【解析】本题主要考查学生对题注操作的理解情况。为图片添加题注时，应选中图片，然后点击“引用”选项卡中的“插入题注”按钮，在弹出的对话框中输入题注文字并点击“确定”按钮。题注的编号可以自动更新，且题注可以添加在图片的上方或下方。

【知识强化】

（1）在文档中插入题注时，以下哪项是题注的标签类型？（　　）

A.图、表、公式　　B.图片、表格、文本框

C.标题、正文、脚注　　D.目录、索引、尾注

（2）在 WPS 文档中，插入题注时，以下哪项是可以设置的？（　　）

A.题注的编号格式　　B.题注的位置（上方或下方）

C.题注的字体样式　　D.以上都可以

要点 7：更新题注的方法

在 WPS 中更新题注的方法主要有以下几种：

（1）通过“更新域”功能更新题注：选中某个题注或交叉引用，单击鼠标右键后选择“更新

域”，或者直接按“F9”键。

(2) 自动更新题注：当在文档中插入新图片并添加题注时，WPS 会自动更新之前的题注编号。

【典型例题】

【例 3.94】在文档中插入题注时，以下哪项是题注的更新方式？(　　)

A.手动更新　　B.自动更新　　C.无须更新　　D.随机更新

【答案】B

【解析】本题主要考查学生对题注更新方式的理解。题注的编号通常是自动更新的。

【例 3.95】在 WPS 文档中，更新题注的主要作用是(　　)。

A.同步文档中所有题注的编号　　B.删除文档中的题注

C.隐藏文档中的图片和表格　　D.增加文档的字数

【答案】A

【解析】本题主要考查学生对 WPS 更新题注功能的理解。更新题注可以同步文档中所有题注的编号，确保编号连续且正确。

【知识强化】

(1) 判断题：当文档中的对象顺序发生变化时，题注编号会自动更新。(　　)

(2) 在 WPS 文档中，完成以下哪种操作后需要更新题注？(　　)

A.新增图片或表格　　B.删除图片或表格

C.移动图片或表格的位置　　D.以上都需要

要点 8：题注的引用

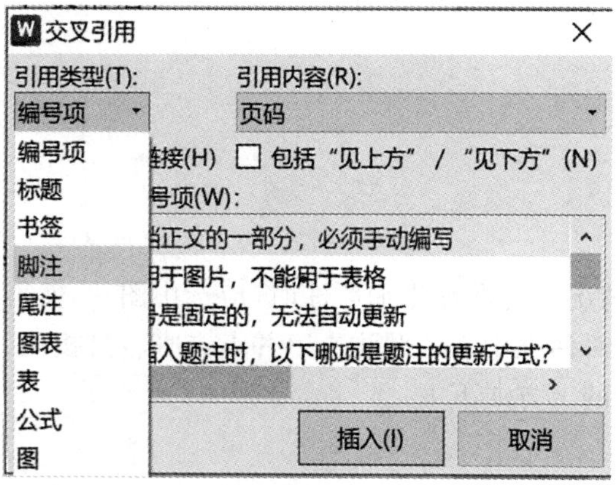

图 3.55　题注的引用

(1) 在文档中需要引用题注的地方插入交叉引用。点击“引用”菜单，选择“交叉引用”。

(2) 在“交叉引用”对话框中，选择“引用类型”(如图表、公式等)，并从列表中选择具体的题注对象。

(3) 点击“插入”按钮，WPS 会自动插入题注编号和链接到相应的对象。

引用类型有编号项、标题、书签、脚注、尾注、图表、表、公式、图，如图 3.55 所示。

交叉引用不会自动更新。解决这个问题的方法是全选文档后按“F9”键，这样可以触发更新目录，从而更新交叉引用中的编号。

要点 9：题注的超链接

(1) 手动创建超链接

① 选中题注文字，单击鼠标右键选择“超链接”，在弹出的对话框中选择。

② 链接到“本文档中的位置”：选择对应的标题或书签。

③ 点击“确定”完成。

(2) 交叉引用自动链接

① 在正文需要引用题注的位置，点击“引用”→“交叉引用”。

② 选择引用类型(如“图”)，勾选“插入为超链接”。

③ 点击“插入”，生成的引用会自动链接到题注。

取消超链接：鼠标右键点击题注，选择取消超链接。

更新超链接：鼠标右键点击任意题注或交叉引用，选择“更新域”或按“F9”键来手动更新超链接。

题注的超链接不会随题注编号(如从“图 1”变为“图 2”)的更新而自动变化，因为链接关联的是题注的整体文本对象，而非动态编号字段。但题注的超链接会随题注的更新而变化。

3.4.5.3 综合实战：制作“中国精神谱系”研究报告

(1) 题目要求

使用 WPS Word 的目录和题注功能，完成一份关于“中国精神谱系”的规范化研究报告。要求：包含三级自动生成目录，为所有图片和表格添加规范题注，设置目录前导符和格式，体现中国共产党人精神谱系内容。

(2) 具体操作要求

① 输入标题：“中国共产党人精神谱系研究”(设为“标题 1”样式)，设置三级标题：

一、革命精神(标题 1)

1.井冈山精神(标题 2)

(1) 精神内涵(标题 3)

② 插入图片并添加题注，新建标签“图”，设置编号格式“图 1-1”。

③ 插入表格并添加题注：创建“革命精神谱系”表格(三列四行)，插入题注，表，设置编号“表 1-1”。

④ 生成自动目录，设置显示级别为 3 级；前导符为“……”；格式为正式。

⑤ 设置目录超链接，选择正文需跳转处添加为书签。

⑥ 选择更新目录，检查所有题注编号的连续性，统一全文格式。

操作步骤

3.5.4 批量生成文档

3.5.4.1 必备知识清单

具体内容见表 3.24。

表 3.24 邮件合并

数据源	包括变化信息的数据源
主文档	包括所有文件的共有内容
合并文档	点击“邮件”选项卡，选择“开始邮件合并”组中的“开始邮件合并”按钮，选择合并类型(如信函、电子邮件等)
邮件合并的保存和分享	邮件合并的保存类型：Word 文档、PDF 文档
条件邮件合并	进行有条件的邮件合并，就是在邮件合并时，让满足条件的记录参加邮件合并

3.5.4.2 要点解析

要点 1：邮件合并的操作步骤

(1) 创建主文档：单击“文件”→“空白文档”→“创建”按钮。

(2) 创建数据源：数据源可以是 Word 文档中的一张表格，也可以是 Excel 文档中的一张电子表格，输入数据后保存。

(3) 进行邮件合并操作：

① 点击“引用”选项卡，点击“邮件”功能区中的“邮件合并”按钮，点击“打开数据源”按钮，选择之前准备好的表格。

② 将光标定位到主文档中需要插入信息的位置，点击“插入合并域”。

(4) 预览与合并：点击“预览结果”，查看生成的个性化文档效果。如果有任何问题，可以及时调整数据源或主文档。确认无误后，可以选择“合并到新文档”“合并到不同新文档”“合并到打印机”等选项来完成合并操作。

【典型例题】

【例 3.96】邮件合并时需要准备的两个核心文件是________和________。

【答案】主文档　　数据源

【解析】本题主要考查学生对邮件合并的基础概念的理解。邮件合并的两个核心文件是主文档和数据源，主文档包含文件的共有内容，数据源包括变化信息的数据源。

【例 3.97】WPS 中邮件合并的操作是(　　)。

A.直接输入收件人信息　　B.点击“引用”选项卡→“邮件合并”

C.插入所有合并域　　D.预览结果

【答案】B

【解析】本题主要考查学生对 WPS 中邮件合并流程的理解。正确操作应首先在“引用”选项卡中启动邮件合并功能。

要点 2：邮件合并的应用场景

WPS 中的邮件合并功能可以应用于多种场景，主要有以下几种：

批量信函：如邀请函、通知函等。

标签打印：如邮寄标签、产品标签等。

个性化电子邮件：如营销邮件、客户通知等。

证书生成：如批量生成获奖证书、毕业证书等。

要点 3：邮件合并的注意事项

在 WPS 中使用邮件合并功能时，需要注意以下几点：

(1) 数据源的准备：确保数据源(如 Excel 表格，数据源格式为.xls 或.xlsx 格式!)中的数据准确无误，每一列的标题清晰，数据类型与目标文档需求一致，避免因数据错误而导致合并后的邮件效果不佳。

(2) 设计目标文档：在 WPS 文字中，需要设计好目标文档，包括信头、信尾、正文、变量等内容。变量需要使用尖括号标记，例如“〈姓名〉”“〈公司〉”等。

(3) 插入合并域：将光标定位在文档中需要插入信息的位置，点击“插入合并域”按钮，选择需要插入的数据列。确保插入的域标记与数据源中的字段一致，以保证信息的准确性。

(4) 预览与测试:使用“查看合并数据”功能进行预览,确保每封邮件都正确显示收件人的信息。

(5) 合并选项:根据需要选择合并路径,如合并到新文档、合并到不同新文档、合并到打印机或合并成电子邮件。确保选择正确的合并方式,以满足具体需求。

【典型例题】

【例 3.98】关于数据源准备,错误的是(　　)。

A.必须使用.xls 或.xlsx 格式　　B.允许字段标题含“&”符号

C.需删除所有空行　　D.数字需统一为文本或数值格式

【答案】B

【解析】本题主要考查数据源规范。字段标题禁止含特殊符号(如 &、/、@),否则可能导致合并失败。

【例 3.99】判断题:邮件合并到主文档中可插入多个数据源的字段。(　　)

【答案】×

【解析】本题主要考查学生对数据源唯一性的理解。单个合并任务只能绑定一个数据源。

要点 4:邮件合并的高级功能

(1) 动态数据筛选

功能:仅合并符合特定条件的数据记录,而非全部数据,如图 3.56 所示。

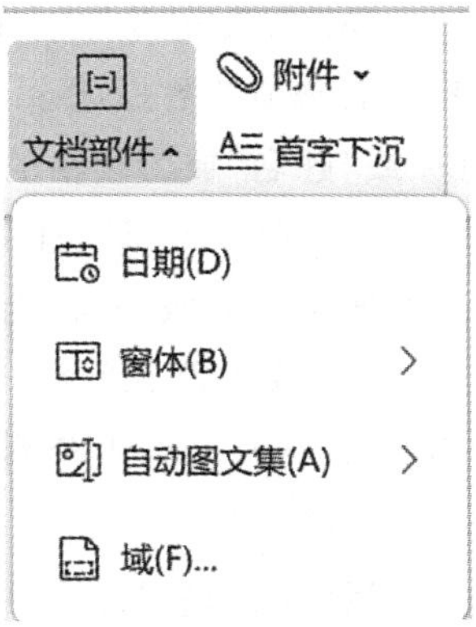

图 3.56　邮件合并

操作步骤:

① 点击“邮件合并”选项卡→选择“收件人”→“使用现有列表”。

② 点击“编辑收件人列表”→“筛选”→设置条件(如“城市＝上海”)。

(2) 数学计算与统计

功能:在合并过程中执行计算(求和、求平均值等)。

操作步骤:点击“插入”选项卡→“文档部件”→“域”→选择公式(如＝SUM())。手动编辑域代码,引用数据字段(需熟悉字段名)。

【典型例题】

【例 3.100】在邮件合并中,如何仅筛选“城市＝北京”的数据记录?(　　)

A.在 Excel 中手动删除其他城市的数据

B.点击“收件人列表”→“筛选”→设置条件

C.在 WPS 中直接修改合并域代码

D.使用“插入”→“表格”功能

【答案】B

【解析】本题主要考查动态数据筛选功能。正确操作是通过“收件人列表”→“筛选”设置条件,无须手动修改数据源。

【例 3.101】在邮件合并中插入公式计算“总金额＝单价×数量”,应如何操作?(　　)

A.在 Excel 中预先计算好再导入

B.使用“邮件合并”选项卡中的“计算”按钮

C.手动在 WPS 文档中输入公式

D.点击“插入”→“文档部件”→“域”→编辑公式

【答案】D

【解析】本题主要考查邮件合并中的数学计算功能。正确方法是点击“插入”→“文档部件”→“域”并手动编辑公式。不能直接输入，WPS 无专用“计算”按钮。

要点 5：邮件合并的常见问题

(1) 数据源格式问题：如果数据源不是.xls 或.xlsx 格式，可能会导致无法导入数据源。如果数据源文件不是.xls 或.xlsx 格式，可以尝试将其另存为这两种格式之一。

(2) 数据库引擎缺失：系统中可能缺少 Access database engine 数据库引擎。如果缺少这个引擎，可以尝试在网络上下载并安装相应的数据库引擎，然后重新启动 WPS，并再次尝试打开数据源。

(3) 数据记录为空或没有匹配查询选项的数据记录：如果数据源中的记录为空或没有匹配查询选项的数据记录，可能会导致合并失败。可以尝试删除表头，确保想引用的字段，如“单位”或“姓名”成为表格的第一行。

(4) 合并区域设置不当：合并区域设置不当会导致数据未正确插入。确保在主文档中正确设置合并区域，并将光标定位在需要插入信息的位置。

(5) 文件路径问题：文件路径不正确或文件丢失也可能导致邮件合并失败。确保文件路径正确，并且文件未被删除或移动。

【典型例题】

【例 3.102】邮件合并提示“无法打开数据源”，可能的原因是(　　)。

A.数据源使用.csv 格式　　B.字段名含“年度”二字

C.记录数据超过 1000 条　　D.数据表有边框线

【答案】A

【解析】本题主要考查数据源格式要求。WPS 邮件合并仅支持.xls 和.xlsx 格式。

【例 3.103】判断题：(　　)出现“数据库引擎不可用”错误时，需安装 Access database engine 组件。

【答案】√

【解析】本题主要考查系统环境需求。该引擎是 WPS 调用 Excel 数据的必备组件。

【知识强化】

(1) 若合并后的文档部分记录数据缺失，可能的原因是(　　)。

A.数据源有空行　　B.合并域未正确匹配字段名

C.数据源文件损坏　　D.以上均有可能

(2)邮件合并后部分字段显示“姓名”而非实际数据，应如何解决？(　　)

A.重新插入合并域　　B.点击“完成合并”

C.检查数据源是否有空行　　D.以上均可

3.5.5　版式设计

3.5.5.1　必备知识清单

具体内容见表 3.25。

表 3.25　版式设计

公文版式	公文是具有特定效力和规范体式的文书，公文用纸、印刷装订、格式要素等参考规定(部分)： (1)幅面尺寸：A4 纸张； (2)行页字数：每页 22 行，每行 28 个字； (3)页边距：上 3.7 厘米、下 3.5 厘米、左 2.8 厘米、右 2.6 厘米； (4)行距：固定值 28 磅； (5)字体、字号：标题为小标宋、二号，正文为仿宋 GB 2312、三号，一级标题为黑体、三号，二级标题为楷体、三号；如无特殊说明，公文中文字的颜色均为黑色； (6)落款日期：阿拉伯数字； (7)附件：与正文空一行
版式设计的元素	文字、图像、色彩、线条、形状
模板的内涵	文档模板是指文字处理软件中内置的包含固定格式设置和版式设置的模板文件，用于帮助用户快速生成特定类型的版式文档
模板的类型	文档模板：简历、报告 设计模板：海报、名片 邮件模板：用于批量发送邮件的标准化格式
脚注的内涵	在文档中为了给某些关键词或内容添加注释，通常使用脚注或尾注。脚注一般位于页面的底部，可以作为文档某处内容的注释、说明
尾注的内涵	尾注一般位于文档的末尾，用来集中解释文档中的注释内容，列出引文的出处等

3.5.5.2　要点解析

要点 1：版式设计的基本原则

WPS 中版式设计的基本原则主要包括以下四个方面：

(1) 对齐原则：确保版面上的每个元素都保持整齐划一，通过视觉联系让版面更加和谐统一。

(2) 亲密原则：将相关的内容紧密联系在一起，形成有组织的结构，同时保持元素间的适当距离。真正的亲密性是指将逻辑上有关联的元素在视觉上也有联系，而不是所有元素都紧紧挨在一起。

(3) 重复原则：通过重复使用相同的视觉要素，如字体、颜色或空间，增强版面的整体感和统一性。设计中常用的重复手法包括排版的重复、色彩的重复、元素的重复等。

(4) 对比原则：通过主次划分和突出重点，让内容更加清晰易读。对比可以通过更改字体粗细、空间间隔和字体颜色来实现，从而形成强烈的视觉效果。

【典型例题】

【例 3.104】标题与正文使用相同字号和颜色，违反了(　　)原则。

A.对齐　　B.亲密　　C.对比　　D.重复

【答案】C

【解析】本题主要考查对比原则的应用。标题与正文需通过字号、颜色形成视觉对比。相同样式会导致主次不清。

要点 2：版式设计的步骤

在 WPS 中进行版式设计的步骤包括以下内容：

(1) 明确设计目标：确定文档类型，规划内容结构(标题、正文、图表、页眉页脚等)。

(2) 页面设置。页面布局：调整页边距(默认或自定义)、纸张方向(纵向/横向)、纸张大小(A4、A5 等)。分栏：根据需要设置单栏或多栏排版(如报纸样式)。页眉页脚：添加页码、文档标题。

(3) 文字格式。字体：统一主标题、副标题、正文的字体和字号(如标题用黑体，正文用宋体)。段落：调整行距(1.5 倍或固定值)、对齐方式(左对齐或两端对齐)、首行缩进 2 个字符。

(4) 主题：统一文档的颜色、字体和效果。

【典型例题】

【例 3.105】设置专业文档版式的第一步应是(　　)。

A.直接调整字体大小　　B.确定文档类型和内容结构

C.插入页眉页脚　　D.设置分栏

【答案】B

【解析】本题主要考查学生对设计流程的理解。需先明确设计目标，再执行具体排版操作。

要点 3：版式设计的注意事项

(1) 字体、字号选择：全文使用不超过 3 种字体(如标题用黑体，正文用宋体，强调用楷体)，并根据需要选择合适的字号。避免冷门字体，优先选择系统默认字体(如微软雅黑、宋体)等。

(2) 首行缩进：段落首句应空两个字符，选中需要排版的部分，点击鼠标右键选择“段落”，在“特殊格式”中选择“首行缩进”，默认 2 个字符。

(3) 页面边距和行距设置：在“页面布局”选项卡中调整页面边距，并在“开始”选项卡的“段落”选项中设置合适的行距。合理的页面边距和行距可以提升文档的可读性。

(4) 页面分节符可以帮助在不同页面或章节之间进行不同的排版设置。在“页面布局”选项卡中选择“分隔符”并插入适当的页面分节符。

(5) 页眉和页脚：在“插入”选项卡中选择“页眉”或“页脚”并编辑所需内容。通过插入页眉和页脚，可以添加标题、作者、页码等元素。

(6) 对齐方式：标题居中、段落左右对齐等可以通过“段落”设置窗口进行设置。选择合适的对齐方式后，各级标题和正文会自动应用相应的对齐方式。

常见错误规避：

文字叠图：深色文字压在深色图片上时，可增加半透明底色框。

滥用居中对齐：大段正文避免居中，左对齐更易阅读。

页眉横线残留：进入“页眉页脚”视图，将页眉所在的段落选中，再选择“开始”→“段落”→

“边框和底纹”命令。在打开的“边框和底纹”对话框中，将边框设置为“无”，最后单击“确定”按钮即可。

要点 4：模板的创建

（1）将现有文档保存为模板

① 设计文档：打开 WPS（文字/表格/演示），按需设计文档的格式（如页眉页脚、字体样式、表格布局等）。

② 另存为模板文件：点击左上角“文件”→“另存为”，在保存类型中选择“WPS 模板文件（*.wpt）”，文件会自动保存到 WPS 模板默认路径（无须手动修改路径）。

③ 使用模板：新建文档时，点击“新建”→“本机上的模板”，即可找到模板。

（2）直接创建新模板

① 打开 WPS，新建一个空白文档。

② 设置模板内容：添加固定文字、样式等重复性内容，调整页面布局、段落格式等。

③ 选择“文件”→“保存”。

④ 选择保存类型为“WPS 模板文件.wpt”，命名后保存。

【典型例题】

【例 3.106】将文档保存为模板的正确操作顺序是（　　）。

A.设计文档→直接关闭→自动保存为模板

B.设计文档→文件→另存为→选择.wpt 格式

C.复制文档→粘贴到模板文件夹

D.导出为 PDF 格式→修改后缀为.wpt

【答案】B

【解析】本题主要考查模板保存流程。通过“另存为”功能主动选择.wpt 格式，WPS 不会自动转换格式，手动复制无效。

要点 5：模板的保存格式

WPS 中模板的保存格式有以下几种：

（1）WPS 文字模板文件：.wpt 适用于创建标准文档格式，特别是在需要重复使用特定布局和样式的场景中非常有用。

（2）Microsoft Word 97-2003 模板文件：.dot 适用于 Word 97 至 Word 2003 版本，虽然较旧，但在这些版本中仍然可使用。

（3）Microsoft Word 模板文件：.dotx 适用于 Word 2007 及以后版本，具有更好的兼容性和功能，适用于需要高级功能的文档模板。

（4）启用宏的模板文件：.dotm 包含宏的模板文件，适用于 Word 2007 及以后版本，适用于需要自动化功能的文档模板。

【典型例题】

【例 3.107】WPS 文字模板文件的默认扩展名是（　　）。

A. .docx　　B. .wpt　　C. .dotx　　D. .dot

【答案】B

【解析】本题主要考查学生对 WPS 中模板文件格式的掌握情况。WPS 专用模板格式为.wpt，而.dotx 和.dot 是 Word 模板。

【例 3.108】以下哪种模板文件支持宏功能？（　　）

A. .wpt　　B. .dotx　　C. .dotm　　D. .dot

【答案】C

【解析】本题主要考查学生对 WPS 中模板文件格式的掌握情况。.dotm 包含宏的模板文件。

要点 6：添加脚注的操作步骤

（1）点击“引用”选项卡，在“脚注”组中单击“插入脚注”按钮，系统将自动在页面底部生成脚注编号。

（2）输入脚注内容。

（3）插入脚注后，鼠标右键点击脚注文本。

（4）选择“字体”或“段落”进行格式调整，根据需要修改字体、大小、颜色等。

【典型例题】

【例 3.109】在 WPS 中插入脚注的正确操作步骤是（　　）。

A.直接输入脚注内容→点击“插入脚注”

B.点击“引用”选项卡→在“脚注”组中单击“插入脚注”按钮

C.鼠标右键点击文本→选择“插入脚注”→输入内容

D.在“页面布局”选项卡中插入脚注

【答案】B

【解析】本题主要考查学生对脚注插入流程的掌握。正确操作步骤为：点击“引用”选项卡→在“脚注”组中单击“插入脚注”按钮。

要点 7：添加批注的操作步骤

（1）通过菜单栏插入批注：用鼠标选中文字、表格单元格或对象（如图片、形状等），点击“审阅”选项卡→“插入批注”按钮。

（2）鼠标右键插入：点击需要添加批注的文字，单击鼠标右键，在菜单栏中选择“插入批注”，系统会弹出批注栏，在栏目里编辑批注的作者和需要的内容。

（3）快捷键插入：选中内容后，按“Alt＋I”，然后按“M”键。

（4）答复批注：鼠标右键批注→“答复批注”，文本框内输入文字即可。

（5）解决批注：鼠标右键批注→“解决批注”，批注会呈灰色字体。

（6）删除批注：鼠标右键批注→“删除批注”，或点击“审阅”→“删除批注”。

注意事项：批注会保存在文档中，适合团队协作修改。

【典型例题】

【例 3.110】插入批注的正确操作顺序是（　　）。

A.先输入批注内容→再选中文本→点击“插入批注”

B.选中文本→点击“审阅”选项卡→“插入批注”→输入内容

C.双击文本→按“Ctrl＋M”→输入内容

D.鼠标右键单击空白处→选择“新建批注”

【答案】B

【解析】本题主要考查学生对批注的操作流程的理解。正确步骤为：选中文本→点击“审阅”选项卡→“插入批注”→输入内容。故选 B。

【例 3.111】标记为已解决的批注会显示为________色字体。

【答案】灰

【解析】本题主要考查批注状态标识。已解决批注默认灰色显示，但仍保留。

【知识强化】

(1) 判断题：(　　)批注可以附加在图片或表格单元格上。

(2) 使用快捷键插入批注时，需先选中文本后按________组合键。

要点 8：视图

(1) WPS 中的视图

① 阅读视图：专为方便阅读设计，用户可以在此模式下查看文档，但不能进行编辑。阅读视图适合在需要专注阅读时使用。

② 大纲视图：以大纲的形式显示整篇文档，帮助用户迅速了解文档的结构和内容梗概，适合快速浏览和编辑文档。

③ Web 版式视图：文档以网页的形式显示，适合发送电子邮件和创建网页。

④ 页面视图：在此视图模式下，用户可以看到文档的打印外观，包括页眉、页脚、页边距、分栏设置和图形对象等元素，适合进行详细的文档编辑和排版。

⑤ 写作模式视图：用户能够纵览目录标题，在写作内容和大纲之间切换，帮助用户更好地把握整体结构。

此外，WPS 还提供了其他视图模式，如：

① 普通视图：系统默认的视图模式，由大纲栏、幻灯片栏和备注栏组成。

② 幻灯片浏览：用于查看或重新排列演示文稿中的所有幻灯片。

③ 备注页：用于检查 PPT 和备注页一起打印时的外观，适合编辑备注内容。

④ 全屏模式：显示更多内容，适合全屏查看文档或演示文稿。

⑤ 自定义视图：多用于数据分类和数据多时。

(2) 视图中的辅助工具(图 3.57)。

图 3.57　视图中的辅助工具

① 标尺与网格线：

标尺：可显示/隐藏，标尺的作用为调整段落缩进、对齐对象。

网格线：辅助数据对齐，打印时默认不显示(需手动设置打印网格线)。

② 导航窗格：快速跳转标题/页面(需提前设置标题样式)。搜索关键词并高亮显示。操作方法为：勾选“视图”→“导航窗格”或按“Ctrl+F”。

(3) 视图的高级应用

① 拆分窗口(WPS 文字/表格)：将同一文档分成上下或左右两部分，独立滚动浏览(点击“视图”选项卡→“拆分窗口”)。拆分窗口适用于长文档前后对照编辑。

② 重排窗口(WPS 表格)：平铺多个工作簿窗口(“视图”→“重排窗口”下拉列表中选择“水平平铺”“垂直平铺”或“层叠”)，如图 3.58 所示。

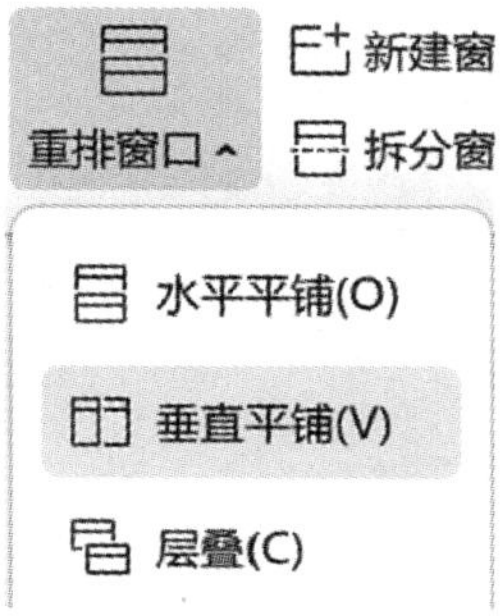

图 3.58　“重排窗口”设置

【典型例题】

【例 3.112】需要检查文档打印效果时应选择(　　)视图。

A.阅读视图　　B.页面视图　　C.Web 版式视图　　D.大纲视图

【答案】B

【解析】本题主要考查视图功能区分。页面视图可显示页眉和页脚等打印元素,阅读视图和 Web 视图不显示打印细节。

【例 3.113】需要快速调整文档结构层次时,应使用________视图。

【答案】大纲

【解析】本题主要考查大纲视图的核心用途。该视图通过标题层级管理文档结构。

【知识强化】

(1) 若要在文档中精确调整图片位置,最应启用的辅助工具是(　　)。

A.导航窗格　　B.标尺　　C.网格线　　D.拆分窗口

(2) 同时查看工作簿 Sheet1 和 Sheet2 的数据,应使用________功能。

参考文献

[1] 马费成，赖茂生.信息管理学基础[M].北京：高等教育出版社，2011.

[2] 孟广均，等.信息资源管理导论[M].3 版.北京：科学出版社，2008.

[3] 王心力，张艳波.Excel 基础教程[M].北京：清华大学出版社，2004.

[4] 徐士良.信息技术基础[M].北京：高等教育出版社，2021.

[5] 张红旗.信息安全基础[M].北京：机械工业出版社，2011.

[6] 吴功宜.计算机网络安全基础[M].北京：清华大学出版社，2020.

[7] 周学广.信息安全学[M].北京：机械工业出版社，2008.

[8] 冯登国.网络安全原理与技术[M].北京：科学出版社，2003.

[9] 贾铁军.网络安全技术及应用[M].北京：机械工业出版社，2021.

[10] 马海燕.Excel 表格初中基础教学[J].速读，2020 (1)：166.

[11] 罗新密.Excel 基础与应用[M].北京：高等教育出版社，2010.

[12] 王世伟.论信息安全、网络安全、网络空间安全[J].中国图书馆学报，2015(7)：72-84.

[13] 金山办公软件有限公司.WPS Office 2019 完全自学教程[M].北京：人民邮电出版社，2020.

[14] 李志勇.办公软件高级应用(WPS Office)[M].北京：高等教育出版社，2021.

[15] 王磊.WPS 表格数据处理与实战分析[M].北京：电子工业出版社，2022.

[16] 教育部考试中心.WPS Office 应用基础教程[M].北京：清华大学出版社，2019.

[17] 张明华.WPS 文字排版艺术与实务[M].上海：复旦大学出版社，2023.

[18] 姚亚建，胡建红，韩国莉.计算机应用基础配套上机指导与习题集[M].武汉：华中科技大学出版社，2014.

[19] 罗光春，胡钦太.信息技术[M].北京：北京理工大学出版社，2022.

[20] 王津.计算机应用基础实训[M].北京：高等教育出版社，2017.

[21] 埃里克 · 马瑟斯.Python 编程：从入门到实践[M].第 3 版.北京：人民邮电出版社，2023.

[22] 高等教育出版社教材发展研究所组编.信息技术教学参考书(上册)(修订版)[M].高等教育出版社，2021.

[23] 高等教育出版社教材发展研究所组编.信息技术基础模块(上册)(修订版)[M].高等教育出版社，2021.

[24] 高等教育出版社教材发展研究所组编.信息技术学习辅导与练习(上册)(修订版)[M].高等教育出版社，2021.

[25] 傅连仲，谭建伟，王崇国，等.信息技术基础模块(下册)[M].北京：电子工业出版社，2021.

[26] 嵩天，黄天羽，礼欣.程序设计基础：Python 语言[M].北京：高等教育出版社，2014.

[27] 谭建伟，陈良庚，任锦.信息技术学习指导与练习[M].北京：电子工业出版社，2022.